D1699262

Bitterle

Die große Schaltungssammlung Messen, Steuern, Regeln mit dem PC

Dieter Bitterle

Die große Schaltungssammlung

Messen, Steuern, Regeln mit dem PC

Über 100 praxiserprobte Schaltungen und Applikationen

Mit 134 Abbildungen
2., neubearbeitete und erweiterte Auflage

Franzis'

Die Deutsche Bibliothek – CIP-Einheitsaufnahme

Die **große Schaltungssammlung Messen, Steuern, Regeln mit dem PC** : über 100 praxiserprobte Schaltungen und Applikationen / Dieter Bitterle. - Feldkirchen : Franzis.
ISBN 3-7723-7832-3
ISBN 3-7723-7831-5 (1. Aufl.)
NE: Bitterle, Dieter; Die große Schaltungssammlung

Buch. - 2., neubearb. und erw. Aufl. - 1996

Diskette. - 2., neubearb. und erw. Aufl. - 1996
Systemvoraussetzungen: IBM-kompatibler PC

Satz: Kaltner Satz & Litho GmbH, 86399 Bobingen
Druck: Offsetdruck Heinzelmann, München
Printed in Germany - Imprimé en Allemagne

ISBN 3-7723-7832-3

Vorwort

Falls Sie zu den Lesern zählen, die sich das Vorwort eines Buches anschauen (ich gehöre nicht dazu), hier ein paar einleitende Worte.

Mit dem vorliegenden Buch versuche ich, Ihnen die Welt der PC-gestützten Meß- und Regeltechnik näher zu bringen. Und zwar nach dem Motto: So viel Praxis wie möglich, so wenig Theorie wie nötig.

Aus allen Gebieten der Elektronik habe ich eine Vielzahl von Schaltungen zusammengetragen, die Sie an der seriellen Schnittstelle oder an der Druckerschnittstelle oder teilweise am PC-Slot einsetzen können. Um nur einige zu nennen: Relais-Interface, Frequenzsynthesizer, Zählerinterface, Mini-SPS, 8-Kanal 12-Bit A/D-Wandler, Kennlinienschreiber, y(t)-Schreiber, Frequenzzähler, programmierbare Schaltuhr, programmierbares Netzgerät, Gitarrenstimmgerät, 16-Bit D/A-Wandler, Drehzahlsteuerung u.v.a.

Als Programmiersprache habe ich QBasic ausgewählt, da dies auf jedem PC mit DOS kostenlos verfügbar ist. Ferner weist es einfache und doch leistungsfähige Befehle zum Ansprechen der PC-Schnittstellen auf.

Falls Sie Interesse haben, die eine oder andere Schaltung nachzubauen, können Sie unter der Bezugsquelle im Anhang Platinen und Bausätze beziehen.

Ein besonderer Dank gilt meinen Freunden Jochen Retter, Dr. Matthias Franzreb und Tobias Albrecht, die mich bei der Fertigstellung des Manuskriptes unterstützten.

Ebenso danke ich dem Franzis-Verlag, einmal mehr Herrn Wahl, für die freundliche Zusammenarbeit.

Und nun wünsche ich Ihnen mit dem Buch viel Spaß.

Dieter Bitterle
Allmendingen

Wichtiger Hinweis

Die in diesem Buch wiedergegebenen Schaltungen und Verfahren werden ohne Rücksicht auf die Patentlage mitgeteilt. Sie sind ausschließlich für Amateur- und Lehrzwecke bestimmt und dürfen nicht gewerblich genutzt werden*).
Alle Schaltungen und technischen Angaben in diesem Buch wurden vom Autor mit größter Sorgfalt erarbeitet bzw. zusammengestellt und unter Einschaltung wirksamer Kontrollmaßnahmen reproduziert. Trotzdem sind Fehler nicht ganz auszuschließen. Der Verlag und der Autor sehen sich deshalb gezwungen, darauf hinzuweisen, daß sie weder eine Garantie noch die juristische Verantwortung oder irgendeine Haftung für Folgen, die auf fehlerhafte Angaben zurückgehen, übernehmen können. Für die Mitteilung eventueller Fehler sind Autor und Verlag jederzeit dankbar.
Die Programme und Algorithmen können mit Zustimmung des Autors verwendet werden.

*) Bei gewerblicher Nutzung ist vorher die Genehmigung des möglichen Lizenzinhabers einzuholen.

Inhalt

1 Schnittstellen des PCs zum Messen, Steuern und Regeln

1.1 Die Druckerschnittstelle

1.1.1 Grundlagen

Die Druckerschnittstelle oder auch Centronics-Schnittstelle genannt, ist wohl jedem PC-Anwender bekannt. Der Druckeranschluß erfolgt über die 25polige Sub-D-Buchse am PC. Dieser Anschluß läßt sich aber nicht nur zur Ansteuerung eines Druckers einsetzen. Viele Meß-, Steuer- und Regelaufgaben lassen sich über die Druckerschnittstelle realisieren. Da die Daten parallel gesendet werden, sind auch enorme Datenübertragungsraten zu erzielen. Alle Leitungen der Schnittstelle sind TTL-kompatibel, das heißt, sie liefern einen Spannungspegel zwischen 0 und 5 Volt. Der Anwender muß daher darauf achten, daß an die Eingangsleitungen keine zu großen Spannungspegel gelangen. Die genaue Pinbelegung der Druckerschnittstelle mit allen Leitungen zeigt *Abb. 1.1.*

Man erkennt, daß neben den acht Datenbits noch andere Signalleitungen zur Verfügung stehen. Insgesamt kann der Benutzer 17 Leitungen, die sich in 12 Ausgangs- und 5 Eingangsleitungen aufteilen, einzeln ansprechen. Da die acht Datenleitungen D0 – D7 nicht bei allen PCs bidirektional ausgeführt sind, wird im folgenden davon ausgegangen, daß D0 – D7 nur als Ausgang genutzt werden können. Weitere Ausgänge sind STROBE, AUTOFEED (AF), INIT und SELECT IN (SLCTIN). Diese Leitungen haben bei der Kommunikation mit dem Drucker bestimmte Funktionen. Beispielsweise führt INIT = 0 beim Drucker einen RESET durch. STROBE hat die Aufgabe, das vom PC gesendete Datenbyte mit einem Low-Impuls in den Speicher des Druckers zu schreiben.

Die Druckerschnittstelle stellt ebenso Eingangsleitungen zur Verfügung, über die das Handshake zwischen PC und Drucker vorgenommen wird. Falls der Drucker beispielsweise aus Speicherplatzmangel keine weiteren Daten mehr übernehmen kann, sendet er an den PC ein Statusbit (BUSY = 1), das so viel heißt, wie „Drucker ist momentan beschäftigt, keine Bytes

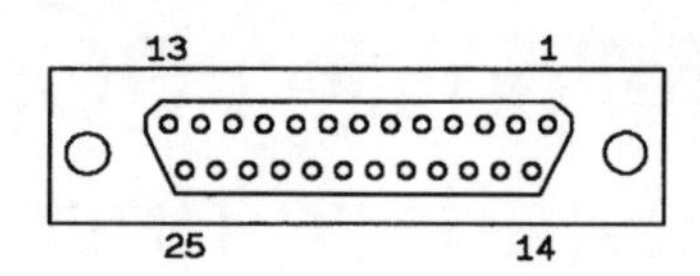

Pin	Bezeichnung	I/O	Beschreibung
1	STROBE	Ausgang	⊔: Byte wird gedruckt
2	D0	Ausgang	Datenleitung D0
3	D1	Ausgang	Datenleitung D1
4	D2	Ausgang	Datenleitung D2
5	D3	Ausgang	Datenleitung D3
6	D4	Ausgang	Datenleitung D4
7	D5	Ausgang	Datenleitung D5
8	D6	Ausgang	Datenleitung D6
9	D7	Ausgang	Datenleitung D7
10	ACK	Eingang	Acknowledge
11	BUSY	Eingang	1 : Drucker ist beschäftigt
12	PE	Eingang	Paper Empty
13	SLCT	Eingang	Select
14	AF	Ausgang	Auto Feed
15	ERROR	Eingang	Error
16	INIT	Ausgang	0 : Reset des Druckers
17	SLCTIN	Ausgang	Select In
18	GND		
19	GND		
20	GND		
21	GND		
22	GND		
23	GND		
24	GND		
25	GND		

Abb. 1.1: Pinbelegung der Druckerschnittstelle am PC

mehr senden“. Sollte das Papier am Drucker ausgehen, so wird dies über PAPER EMPTY (PE) dem PC mitgeteilt. Weitere Eingangsleitungen sind ACKNOWLEDGE (ACK), SELECT (SLCT) und ERROR. Insgesamt bietet der PC also fünf Eingangsleitungen am Druckerport an.

1.1.2 Ansprechen der Signalleitungen

Alle eben vorgestellten Signalleitungen lassen sich über Speicheradressen des PCs ansprechen. Die 17 Leitungen der Druckerschnittstelle belegen die

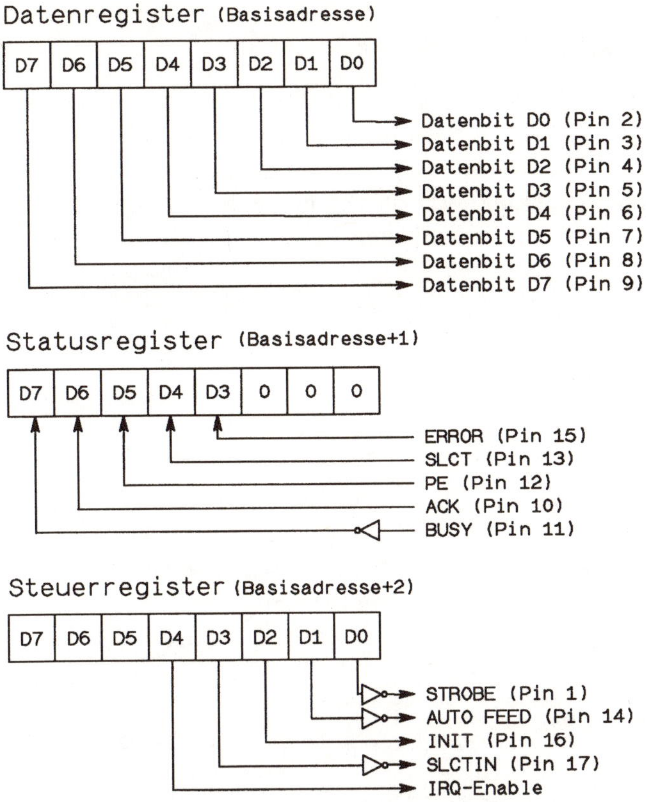

Datenregister (Basisadresse)

D7	D6	D5	D4	D3	D2	D1	D0

Datenbit D0 (Pin 2)
Datenbit D1 (Pin 3)
Datenbit D2 (Pin 4)
Datenbit D3 (Pin 5)
Datenbit D4 (Pin 6)
Datenbit D5 (Pin 7)
Datenbit D6 (Pin 8)
Datenbit D7 (Pin 9)

Statusregister (Basisadresse+1)

D7	D6	D5	D4	D3	0	0	0

ERROR (Pin 15)
SLCT (Pin 13)
PE (Pin 12)
ACK (Pin 10)
BUSY (Pin 11)

Steuerregister (Basisadresse+2)

D7	D6	D5	D4	D3	D2	D1	D0

STROBE (Pin 1)
AUTO FEED (Pin 14)
INIT (Pin 16)
SLCTIN (Pin 17)
IRQ-Enable

Abb. 1.2: Register der Druckerschnittstelle

drei Register Daten-, Status- und Steuerregister. *Abb. 1.2* zeigt die Zuordnung der Signalleitungen zu den einzelnen Datenbits der Register.

Die erste erreichbare Adresse der Druckerschnittstelle wird als Basisadresse bezeichnet. Bei modernen PCs ist die Basisadresse der Druckerschnittstelle wie folgt belegt:

LPT1 (erste Druckerschnittstelle)	--->	Basisadresse = 378 (Hex) oder 3BC (Hex) bei Laptops
LPT2 (zweite Druckerschnittstelle)	--->	Basisadresse = 278 (Hex)

Die Basisadresse ist mit dem Datenregister identisch. Das Statusregister ist unter *Basisadresse + 1* zu erreichen. Hierbei ist zu beachten, daß der logische Pegel von BUSY (Pin 11) invertiert im Statusregister abgelegt wird. Das Steuerregister mit seinen vier Ausgangsleitungen befindet sich unter der Adresse *Basisadresse* + 2. Zu beachten ist hier die Invertierung der Signale STROBE, AUTOFEED und SLCTIN.

Die Basisadressen der Druckerschnittstellen des PCs stehen in bestimmten Speicheradressen und können mit dem nachfolgenden Programm ausgelesen werden. Die Basisadresse von LPT1 steht als 16-Bit Wert in den Adressen 408 (hex) und 409 (hex). Die beiden darauffolgenden Adressen 40A (hex) und 40B (hex) enthalten die Basisadresse von LPT2.

```
'============================================================
'                                                           '
' Programm:  BASADR                                         '
'                                                           '
' Funktion:  Dieses Programm ermittelt die Basisadressen der'
'            ersten beiden Druckerschnittstellen            '
'            (LPT1 und LPT2).                               '
'                                                           '
'============================================================

   DEF SEG = 0
   CLS
'
'----------------------- Basisadresse von LPT1 --------------
'
   basadr.low = PEEK(&H408)
   basadr.high = PEEK(&H409)
   basadr.lpt1 = basadr.low + 256 * basadr.high

   IF basadr.lpt1 = 0 THEN
   PRINT „LPT1: nicht vorhanden"
   ELSE
   PRINT „LPT1: Basisadresse ist "; HEX$(basadr.lpt1); „ (hex)"
   END IF
'
'----------------------- Basisadresse von LPT2 --------------
'
   basadr.low = PEEK(&H40A)
   basadr.high = PEEK(&H40B)
   basadr.lpt2 = basadr.low + 256 * basadr.high

   IF basadr.lpt2 = 0 THEN
   PRINT „LPT2: nicht vorhanden"
   ELSE
   PRINT „LPT2: Basisadresse ist "; HEX$(basadr.lpt2); „ (hex)"
   END IF

   END
```

Will man in einer Programmiersprache die Register ansprechen, so führt man am besten zu Beginn des Programms eine Initialisierung durch, die die Registeradressen festlegt. In QBasic sieht das so aus:

basadr = &H378	*REM Basisadresse*
datreg = basadr	*REM Datenregister*
statreg = basadr + 1	*REM Statusregister*
steureg = basadr + 2	*REM Steuerregister*

Die einzelnen Signalleitungen lassen sich nun wie folgt programmieren:

Datenregister beschreiben:	*OUT datreg, outbyte*
Statusregister lesen:	*inbyte = INP (statreg)*
Steuerregister beschreiben:	*OUT steureg, outbyte*

Outbyte und inbyte enthalten dezimale Werte zwischen 0 und 255. Das entsprechende Bitmuster von outbyte und inbyte kann man über die Wertigkeiten der einzelnen Datenbits ermitteln. Dazu muß man wissen, daß D0 die Wertigkeit 2^0, D1 die Wertigkeit 2^1, D2 die Wertigkeit 2^2 usw. besitzt. Enthält beispielsweise das Statusregister den eingelesenen Wert inbyte = 152, so lassen sich folgende Datenbits ermitteln:

D7 = 1	--->		128		
D6 = 0	--->	+	0		
D5 = 0	--->	+	0		
D4 = 1	--->	+	16		
D3 = 1	--->	+	8		
D2 = 0	--->	+	0		
D1 = 0	--->	+	0		
D0 = 0	--->	+	0	--->	Summe = 128 + 16 + 8 = 152

Mit anderen Worten:

BUSY ist Low, ACK ist Low, PE ist Low, SLCT ist High und ERROR ist High.

1.1.3 Testprogramm für die Druckerschnittstelle

Im folgenden wird ein Programm in QBasic vorgestellt, das es erlaubt, alle Leitungen der Druckerschnittstelle einzeln anzusprechen. Dieses Programm befindet sich auf der beiliegenden Diskette unter dem Namen LPTTEST.BAS. Wer mit QBasic noch keine Erfahrungen hat, der lese bitte die Kurzeinführung zu QBasic in Kapitel 7, bevor er das Programm austestet.

Die Basisadresse der Druckerschnittstelle kann mit dem bereits genannten Programm BASADR.BAS ermittelt werden.

Das Listing zu LPTTEST sieht wie folgt aus:

```
'=============================================================
'                                                            '
' Programm:     LPTTEST                                      '
'                                                            '
' Funktion:  Testprogramm zum Ansprechen aller Leitungen     '
'            an der Druckerschnittstelle.                    '
'                                                            '
'=============================================================
      COLOR 0, 15
      CLS
      a$ = „Testprogramm für die Druckerschnittstelle"
      a = LEN(a$): b = (80 - a) / 2 - 1
      LOCATE 1, b: PRINT CHR$(201);
      STRING(a + 2, CHR$(205)); CHR$(187)
      LOCATE 2, b: PRINT CHR$(186)
      LOCATE 2, b + 2: PRINT a$
      LOCATE 2, a + b + 2: PRINT CHR$(186)
      LOCATE 3, b: PRINT CHR$(200);
      STRING$(a + 2, CHR$(205)); CHR$(188)
      PRINT
      LOCATE 5, 15: PRINT „Basisadresse der
      Druckerschnittstelle (Hex): 378"
      basadr = &H378
      datreg = basadr          'Datenregister
      statreg = basadr + 1     'Statusregister
      steureg = basadr + 2     'Steuerregister
      LOCATE 7, 10: PRINT „Ausgangsleitungen"
      LOCATE 7, 50: PRINT „Eingangsleitungen"
      LOCATE 8, 10: PRINT „-----------------"
      LOCATE 8, 50: PRINT „-----------------"
      LOCATE 9, 10: PRINT „Datenleitung D0 ="
      LOCATE 9, 50: PRINT „ERROR = "
      LOCATE 10, 10: PRINT „Datenleitung D1 ="
      LOCATE 10, 50: PRINT „SLCT  = "
      LOCATE 11, 10: PRINT „Datenleitung D2 ="
      LOCATE 11, 50: PRINT „PE    = "
      LOCATE 12, 10: PRINT „Datenleitung D3 ="
      LOCATE 12, 50: PRINT „ACK   = "
      LOCATE 13, 10: PRINT „Datenleitung D4 ="
      LOCATE 13, 50: PRINT „BUSY  = "
      LOCATE 14, 10: PRINT „Datenleitung D5 ="
      LOCATE 15, 10: PRINT „Datenleitung D6 ="
      LOCATE 16, 10: PRINT „Datenleitung D7 ="
      LOCATE 17, 10: PRINT „STROBE          ="
      LOCATE 18, 10: PRINT „AUTO FEED       = "
      LOCATE 19, 10: PRINT „INIT            = "
      LOCATE 20, 10: PRINT „SLCTIN          = "
      PRINT
      LOCATE 22, 1: PRINT „Bedienung:"
      LOCATE 22, 15: PRINT CHR$(24); CHR$(25);
      „: Ausgang wählen"
```

```
LOCATE 22, 35: PRINT „ESC: Beenden "
LOCATE 22, 50: PRINT „F1: Ausgang invertieren"
LOCATE 23, 1: PRINT „---------"
'
'---------Alle Ausgangsleitungen auf 1 setzen---------
'
FOR i = 9 TO 20
LOCATE i, 30: PRINT 1
NEXT
OUT datreg, 255: OUT steureg, (31 XOR 11)
ZEILE = 9: spalte = 10
DO
'
'-Aktuelle Zeile als text$ einlesen (Spalte 10 bis 24)-
'
text$ = „"
FOR i = 0 TO 14
text$ = text$ + CHR$(SCREEN(ZEILE, spalte + i))
NEXT
'
'--------- text$ invers darstellen ------------------
'
COLOR 15, 0: LOCATE ZEILE, spalte
PRINT text$
COLOR 0, 15     'Nachfolgende Ausgaben wieder normal
'
'------- Schleifenbeginn Tastaturabfrage ------------
'
DO
taste$ = INKEY$                 'Auf Tastendruck warten
inbyte = INP(statreg)           'Statusregister einlesen
FOR i = 3 TO 7
LOCATE 6 + i, 60
IF i < 7 THEN PRINT (inbyte AND 2 ^ i) \ 2 ^ i
IF i = 7 THEN PRINT ((inbyte AND 2 ^ i) \ 2 ^ i) XOR 1
NEXT
LOOP UNTIL taste$ <> „"
'------ Schleifenende (Taste ist gedrückt) -----------
'
LOCATE ZEILE, spalte
PRINT text$
'
'--------- Welche Taste wurde gedrückt? -------------
'
SELECT CASE ASC(RIGHT$(taste$, 1))
CASE 27: EXIT DO                'ESC-Taste
CASE 59                         'F1-Taste
LOCATE ZEILE, 30
PRINT VAL(CHR$(SCREEN(ZEILE, 31))) XOR 1
CASE 72: IF ZEILE > 9 THEN ZEILE =
ZEILE - 1 'Pfeiltaste rauf
CASE 80: IF ZEILE < 20 THEN ZEILE =
ZEILE + 1   'Pfeiltaste runter
```

```
END SELECT
'
'-------------------- Daten ausgeben ------------------
'
d.byte = 0
FOR i = 9 TO 16
d.byte = d.byte + VAL(CHR$(SCREEN(i, 31)))
* 2 ^ (i - 9)
NEXT
OUT datreg, d.byte                'Datenbyte ausgeben
s.byte = 0
FOR i = 17 TO 20
s.byte = s.byte + VAL(CHR$(SCREEN(i, 31)))
* 2 ^ (i - 17)
NEXT
s.byte = s.byte XOR 11          'beachte Invertierung!
OUT steureg, s.byte             'Steuerregister ausgeben

LOOP

END
```

Nach dem Start des Programms meldet sich der Bildschirm wie in *Abb. 1.3.*

```
        Testprogramm für die Druckerschnittstelle

      Basisadresse der Druckerschnittstelle (Hex): 378

   Ausgangsleitungen                     Eingangsleitungen
   -----------------                     -----------------
   Datenleitung D0 =    1                ERROR =    1
   Datenleitung D1 =    1                SLCT  =    1
   Datenleitung D2 =    1                PE    =    0
   Datenleitung D3 =    1                ACK   =    1
   Datenleitung D4 =    1                BUSY  =    0
   Datenleitung D5 =    1
   Datenleitung D6 =    1
   Datenleitung D7 =    1
   STROBE          =    1
   AUTO FEED       =    1
   INIT            =    1
   SLCTIN          =    1

Bedienung:    ↑↓: Ausgang wählen  ESC: Beenden   F1: Ausgang invertieren
---------
```

Abb. 1.3: Bildschirmaufbau des Programms LPTTEST

Mit den Pfeiltasten kann man eine Datenleitung oder ein Steuerbit auswählen und mit F1 invertieren. So wie die Bits auf dem Bildschirm dargestellt sind, erscheinen sie auch an der Druckerschnittstelle des PCs. Das heißt, mit Betätigen der F1-Taste wird der aktuelle Pegel aller Daten- und Steuerleitungen ausgegeben. Parallel dazu werden die Statusbits abgefragt und am Bildschirm angezeigt.

Anwendung: Druckeransteuerung

Eine Anwendung des Programms LPTTEST besteht darin, einen Text von Hand an den Drucker zu senden. Was normalerweise in Windeseile vom PC aus geschieht, kann man hier bitweise eingeben.

Als Beispiel soll das Wort „Test“ und in der darauffolgenden Zeile „OK“ ausgedruckt werden. Die Vorgehensweise besteht darin, daß man zuerst des ASCII-Code des betreffenden Buchstabens an die Datenleitungen anlegt dann mit einem negativen STROBE-Impuls die Daten an den Drucker übergibt. Geht man davon aus, daß nach dem Start des Programms das Steuerbit STROBE High-Pegel aufweist, so erhält man einen negativen STROBE-Impuls durch zweimaliges Invertieren mit F1. Nachdem auf diese Weise das Wort „Test“ gesendet wurde, folgen die Steuersequenzen für einen neuen Zeilenbeginn. Dies sind die Steuersequenzen CARRIAGE RETURN (CR) und LINE FEED (LF). Danach kann man die ASCII-Codes von „OK“ senden. Als letzter Schritt ist lediglich ein FORM FEED (FF) für einen Seitenvorschub zu senden. Daraufhin gibt der Drucker die ganze Seite aus.

Die folgende Auflistung faßt nochmals die einzelnen Schritte zusammen.

Schritt		D7	D6	D5	D4	D3	D2	D1	D0	
1	Drucker einschalten									
2	Programm LPTTEST starten									
3	ASCII-Code von „T“ anlegen	0	1	0	1	0	1	0	0	54 Hex
4	Negativer STROBE-Impuls									
5	ASCII-Code von „e“ anlegen	0	1	1	0	0	1	0	1	65 Hex
6	Negativer STROBE-Impuls									
7	ASCII-Code von „s“ anlegen	0	1	1	1	0	0	1	1	73 Hex
8	Negativer STROBE-Impuls									
9	ASCII-Code von „t“ anlegen	0	1	1	1	0	1	0	0	74 Hex
10	Negativer STROBE-Impuls									
11	CR anlegen	0	0	0	0	1	1	0	1	0D Hex
12	Negativer STROBE-Impuls									
11	LF anlegen	0	0	0	0	1	0	1	0	0A Hex
12	Negativer STROBE-Impuls									
13	ASCII-Code von „O“ anlegen	0	1	0	0	1	1	1	1	4F Hex
14	Negativer STROBE-Impuls									

15	ASCII-Code von „K“ anlegen	0	1	0	0	1	0	1	1	4B Hex
16	Negativer STROBE-Impuls									
17	FF anlegen	0	0	0	0	1	1	0	0	0C Hex
18	Negativer STROBE-Impuls									

1.1.4 Basismodul 8 Bit I/O für die Druckerschnittstelle

In den vorigen Abschnitten wurde gezeigt, daß von den 17 Leitungen an der Druckerschnittstelle nur fünf als Eingang zu nutzen sind. Allerdings lassen sich mit einem geringen, zusätzlichen Schaltungsaufwand auch mehr als fünf Bits einlesen.

Abb. 1.4 zeigt den Schaltplan eines einfachen Moduls, das direkt mit der Druckerschnittstelle gekoppelt werden kann. Dieses Modul bietet die Möglichkeit, sowohl acht Bit über den Druckerport auszugeben als auch acht Bit einzulesen.

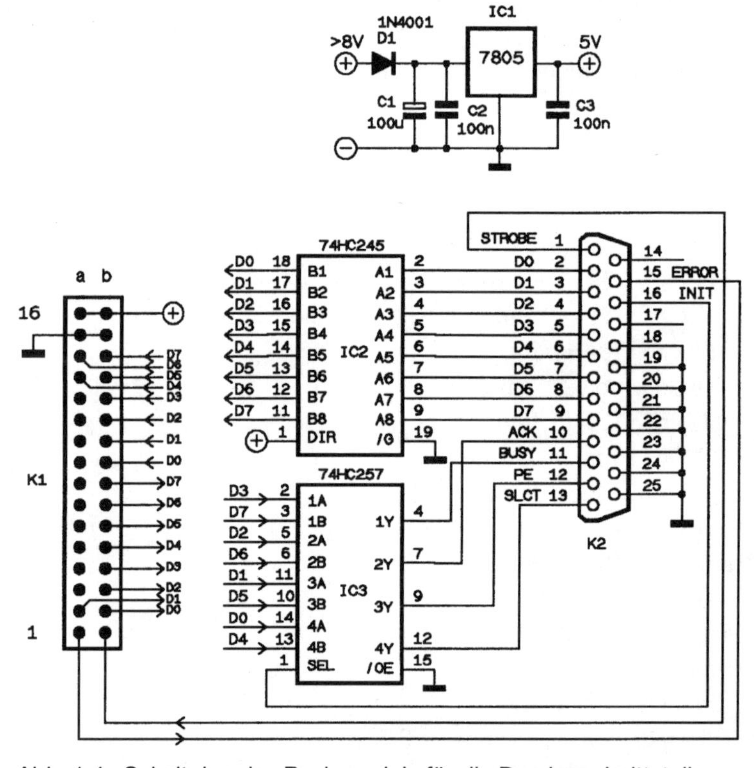

Abb. 1.4: Schaltplan des Basismoduls für die Druckerschnittstelle

Die Datenleitungen gelangen an den Treiber 74HC245, der die ankommenden Daten des PCs vom Interfacemodul entkoppelt. Für das Einlesen der acht Datenbits wird das IC 74HC257 herangezogen, das vier Multiplexer mit zwei Eingängen und einem Ausgang enthält. Damit läßt sich ein Einlesezyklus in zwei Hälften aufteilen. Der Anschluß SEL=0 bewirkt beim Einlesen, daß die Datenbits D0, D1, D2 und D3 in den PC gelangen, während mit SEL=1 die restlichen vier Datenbits D4, D5, D6 und D7 eingelesen werden. Das Steuerbit INIT bewirkt die Umschaltung von SEL.

Die Stromversorgung des Moduls nimmt der 5-V-Regler 7805 wahr, dessen Eingangsspannung von einem einfachen Steckernetzteil oder einer 9-V-Batterie herrühren kann. Die Stromaufnahme beträgt nur wenige mA.

Zusätzlich zu den acht Ein- und Ausgängen kann über die Statusleitung ERROR ein Bit eingelesen und mit Hilfe des Steuerbits STROBE ein Bit ausgegeben werden. Alle Datenleitungen führen auf eine 32polige Messerleiste, die es erlaubt, individuelle Hardware an das Modul anzuschließen. Im Buch werden einige davon vorgestellt.

Der Bestückungsplan des Basismoduls für die Druckerschnittstelle zeigt *Abb. 1.5*, das Platinenlayout dazu ist in *Abb. 1.6* zu sehen. Falls der Leser diese Vorlage einsetzt, sollte er beim Belichten darauf achten, daß man den Text „(C) BITTERLE '94 LPT“ auf der Lötseite der Platine seitenrichtig lesen kann.

Für den Aufbau der Schaltung benötigt man folgende Bauteile:

Halbleiter
IC1 = 7805
IC2 = 74HC245
IC3 = 74HC257

Kondensatoren
C1 = 100uF/35V
C2, C3, C4 = 100nF

Dioden
D1 = 1N4001

Stecker
K1 = 32polige Messerleiste
K2 = 25poliger Sub-D-Stecker

Sonstiges
Platine „LPT“ (Bezugsquelle im Anhang)
Kabel: 25polig Sub-D Buchse-Stecker 1:1

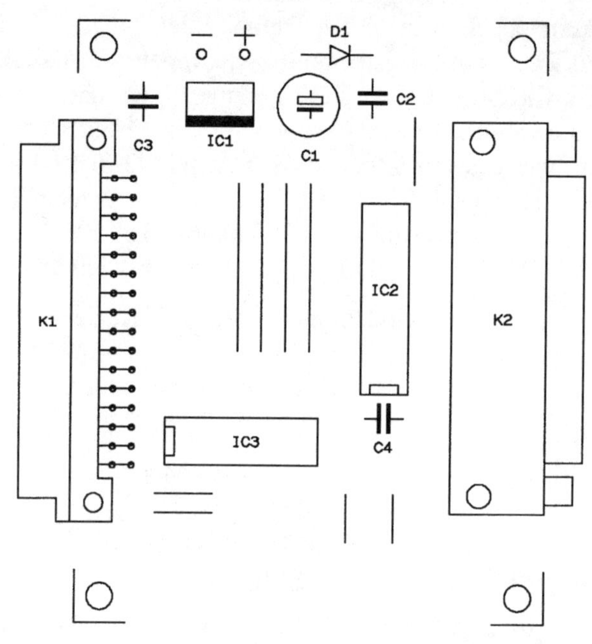

Abb. 1.5: Bestückungsplan des Basismoduls für die Druckerschnittstelle

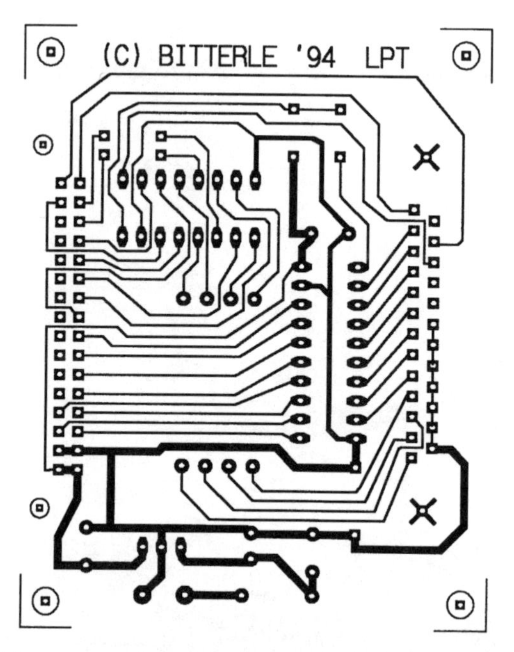

Abb. 1.6: Platinenlayout des Basismoduls für die Druckerschnittstelle

Das Ansprechen des Basismoduls ist in QBasic recht einfach durchzuführen. Sollen Daten ausgegeben werden, so ist der Befehl *OUT registeradresse, outbyte* anzuwenden. Die Registeradresse kann die Adresse des Datenregisters oder des Steuerregisters sein. Die Variable outbyte enthält einen dezimalen Wert zwischen 0 und 255.

Beispiel: *OUT &H378, 128*

Diese Anweisung greift auf das Datenregister der Druckerschnittstelle zu. An der 32-poligen Messerleiste des Basismoduls erscheinen daraufhin folgende Datenbits:

D7 = 1, D6 = 0, D5 = 0, D4 = 0, D3 = 0, D2 = 0, D1 = 0, D0 = 0.

Der Einlesezyklus gestaltet sich etwas aufwendiger. Das folgende Listing verdeutlicht dies.

```
SUB lese.lpt (inbyte)

'==============================================================
'                                                             '
' Unterprogramm: lese.lpt                                     '
'                                                             '
' Funktion:   Dieses Unterprogramm liest über die Drucker-    '
'             schnittstelle ein Byte ein. Das Ergebnis steht  '
'             in der Variablen inbyte.                        '
'                                                             '
' Hardware:   Es ist das Basismodul für die                   '
'             Druckerschnittstelle                            '
'             aus Kapitel 1 erforderlich.                     '
'                                                             '
'==============================================================
   '------- Initialisierung der Drucker-Schnittstelle ------
   '
   basadr = &H378   'Basisadresse der Druckerschnittstelle
   datreg = basadr          'Datenregister
   statreg = basadr + 1     'Statusregister
   steureg = basadr + 2     'Steuerregister
   '
   '----------------- Daten einlesen ---------------------
   '
   OUT steureg, INP(steureg) AND (255 - 4)        'init=0
   inbyte1 = INP(statreg)  'einlesen von D0, D1, D2, und D3
   OUT steureg, INP(steureg) OR 4                 'init=1
   inbyte2 = INP(statreg)  'einlesen von D4, D5, D6, und D7
   '
   '---------- Ordnen der eingelesenen Datenbits -----------
   '
   'inbyte1:     Statusregister Bit 4 (SLCT)     ist D0
   '             Statusregister Bit 5 (PE)       ist D1
   '             Statusregister Bit 6 (ACK)      ist D2
```

```
    '               Statusregister Bit 5 (BUSY)      ist /D3
    'inbyte2:       Statusregister Bit 4 (SLCT)      ist D4
    '               Statusregister Bit 7 (PE)        ist D5
    '               Statusregister Bit 6 (ACK)       ist D6
    '               Statusregister Bit 5 (BUSY)      ist /D7
    '
    inbyte = (((inbyte1 XOR 128) AND &HF0) / 16) +
    ((inbyte2 XOR 128) AND &HF0)

END SUB
```

Der Einsatz eines Unterprogramms hat den Vorteil, daß im Hauptprogramm nur eine einzige Anweisung genügt, um die acht Datenbits einzulesen. Der Aufruf erfolgt in QBasic mit dem Befehl *call lese.lpt (inbyte)*. Die Variable *inbyte* enthält dann den dezimalen Wert des eingelesenen Datenbytes. Betrachtet man das Unterprogramm etwas genauer, so fällt auf, daß eigentlich zwei Bytes eingelesen werden. Die gültigen Datenbits müssen dann noch aussortiert und geordnet werden. Auffallend ist zudem die Art, wie INIT = 0 realisiert wird. Der Befehl *OUT steureg, INP (steureg) AND (255 – 4)* setzt INIT auf Low, ohne die anderen Bits im Steuerregister zu beeinflussen. Um dies zu erreichen, wird der aktuelle Inhalt des Steuerregisters zuerst eingelesen um dann durch eine UND-Verknüpfung mit (255 – 4) INIT auf Low gesetzt.

1.2 Die RS232-Schnittstelle

1.2.1 Grundlagen

Die RS232-Schnittstelle ist wohl die am weitesten verbreitete Schnittstelle. Dem PC-Anwender ist diese auch als COM1 oder COM2 vertraut. An COM1 wird zumeist die Maus angeschlossen, während COM2 für andere Anwendungen frei bleibt. Wie die Druckerschnittstelle läßt sich auch die RS232-Schnittstelle sehr gut in der Meß-, Steuer- und Regelungstechnik einsetzen.

Die Datenübertragung erfolgt bitseriell, das heißt auf einer Leitung werden die Datenbits nacheinander gesendet. Diese Art eignet sich vor allem für größere Entfernungen, da die Störanfälligkeit wesentlich geringer ist, als bei einer parallelen Schnittstelle. Eine parallele Schnittstelle hat hier den entscheidenden Nachteil, daß das Kabel mit der erforderlichen Aderzahl viel zu teuer wäre. Zudem sind die elektrischen Eigenschaften der Signalpegel 0 V und 5 V nicht für größere Entfernungen geeignet.

Die RS232-Schnittstelle ist kein Bussystem. Es läßt sich lediglich eine Punkt-zu-Punkt-Verbindung herstellen, bei der zwei Geräte miteinander kommunizieren können. Ein dritter Teilnehmer kann bei der Kommunikation nicht teilnehmen. In *Abb. 1.7* ist die Pinbelegung der RS232-Steckverbinder am PC zu sehen.

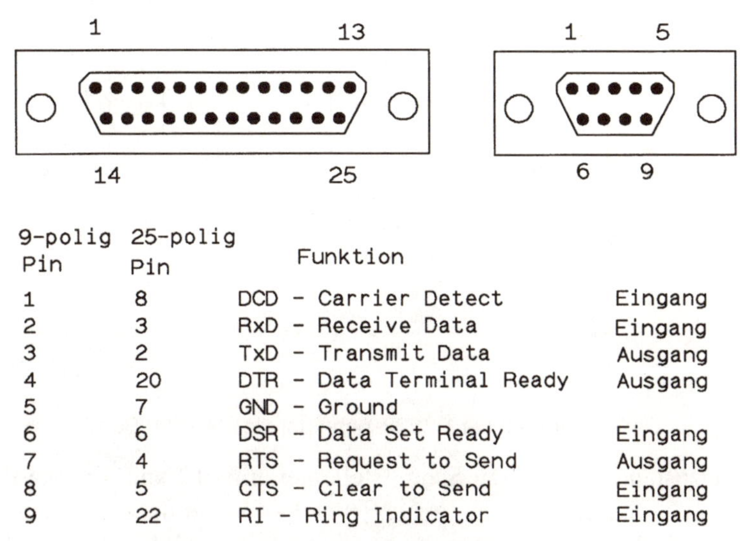

9-polig Pin	25-polig Pin	Funktion	
1	8	DCD - Carrier Detect	Eingang
2	3	RxD - Receive Data	Eingang
3	2	TxD - Transmit Data	Ausgang
4	20	DTR - Data Terminal Ready	Ausgang
5	7	GND - Ground	
6	6	DSR - Data Set Ready	Eingang
7	4	RTS - Request to Send	Ausgang
8	5	CTS - Clear to Send	Eingang
9	22	RI - Ring Indicator	Eingang

Abb. 1.7: Pinbelegung der seriellen Schnittstelle am PC

Daraus geht hervor, daß an der seriellen RS232-Schnittstelle insgesamt acht Leitungen zuzüglich der Masseleitung zur Verfügung stehen. Es existieren zwei Steckervarianten, ein 25poliger und ein 9poliger Sub-D-Stecker. Hier zeigt sich ein Unterscheidungsmerkmal zur Druckerschnittstelle. Bei der Druckerschnittstelle erfolgt der Anschluß am PC über eine Buchse, während die serielle Schnittstelle mit Steckern ausgeführt ist.

Die eigenliche Datenübertragung findet lediglich auf zwei Leitungen statt. Über den Anschluß TXD (Transmit X Data) sendet der PC seine Daten zum anderen Teilnehmer. Daten, die der PC empfängt, sind an den RXD (Receive X Data) heranzuführen. Die anderen Signale dienen als Hilfssignale bei der Kommunikation und werden daher nicht in allen Anwendungen benötigt.

Datenübertragung

Die Signalpegel auf der RXD beziehungsweise auf der TXD-Leitung liegen normalerweise zwischen –12 Volt und +12 Volt. Die Datenbits werden dabei invertiert gesendet. Der Spannungspegel für High liegt zwischen –3 Volt und –12 Volt und der Pegel für Low zwischen +3 Volt und +12 Volt. *Abb. 1.8* zeigt einen typischen Datenstrom eines Datenbytes auf der RS232-Schnittstelle.

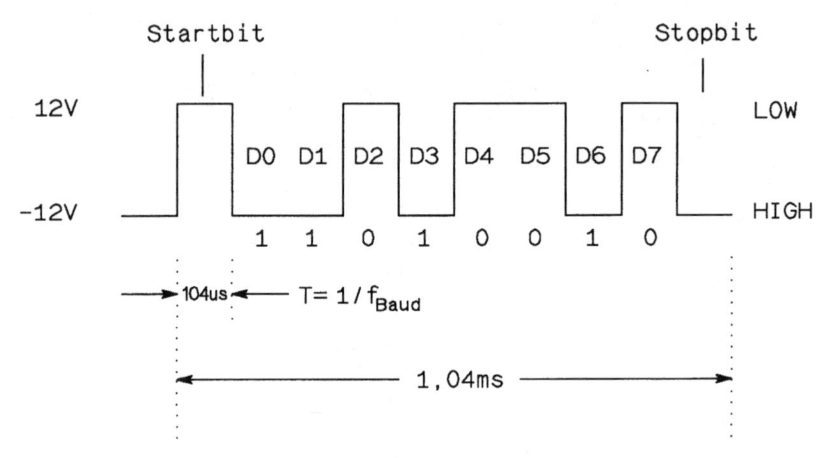

Abb. 1.8: Datenstrom auf der RS232-Schnittstelle mit 9600 Baud

Im Ruhezustand liegt auf der Schnittstellenleitung –12 Volt. Ein Startbit leitet die Datenübertragung ein. Anschließend kommen die einzelnen Datenbits, wobei das niederwertigste zuerst gesendet wird. Die Anzahl der Datenbits variiert zwischen fünf und acht. Am Ende des Datenstromes folgt noch ein Stopbit, das wieder den Ausgangszustand (–12 Volt) herstellt.

Mit der Baudrate stellt man die Geschwindigkeit der Datenübertragung ein. Übliche Werte sind 300, 600, 1200, 2400, 4800, 9600 und 19200 Baud. Die Bezeichnung Baud entspricht Bits pro Sekunde. Bei einer Baudrate beispielsweise von 9600 werden 9600 Datenbits pro Sekunde übertragen. Geht man davon aus, daß einem Datenbyte noch ein Startbit vorausgeht und ein Stopbit angefügt wird, werden für ein Byte zehn Bits gesendet. Die maximale zu übertragende Datenmenge läßt sich damit leicht abschätzen. Mit 9600 Baud lassen sich maximal 960 Bytes pro Sekunde übertragen. Durch diese einfache Rechnung zeigt sich ein großer Nachteil der seriellen Schnittstelle: die begrenzte Übertragungsrate.

Das Datenübertragungsformat muß beim Sender und Empfänger gleich eingestellt sein. Die Übertragungsparameter lassen sich beim PC unter DOS mit dem Mode-Befehl einstellen. Unter Windows steht sogar ein spezielles Terminalprogramm zur Verfügung. Dort lassen sich die Übertragungsparameter wie Baudrate, Anzahl der Datenbits, Anzahl der Stopbits, Paritätsbits sehr einfach einstellen.

1.2.2 Ansprechen der Signalleitung

Ebenso wie bei der Druckerschnittstelle lassen sich die einzelnen Signalleitungen der RS232-Schnittstelle über Speicheradressen im PC ansprechen. Hierbei wird von hochintegrierten ICs Gebrauch gemacht, die viele Funktionen auf einem Chip vereinen. Beim PC regelt ein UART (Universal Asynchronous Receiver/Transmitter) die Kommunikation mit Peripheriegeräten. Es handelt sich zumeist um den Baustein 8250 von NSC oder Nachfolgetypen wie der 16C550. Dieser UART enthält zehn Register, die alle Funktionen der seriellen Ein- und Ausgabe steuern. Im Zusammenhang mit diesem Buch sind davon allerdings nur zwei von Interesse. Es sind dies das sogenannte Modem-Steuerregister und das Modem-Statusregister. Die Belegung dieser Register sieht wie folgt aus:

Modem-Steuerregister (Basisadresse + 4)

Bit 0:	DTR	(Ausgang)	Wertigkeit 1
Bit 1:	RTS	(Ausgang)	Wertigkeit 2

Modem-Statusregister (Basisadresse + 6)

Bit 4:	CTS	(Eingang)	Wertigkeit 16
Bit 5:	DSR	(Eingang)	Wertigkeit 32
Bit 6:	RI	(Eingang)	Wertigkeit 64
Bit 7:	DCD	(Eingang)	Wertigkeit 128

Wie bei der Druckerschnittstelle werden die Register über Speicherzellen im I/O-Bereich angesprochen. Die ersten erreichbaren Adressen der seriellen Schnittstellen bezeichnet man als Basisadressen. Die folgenden Registeradressen errechnen sich durch Addition der betreffenden Registernummern des UART zur Basisadresse.

Die Basisadressen der seriellen Schnittstellen des PCs sind unter folgenden Adressen erreichbar:

COM1	(erste serielle Schnittstelle)	Basisadresse	=	3F8 (Hex)
COM2	(zweite serielle Schnittstelle)	Basisadresse	=	2F8 (Hex)
COM3	(dritte serielle Schnittstelle)	Basisadresse	=	3E8 (Hex)
COM4	(vierte serielle Schnittstelle)	Basisadresse	=	2E8 (Hex)

In QBasic lassen sich die Signale der RS232-Schnittstelle wie folgt ansprechen:

	basadr = &H2F8 REM Basisadresse COM2
DTR auf –12V setzen:	*OUT (basadr+4), INP(basadr+4) AND (255-1)*
DTR auf +12V setzen:	*OUT (basadr+4), INP(basadr+4) OR 1*
RTS auf –12V setzen:	*OUT (basadr+4), INP(basadr+4) AND (255-2)*
RTS auf +12V setzen:	*OUT (basadr+4), INP(basadr+4) OR 2*
CTS abfragen:	*pegel.von.cts = (INP (basadr+6) AND 16) / 16*
DSR abfragen:	*pegel.von.dsr = (INP (basadr+6) AND 32) / 32*
RI abfragen:	*pegel.von.ri = (INP (basadr+6) AND 64) / 64*
DCD abfragen:	*pegel.von.dcd = (INP (basadr+6) AND 128) / 128*

In den meisten Anwendungen der seriellen Schnittstelle ist es allerdings nicht erforderlich, die Leitungen einzeln zu programmieren. Dafür stehen intelligente Chips auf Seiten des Empfängers und Senders zur Verfügung. In QBasic gibt es dann sehr einfache Anweisungen, die das RS232-Protokoll einhalten. Sind z. B. zwei PCs über die serielle Schnittstelle miteinander verbunden, so genügt lediglich eine Anweisung, um ein Datenbyte im richtigen Format zum Empfänger zu schicken.

Mit *OPEN COM* wird die serielle Schnittstelle geöffnet. Mit *PRINT* und *INPUT* können Daten gesendet und gelesen werden.

Die genaue Syntax der Befehle wird im folgenden ausführlich beschrieben.

OPEN „COMn: Optionen1 Optionen2“ [FOR Modus] AS [#]Dateinr% LEN=Satzlänge%]

n	Der zu öffnende Datenübertragungsanschluß: 1 = COM1, 2 = COM2 usw.
Optionen1	Die am meisten verwendeten Datenübertragungsparameter: [Baud] [,[Parität] [,[Daten] [,[Stop]]]] • Baud ist die Baud-Rate des zu öffnenden Geräts: 75, 110, 150, 300, 600, 1200, 2400, 4800, 9600, 19200 • Parität gibt an, wie die Parität überprüft werden soll: N (keine Überprüfung) E (gerade) O (ungerade) S (Leerzeichen) M (markiert) PE (mit Fehlerprüfung) • Daten ist die Anzahl der Datenbits pro Byte: 5, 6, 7, 8 • Stop ist die Anzahl der Stopbits: 1, 1.5, 2 Standardeinstellung: 300 Baud, Parität gerade, 7 Datenbits, 1 Stopbit.

Optionen2 — Eine Liste weniger häufig verwendeter Parameter, die durch Kommas getrennt sind:

Option	Beschreibung
ASC	Öffnet das Gerät im ASCII-Modus.
BIN	Öffnet das Gerät im Binär-Modus.
CD[m]	Legt die Fehlerwartezeit für die Data-Carrier-Detect-Leitung (DCD) fest (in Millisekunden).
CS[m]	Legt die Fehlerwartezeit für die Clear-To-Send-Leitung (CTS) fest (in Millisekunden).
DS[m]	Legt die Fehlerwartezeit für die Data-Set-Ready-Leitung (DS) fest (in Millisekunden).
LF	Sendet ein Zeilenvorschubzeichen nach einem Wagenrücklaufzeichen.
OP[m]	Legt fest, wie lange OPEN COM warten soll, bis alle DÜ-Verbindungen geöffnet sind (in Millisekunden).
RB[n]	Legt die Größe des Empfangspuffers fest (in Byte).
RS	Unterdrückt das Erkennen einer Sende-anforderung.
TB[n]	Legt die Größe des Übertragungspuffers fest (in Byte).

Modus — INPUT, OUTPUT oder RANDOM (Standardeinstellung).

- INPUT gibt an, daß die Schnittstelle für sequentielle Eingabe geöffnet ist.
- OUTPUT gibt an, daß die Schnittstelle für sequentielle Ausgabe geöffnet ist.
- RANDOM gibt an, daß die Schnittstelle im Direktzugriffs-Modus geöffnet ist.

Dateinr% — Eine Ganzzahl zwischen 1 und 255, die den Datenübertragungskanal kennzeichnet, solange er geöffnet ist.

Satzlänge% — Puffergröße im Direktzugriffs-Modus (Vorgabe ist 128 Byte).

Beispiel: *OPEN „COM2: 19200,N,8,1,CS0,DS0“*
FOR RANDOM AS #1

Dieser Befehl öffnet die serielle Schnittstelle COM2 mit 19200 Baud, ohne Parity-Bit, acht Datenbits, ein Stopbit als Datenübertragungskanal mit der Nummer 1.

Durch das Öffnen der Schnittstelle mit dem OPEN-Befehl werden die beiden Leitungen RTS und DTR auf +12 V geschaltet. Mit dem eingestellten Übertragungsformat lassen sich nun Daten einlesen und ausgeben. Das Senden von Daten besorgt die Anweisung *PRINT#1, Zeichen$;*. Der Strichpunkt am Ende der Anweisung darf auf keinen Fall vergessen werden, da sonst automatisch ein zweites Zeichen, nämlich CR (Carriage Return), mitgesendet wird. Der Strichpunkt unterdrückt somit das CR. *Zeichen$* kann irgendein Zeichen aus dem IBM Zeichensatz sein.

Mit *PRINT#1,CHR$();* läßt sich direkt ein Bitmuster über die serielle Schnittstelle senden. Die folgenden Beispiele verdeutlichen die Anwendung des Befehls *PRINT#1*:

Beispiele:

Anweisung	gesendetes Bitmuster								Kommentar
	D7	D6	D5	D4	D3	D2	D1	D0	
PRINT #1, „A“;	0	1	0	0	0	0	0	1	ASCII Code von A
PRINT #1, „a“;	0	1	1	0	0	0	0	1	ASCII Code von a
PRINT #1, CHR$(65);	0	1	0	0	0	0	0	1	Wertigkeit: 65
PRINT #1, CHR$(0);	0	0	0	0	0	0	0	0	Wertigkeit: 0
PRINT #1, CHR$(255);	1	1	1	1	1	1	1	1	Wertigkeit: 255
PRINT #1, CHR$(15);	0	0	0	0	1	1	1	1	Wertigkeit: 15

Die Anweisung *INPUT$ (n,#1)* liest n Bytes über die serielle Schnittstelle. Der eingelesene Wert ist ein String und kann mit der Anweisung *ASC(string$)* in das entsprechende Bitmuster umgewandelt werden. Um einen Spannungswert eines A/D-Wandlers einzulesen, wäre folgende Anweisung nötig: *u = ASC (INPUT$(1,#1))*. Die Variable u enthält dann einen Zahlenwert zwischen 0 und 255.

Am Ende eines Programms, in dem die *OPEN*-Anweisung zum Öffnen der seriellen Schnittstelle angewandt wird, sollte die *CLOSE*-Anweisung nicht vergessen werden. *CLOSE* schließt die serielle Schnittstelle, was dazu führt, daß DTR und RTS wieder auf Low (–12V) gelegt werden.

1.2.3 Serieller Sender

Abb. 1.9 zeigt einen einfachen seriellen Sender, der acht parallel anliegende Datenbits über die serielle Schnittstelle zum PC sendet. Das Datenübertragungsformat ist ein Startbit, acht Datenbits, ein Stopbit, kein Paritätsbit, 9600 Baud.

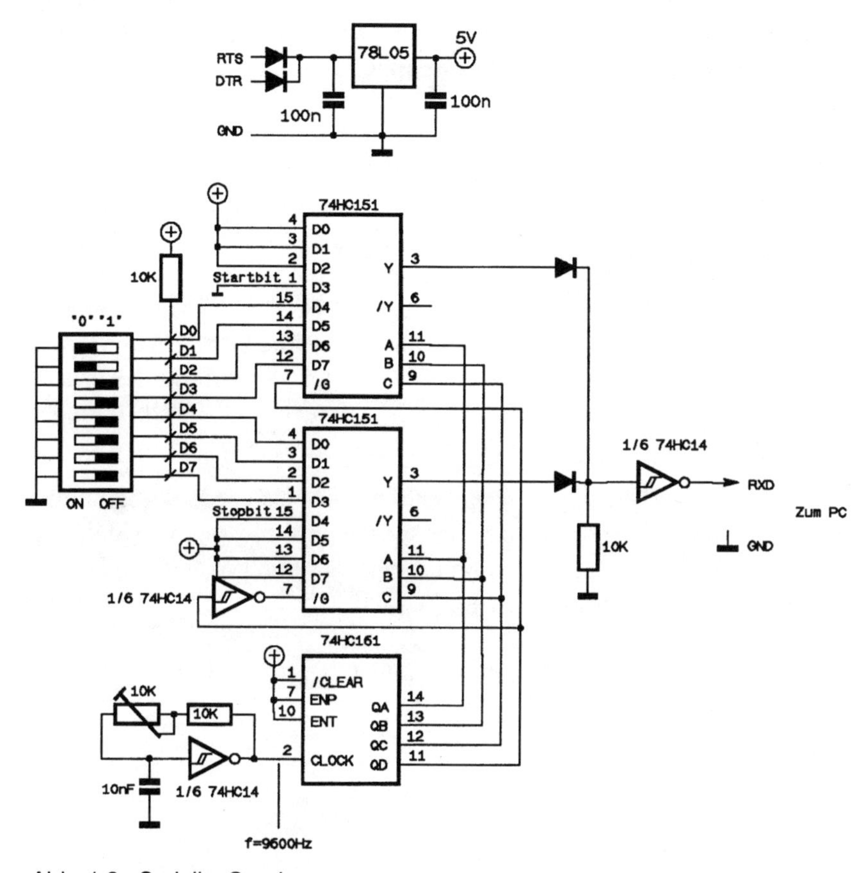

Abb. 1.9: Serieller Sender

Für die Verbindung zum PC genügen hier zwei Leitungen. Der Ausgang des seriellen Senders wird an den RXD-Anschluß des PCs herangeführt. Gleichzeitig sind beide Massen miteinander zu verbinden. Mit dieser einfachen Schaltung lassen sich beispielsweise Spannungen von A/D-Wandlern oder Bitmuster von Steuerungen auf einfachste Weise abfragen.

Es folgt die Beschreibung der Schaltung:

Die Stromversorgung wird direkt aus den beiden Leitungen RTS und DTR entnommen. Bei geöffneter Schnittstelle liegen dann +12 V an, die pro Leitung über 5 mA liefern. Der Spannungsregler 78L05 stellt stabilisierte 5 V zur Verfügung. An Pin 2 des Binärzählers 74HC161 liegt eine Frequenz von ca. 9600 Hz, was genau der Baudrate entspricht. Die Ausgänge QD...QA des Binärzählers wechseln von 0000 beginnend mit jedem Takt ihren logischen Zustand gemäß dem dualen Zahlensystem bis 1111 erreicht ist. Der darauffolgende Takt führt wieder zum Zählerstand 0000 und das Spiel beginnt von neuem. Die Ausgänge des Zählers führen auf die Adreßeingänge A, B, C der beiden Multiplexer vom Typ 74HC151. Deren Eingänge D0...D7 werden nacheinander auf den Ausgang y durchgeschaltet. Das Startbit leitet die Datenübertragung ein. Danach gelangen die an den DIP-Schaltern eingestellten Datenbits an den Ausgang y und damit in den PC. Nachdem ein vollständiges Datenbyte übertragen wurde, folgt das Stopbit, das so lange gesendet wird, bis der Zähler 74HC161 wieder beim Zählerstand 0011 (3 dez) das Startbit selektiert. Die beiden Dioden mit dem 10K-Widerstand bilden ein Oder-Gatter, das die beiden Ausgänge der Multiplexer zusammenfaßt. Dieses Oder-Gatter ist erforderlich, da der Ausgang QD des Zählers immer nur ein Multiplexer aktiviert, während der andere im hochohmigen Zustand verweilt.

Zum Einlesen der Datenbytes kann man natürlich in jeder Programmiersprache ein entsprechendes Programm schreiben. Eine andere Möglichkeit zur Visualisierung bietet das Terminalprogramm unter Windows. Hier lassen sich alle Übertragungsparameter bequem einstellen. Die empfangenen Daten werden als String auf dem Bildschirm dargestellt. Stellt man beim seriellen Sender beispielsweise das Bitmuster mit der Wertigkeit 65 dez ein, so erscheinen auf dem Bildschirm lauter A.

1.2.4 Der UART CDP6402

Wie in den vorangegangenen Abschnitten angedeutet, stehen für die Datenübertragung über die serielle Schnittstelle hochintegrierte Chips zur Verfügung. Ein solcher Baustein ist der UART CDP6402 von Harris. Dieser UART (Universal Asynchronous Receiver/Transmitter) enthält auf einem Chip einen seriellen Sender und Empfänger, die völlig unabhängig voneinander arbeiten. Der serielle Sender befördert nach einem Startimpuls die parallel anliegenden Daten über eine Leitung zum Empfänger und fügt dabei automatisch die Start- und Stopbits an. Der Empfänger wiederum stellt die seriell ankommenden Daten parallel zur Verfügung. Das Bemerkenswerte an diesem Baustein ist, daß das Datenübertragungsformat hardwaremäßig über logische Pegel an den Pins vorgegeben werden kann. Damit läßt sich dieser Baustein universell einsetzen.

Folgende Eigenschaften zeichnen den CDP6402 aus:

- Geringe Verlustleistung: 7,5 mW bei 3,2 MHz und VCC=5V
- Baudrate: bis 200 KBaud bei +5 V Spannungsversorgung
bis 400 KBaud bei +10 V Spannungsversorgung
- Spannungsversorgung: 4 V bis 10,5 V
- Einstellung des Datenübertragungsformates hardwaremäßig
- Einfache Handhabung
- Preis ca. DM 15,–

Abb. 1.10 zeigt die Pinbelegung des 40poligen Bausteins.

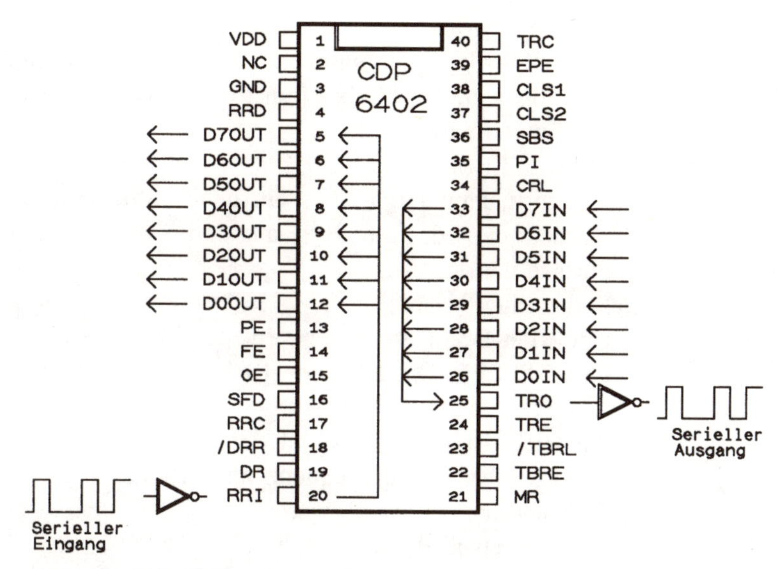

Abb. 1.10: Pinbelegung des UART CDP6402

Es folgt die Funktionsbeschreibung der einzelnen Pins:

Pin	Symbol	Beschreibung
1	VDD	Positive Spannungsversorgung
2	NC	No Connection
3	GND	Masse, Ground, 0V

4	RRD	Receive Register Disable Führt dieses Signal High-Pegel, werden die Ausgangsleitungen D0OUT bis D7OUT hochohmig.
5	D7OUT	Die seriell ankommenden Datenbits am Pin 20
6	D6OUT	erscheinen parallel an den Tristateausgängen
7	D5OUT	D7OUT bis D0OUT.
8	D4OUT	
9	D3OUT	
10	D2OUT	
11	D1OUT	
12	D0OUT	
13	PE	Parity Error Eine logische 1 an diesem Pin signalisiert, daß das programmierte Paritätsbit nicht mit dem empfangenen übereinstimmt. Falls das Paritätsbit nicht aktiviert ist, liegt Low-Pegel an.
14	FE	Framing Error Ein High-Pegel signalisiert, daß das erste Stopbit ungültig war. FE bleibt High, bis ein gültiges Stopbit empfangen wird.
15	OE	Overrun Error OE wird dann High, falls ein neues Byte empfangen wurde, bevor das alte Byte aus dem Empfangsregister gelesen wurde.
16	SFD	Status Flag Disable Ein High-Pegel an diesem Pin bewirkt, daß die Ausgänge PE, FE, OE, DR und TBRL hochohmig werden.
17	RRC	Receiver Register Clock An RRC ist das Taktsignal des seriellen Empfängers heranzuführen. Die Frequenz muß 16mal so groß wie die Baudrate eingestellt werden.
18	DRR	Data Received Reset Ein Low-Impuls an diesem Pin setzt DR (Data Received) auf Low zurück.
19	DR	Data Received DR=1 signalisiert, daß Daten vollständig empfangen wurden und an den Ausgängen D7OUT bis D0OUT zur Verfügung stehen. Bevor ein nächstes gültiges Datenbyte signalisiert werden kann, muß mit einem negativen Impuls an DRR (Pin18) das Signal DR zurückgesetzt werden.

20	RRI	Receiver Register Input An diesen Pin ist das serielle Eingangssignal heranzuführen.
21	MR	Master Reset Mit einem High-Pegel wird ein Reset des Bausteins durchgeführt. PE, FE, OE und DR werden zurückgesetzt, während TRE, TBRE und TRO auf High-Pegel gesetzt werden.
22	TBRE	Transmitter Buffer Register Empty Ein High-Pegel an diesem Pin signalisiert, daß das Senderegister leer und für neue Daten aufnahmebereit ist.
23	TBRL	Transmitter Buffer Register Load Ein Low-Impuls ist der Auslöser für das Aussenden von Datenbits. Mit der positiven Taktflanke werden die parallel anliegenden Daten D7IN bis D0IN ins Senderegister übertragen und danach seriell mit Start- und Stopbits zum Empfänger gesendet.
24	TRE	Transmitter Register Empty Ein High-Pegel signalisiert, daß der Baustein mit dem Senden fertig ist.
25	TRO	Transmitter Register Output Die parallel anliegenden Datenbits D0IN bis D7IN werden inklusive Start- und Stopbits über die Leitung TRO an den Empfänger gesendet.
26	D0IN	Die Datenbits an diesen Eingängen werden seriell
27	D1IN	zum Empfänger gesendet.
28	D2IN	D0IN ist das LSB
29	D3IN	D7IN ist das MSB
30	D4IN	
31	D5IN	
32	D6IN	
33	D7IN	
34	CRL	Control Register Load Ein High-Pegel lädt die Kontrollbits ins Kontrollregister
35	PI	

CLS2	CLS1	PI	EPE	SBS	DATA BITS	PARITY BIT	STOP BIT
0	0	0	0	0	5	ODD	1
0	0	0	0	1	5	ODD	1.5
0	0	0	1	0	5	EVEN	1
0	0	0	1	1	5	EVEN	1.5
0	0	1	X	0	5	DISABLED	1

36	SBS	0	0	1	X	1	5	DISABLED	1.5
		0	1	0	0	0	6	ODD	1
		0	1	0	0	1	6	ODD	2
		0	1	0	1	0	6	EVEN	1
		0	1	0	1	1	6	EVEN	2
37	CLS2	0	1	1	X	0	6	DISABLED	1
		0	1	1	X	1	6	DISABLED	2
		1	0	0	0	0	7	ODD	1
		1	0	0	0	1	7	ODD	2
		1	0	0	1	0	7	EVEN	1
		1	0	0	1	1	7	EVEN	2
38	CLS1	1	0	1	X	0	7	DISABLED	1
		1	0	1	X	1	7	DISABLED	2
		1	1	0	0	0	8	ODD	1
		1	1	0	0	1	8	ODD	2
		1	1	0	1	0	8	EVEN	1
39	EPE	1	1	0	1	1	8	EVEN	2
		1	1	1	X	0	8	DISABLED	1
		1	1	1	X	1	8	DISABLED	2
40	TRC	Transmitter Register Clock An TRC ist das Taktsignal des seriellen Senders heranzuführen. Die Frequenz muß 16mal so groß wie die Baudrate eingestellt werden.							

1.2.5 Basismodul für 8 Bit I/O ohne zusätzliche Spannungsversorgung

Im folgenden wird eine Schaltung vorgestellt, die als Interfacemodul an der seriellen Schnittstelle des PCs zur Ein- und Ausgabe von acht TTL-Signalen geeignet ist. Dieses Modul ermöglicht die Anschaltung von A/D-Wandlern, D/A-Wandlern, Zählerbausteine und andere Peripheriebausteine und läßt sich somit universell einsetzen. Besonders hervorzuheben ist dabei, daß sie ohne zusätzliche Spannungsversorgung auskommt. Diese wird direkt der RS232-Schnittstelle am PC entnommen. Die Schaltung selber benötigt lediglich wenige mA. Es lassen sich dann zusätzliche Schaltungen anbinden, die max. 10 mA benötigen. *Abb. 1.11* zeigt den Schaltplan.

Das Herzstück der Schaltung bildet der UART CDP6402, der hier nur wenige externe Bauelemente benötigt. Die Spanungsversorgung wird den beiden Signalen DTR und RTS entnommen. Die Spannung, die im unbelasteten Zustand +12 V beträgt, gelangt über zwei Entkoppeldioden an den Low-Drop-Spannungsregler LM2936 von NSC. Dieses IC weist zwei

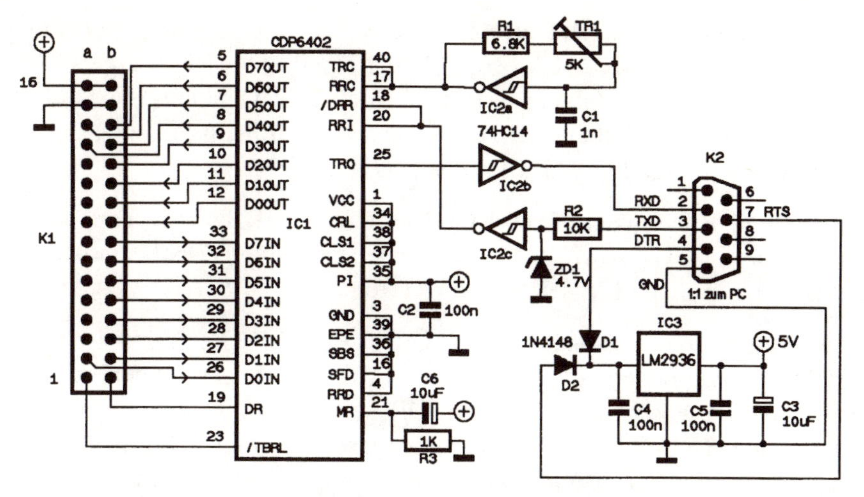

Abb. 1.11: Schaltplan des Basismoduls für die serielle Schnittstelle ohne zusätzliche Spannungsversorgung

besondere Vorteile auf. Zum einen zieht der Spannungsregler lediglich 100 µA an Versorgungsstrom, und zum anderen darf die Differenz zwischen Ein- und Ausgangsspannung bis zu 0.2 V betragen. Damit ist dieses IC für die Schaltung prädestiniert. Das Taktsignal für den UART wird von einem Oszillator generiert. Dazu sind ein Inverter mit Schmitt-Trigger, ein Kondensator und ein Widerstand wie in Abb. 1.11 zu verschalten. Die Frequenz mit den angegeben Kondensator- und Widerstandswerten beträgt ca. 153 KHz. Einen genauen Abgleich auf 153600 Hz kann man mit dem Trimmer TR1 durchführen. Die eingestellte Frequenz entspricht der 16-fachen Baudrate von 9600 Baud.

Die empfangenen Datenbits vom PC gelangen über die TXD-Leitung an den 9poligen Sub-D Stecker am Basismodul. Da dieses Signal Spannungspegel zwischen +12 V und –12 V aufweist, das Basismodul aber zwischen 0 V und 5-V-Pegel arbeitet, ist eine Spannungsanpassung erforderlich. Deshalb gelangt das Signal über den Widerstand R2 an die Zenerdiode ZD1 (4,7 V), die den maximalen Spannungshub auf ca. 5 V begrenzt. Am Eingang des folgenden Inverters liegen somit wieder TTL-Pegel an. Der serielle Ausgang TRO des UARTs führt über einen Inverter an den Anschluß RXD am 9poligen Sub-D Stecker. Für die Verbindung zum PC darf auf keinen Fall ein Null-Modem Kabel mit gekreuzten Signalleitungen eingesetzt werden. Die Verbindung ist mit einem 1:1-Kabel vorzunehmen.

Die Beschaltung des UART erfolgt in gewohnter Weise. Die Beschaltung der Kontrollbits CLS1=1, CLS2=1, PI=1, EPE=0 und SBS=0 ergeben für die Datenübertragung folgendes Datenformat: acht Datenbit, ein Startbit, ein Stopbit, kein Paritätsbit. Dieses Format ist auch beim PC einzustellen, ansonsten empfängt der UART falsche Daten.

Mit C6 und R3 wird ein Power-On-Reset realisiert. Die Ausgangsdaten D7OUT bis D0OUT sowie das zu sendende Datenbyte D7IN bis D0IN stehen an der 32poligen Messerleiste zur Verfügung.

Interessant ist die Beschaltung von DRR (Pin 18). Dazu sind folgende Überlegungen notwendig. Wenn Daten vollständig empfangen worden sind, geht das Signal DR auf High. DR soll daraufhin mit einem Low-Impuls an DRR wieder auf Low zurückgesetzt werden. Dieser negative Impuls wird dem nächsten ankommenden Datenbyte entnommen. Dazu wird das Startbit herangezogen, das nach dem Inverter den geforderten Low-Pegel aufweist.

Die *Abb. 1.12* und *1.13* zeigen den Bestückungsplan und das Platinenlayout des Basismoduls.

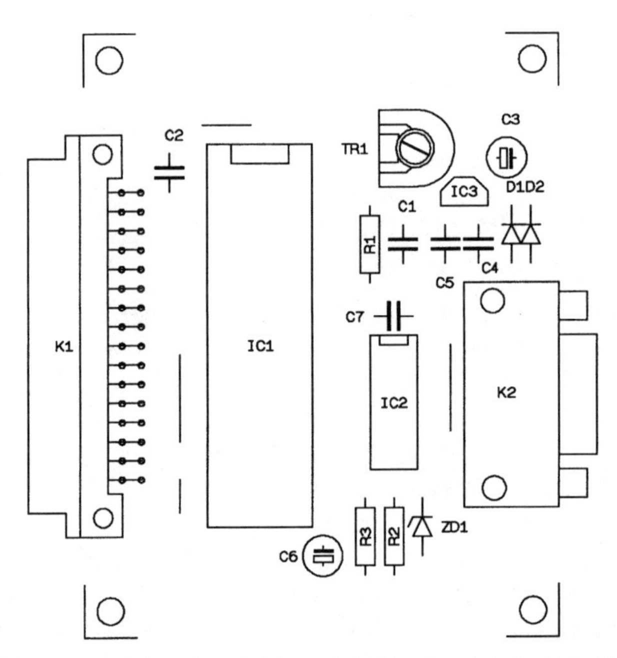

Abb. 1.12: Bestückungsplan des Basismoduls für die serielle Schnittstelle ohne zusätzliche Spannungsversorgung

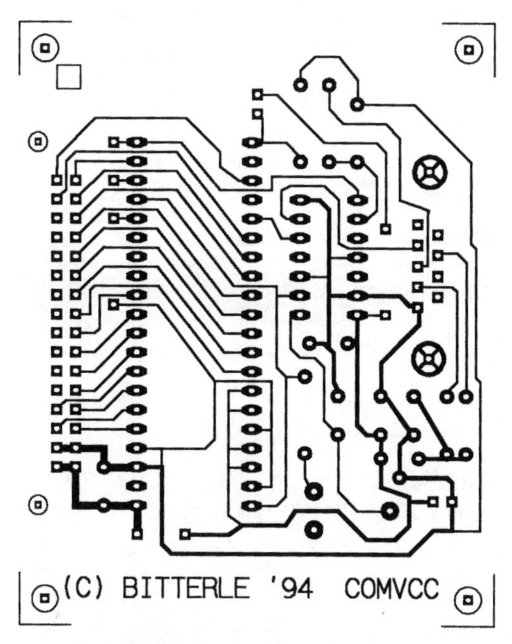

Abb. 1.13: Platinenlayout des Basismoduls für die serielle Schnittstelle ohne zusätzliche Spannungsversorgung

Die Bauelemente der Schaltung kann man der folgenden Stückliste entnehmen:

Halbleiter
IC1 = CDP6402
IC2 = 74HC14
IC3 = LM2936Z-5.0 (oder 78L05)

Widerstände
R1 = 6.8 K
R2 = 10 K
R3 = 1 K
TR1 = 5 K

Kondensatoren
C1 = 1nF
C2, C4, C5 = 100 nF
C3, C6 = 10 µF

Dioden
D1, D2 = 1N4148
ZD1 = 4.7 V

Stecker
K1 = 32polige Messerleiste
K2 = 9poliger Sub-D Stecker

Sonstiges
Platine „COMVCC“ (Bezugsquelle im Anhang)

Wie läßt sich das Basismodul vom PC aus ansprechen?

In QBasic läßt sich dies sehr einfach realisieren. Mit dem Befehl *PRINT #1, CHR$(outbyte);* gelangt ein gewünschtes Bitmuster an die Ausgangsleitungen D7OUT bis D0OUT des Basismoduls. Die Variable *outbyte* enthält einen dezimalen Wert zwischen 0 und 255. Einzelheiten dazu sind einige Seiten vorher bereits angesprochen worden.

Das Einlesen der parallel anliegenden Datenbits D7IN bis D0IN geschieht mit dem Befehl *inbyte = ASC(INPUT$(1,#1))*. Die Variable *inbyte* enthält dann die Wertigkeit des Datenbytes als dezimalen Wert.

Hinweis: Voraussetzung für das Einlesen eines Datenbytes ist ein Low-Impuls am Signal TBRL. Mit der positiven Taktflanke werden die parallel anliegenden Daten D7IN bis D0IN ins Senderegister übertragen und danach seriell mit Start- und Stopbits zum PC gesendet.

Auch dieses Signal steht an der 32poligen Messerleiste zur Verfügung. Das folgende Beispielprogramm macht nochmals deutlich, wie die Kommunikation zwischen PC und Basismodul abläuft.

```
'=============================================================
'                                                            '
' Programm:   COMBSP                                         '
'                                                            '
' Funktion:   Dieses Beispielprogramm verdeutlicht, wie die  '
'             Basismodule für die serielle Schnittstelle     '
'             aus Kapitel 1.2.5 bis 1.2.7 vom PC aus         '
'             angesprochen werden.                           '
'                                                            '
' Hardware:   Es ist ein Basismodul für die serielle         '
'             Schnittstelle aus Kapitel 1.2.5 bis 1.2.7      '
'             erforderlich.                                  '
'                                                            '
'=============================================================

    '
    '--------------- 9600 Baud an COM 2 -------------------
    '
```

```
OPEN „com2:9600,N,8,1,CS,DS" FOR RANDOM AS #1
'
CLS
PRINT „Bitte geben Sie den dezimalen Wert des auszugebenden"
PRINT „Datenbytes ein. (0...255)"
INPUT outbyte
'
'========== Ausgabe des Datenbytes ====================
'
PRINT #1, CHR$(outbyte);
'
'========== Ausgabe beendet ===========================
'
' Nun werden Daten eingelesen ...
' Low-Impuls mit Datenleitung D0OUT erzeugen !!!
' D0OUT ist mit dem Signal TBRL zu verbinden !!!
' Dieser Low-Impuls bewirkt die Übertragung der
' anliegenden Daten zum PC !!!!!!!!!!!!!!!!!!!!!!!!!!!!!
'
outbyte = outbyte AND (255 - 1)
PRINT #1, CHR$(outbyte);
outbyte = outbyte OR 1
PRINT #1, CHR$(outbyte);
'
'--------------- Einlesen des Datenbytes ---------------
'
inbyte = ASC(INPUT$(1, #1))
PRINT „Das eingelesene Datenbyte ist: ", inbyte
END
```

1.2.6 Basismodul für 8 Bit I/O mit MAX232

Im folgenden Abschnitt wird ein weiteres Basismodul zur Ankopplung an die serielle Schnittstelle des PCs vorgestellt. Dieses Modul ist über die 32polige Messerleiste völlig pinkompatibel zum Modul aus Kapitel 1.2.5. Es lassen sich auch hier acht TTL-Signale über die serielle Schnittstelle des PCs sowohl einlesen als auch ausgeben. Der Unterschied liegt in erster Linie an den verbesserten technischen Daten.

Das Basismodul in *Abb. 1.14* enthält zur Signalanpassung an die RS232-Pegel (+12 V, –12 V) den MAX232 von Maxim.

Dieses IC empfängt die vom PC gesendeten RS232-Pegel und wandelt diese in TTL-Signale um, die dann dem UART CDP6402 zugeführt werden. Signale, die vom UART stammen, werden auf +12 V/–12 V Niveau gewandelt und zum PC gesendet. Auf diese Weise können zwischen Basis-

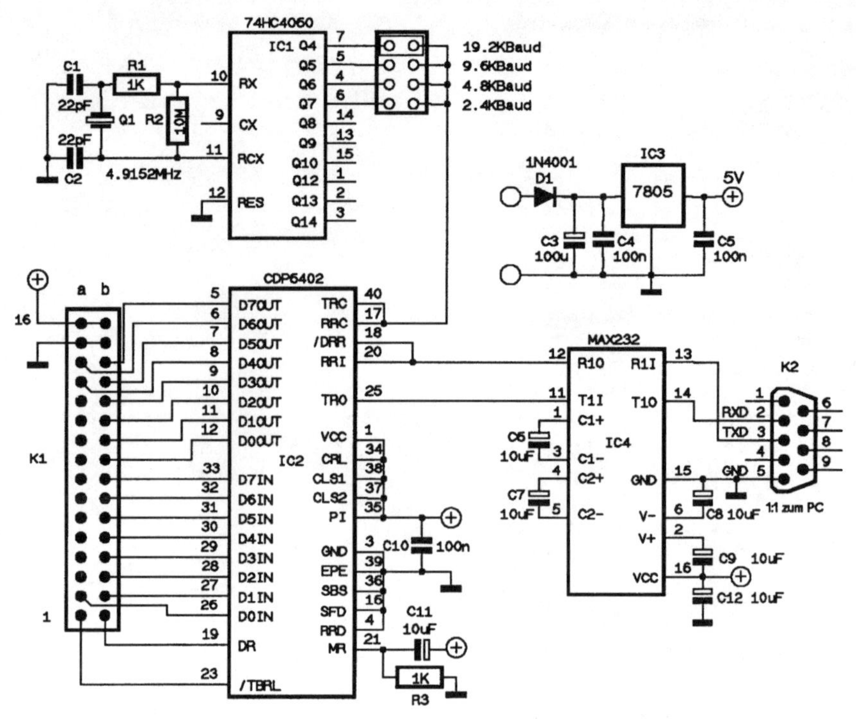

Abb. 1.14: Schaltplan des Basismoduls für die serielle Schnittstelle mit dem MAX232

modul und PC Entfernungen von über 20 Meter realisiert werden. Ein weiterer Vorteil des Basismoduls bietet die Einstellmöglichkeit der Baudrate. Zu diesem Zweck findet der Binärzähler 74HC4060 Anwendung, der zusätzlich spezielle Eingänge für den direkten Anschluß eines Quarzes bietet. Die Baudraten lassen sich durch Umstecken eines Jumpers in den Werten 2400, 4800, 9600 und 19200 Baud quarzgenau einstellen. Einen nachträglichen Abgleich mit einem Trimmer entfällt hier völlig. Anzumerken ist dabei, daß die Frequenz an Pin 17 und Pin 40 des UART der 16-fachen Baudrate entsprechen muß. Am Ausgang Q4 beispielsweise steht ein Rechtecksignal mit der Frequenz von 4,9152 MHz : 2^4 =307200 Hz an. Dies entspricht der 16fachen Baudrate von 19200 Baud. Die Spannungsversorgung erfolgt mit dem Spannungsregler 7805, der ausgangsseitig stabilisierte 5 V zur Verfügung stellt. Eingangsseitig benötigt er eine Spannung >7,5 V, die von einem einfachen Steckernetzgerät oder von einer 9-V-Batterie herrühren kann. In den *Abb. 1.15* und *1.16* sind der Bestückungsplan sowie die Platinenvorlage zu sehen.

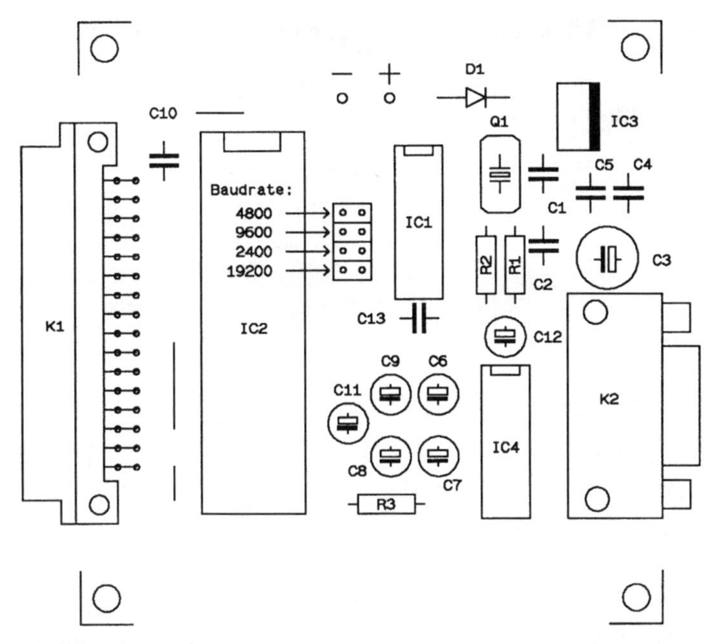

Abb. 1.15: Bestückungsplan des Basismoduls für die serielle Schnittstelle mit MAX232

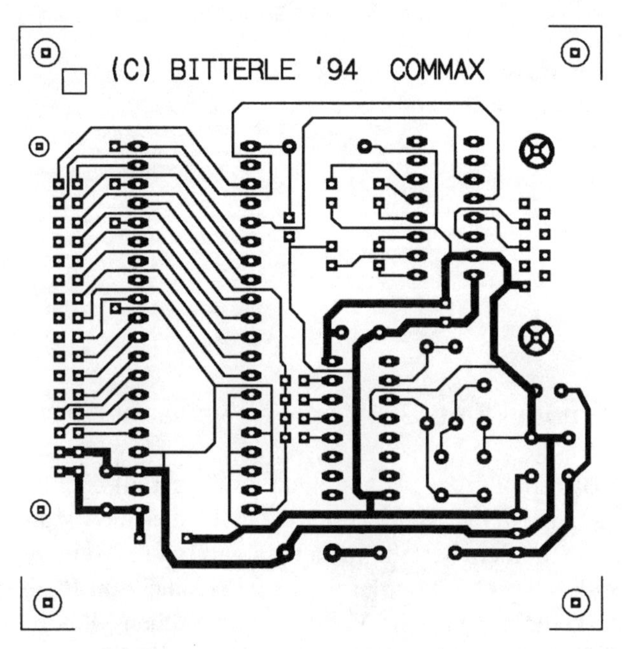

Abb. 1.16: Platinenvorlage des Basismoduls für die serielle Schnittstelle mit MAX232

Zum Aufbau der Schaltung werden folgende Bauteile benötigt:

Halbleiter
IC1 = 74HC4060
IC2 = CDP6402
IC3 = 7805
IC4 = MAX232

Widerstände
R1, R3 = 1 K
R2 = 10 M

Kondensatoren
C1, C2 = 22 pF
C3 = 100 uF /35 V
C4, C5, C10, C13 = 100 nF
C6, C7, C8, C9,C11, C12 = 10 uF/16 V

Dioden
D1 = 1N4001

Quarze
Q1 = 4,9152 MHz

Stecker
K1 = 32polige Messerleiste
K2 = 9poliger Sub-D Stecker

Sonstiges
Platine „COMMAX" (Bezugsquelle im Anhang)
Stiftleiste 2 x 4polig
1 Jumper

1.2.7 Basismodul für 8 Bit I/O mit galvanischer Trennung

Ein weiteres Basismodul zur Ankopplung an die serielle Schnittstelle zeigt der folgende Abschnitt. Der wesentliche Unterschied zu den bisher beschriebenen Modulen besteht in der galvanischen Trennung zwischen PC und Modul. Über Optokoppler sind alle Signale zum PC hin getrennt. Somit besteht keine galvanische Verbindung zwischen Meßobjekt und PC. Ansonsten weist dieses Modul dieselben Eigenschaften auf, wie das in Kapitel 1.2.6 beschriebene. *Abb. 1.17* zeigt den Schaltplan.

- ❑ Quarzgenaue Einstellung der Baudrate
- ❑ Vier Baudraten über Jumper einstellbar: 2400, 4800, 9600 und 19200 Baud
- ❑ Spannungsversorgung über Steckernetzgerät oder 9-V-Batterie
- ❑ Galvanische Trennung zum PC

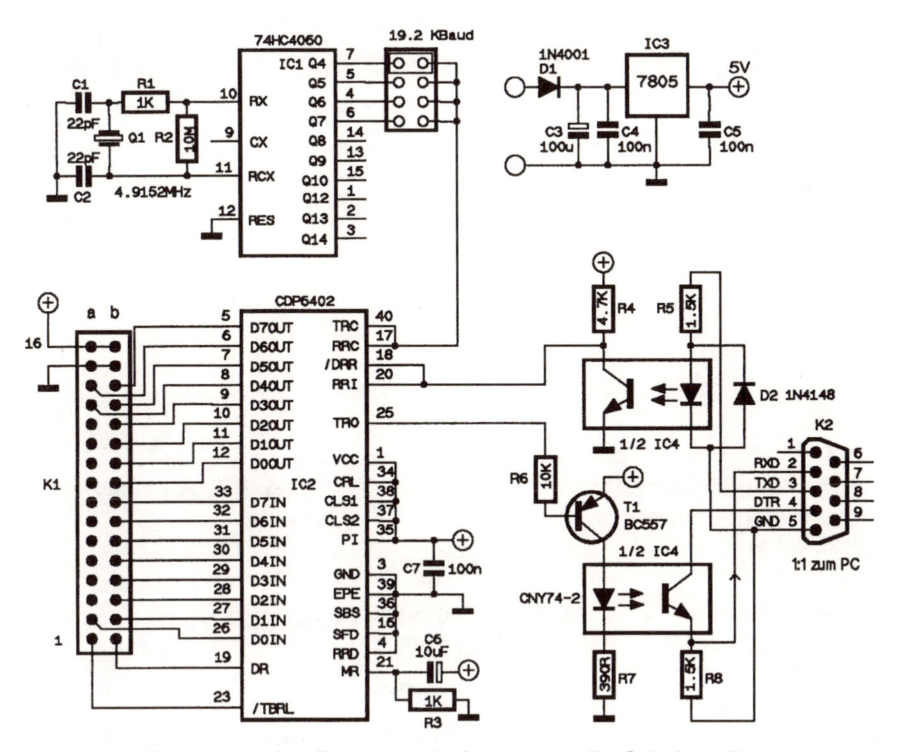

Abb. 1.17: Schaltplan des Basismoduls für die serielle Schnittstelle mit galvanischer Trennung

Die Bauelemente der Schaltung sind der folgenden Liste zu entnehmen.

Halbleiter

IC1 = 74HC4060
IC2 = CDP6402
IC3 = 7805
IC4 = CNY74-2
T1 = BC557

Widerstände
R1, R3 = 1 K
R2 = 10 M
R4 = 4,7 K
R5, R8 = 1,5 K
R6 = 10 K
R7 = 390 W

Kondensatoren
C1, C2 = 22 pF
C3 = 100 uF /35 V
C4, C5, C7, C8 = 100 nF
C6 = 10 uF/16 V

Dioden
D1 = 1N4001
D2 = 1N4148

Quarze
Q1 = 4,9152 MHz

Stecker
K1 = 32polige Messerleiste
K2 = 9poliger Sub-D Stecker

Sonstiges
Platine „COMOPTO“ (Bezugsquelle im Anhang)
Stiftleiste 2 x 4polig
1 Jumper

In den *Abb. 1.18* und *1.19* sind der Bestückungsplan sowie die Platinenvorlage zu sehen. *Abb. 1.20* zeigt nochmals alle bisher aufgeführten Basismodule.

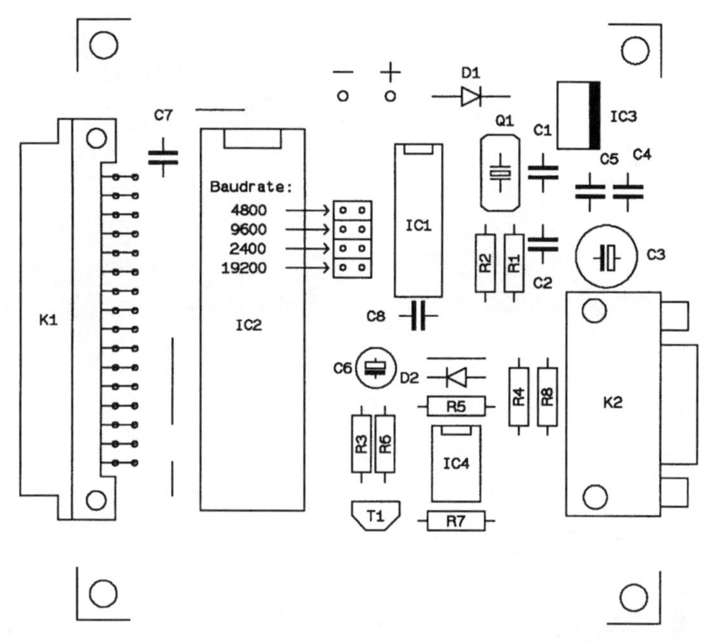

Abb. 1.18: Bestückungsplan des Basismoduls für die serielle Schnittstelle mit galvanischer Trennung

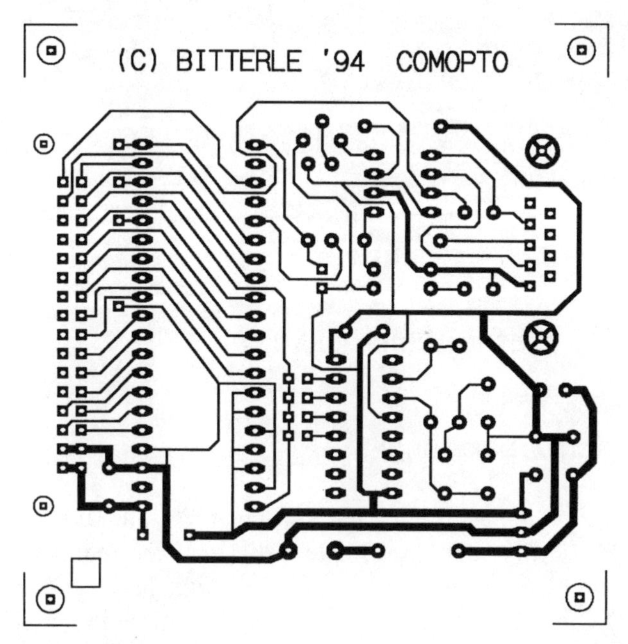

Abb. 1.19: Platinenvorlage des Basismoduls für die serielle Schnittstelle mit galvanischer Trennung

Abb. 1.20: Die Basismodule für die Druckerschnittstelle und für die serielle Schnittstelle

1.3 Der PC-Slot für Einsteckkarten

1.3.1 Anschlußbelegung

Der PC-Slot stellt das Bindeglied zwischen PC und Einsteckkarten dar. Der PC-Slot verfügt über 62 Signale, die zur Kommunikation mit einer Einsteckkarte dienen. Die unterschiedlichen Signale lassen sich im wesentlichen in Daten-, Adreß- und Steuerleitungen unterteilen. Da der 62polige Stecker bereits beim PC/XT zur Verfügung stand, weist er nur acht Datenleitungen auf und wird deshalb auch 8-Bit-Erweiterungsslot bezeichnet. Somit können nur 8-Bit-Karten eingesetzt werden. Neuere AT-Rechner verfügen zudem über einen zweiten 36poligen Stecker, der dann die Signale des 16-Bit-Bus enthält. Im folgenden soll zunächst nur vom 8-Bit-Slot die Rede sein. Die nachfolgende Tabelle zeigt die Anschlußbelegung des 8-Bit-Erweiterungsslot.

Signalname	Stiftbezeichnung		Signalname
	Leiterbahnseite	Bestückungsseite	
GND	B01	A01	/ IOCHCK
Reset	B02	A02	D7
+5V	B03	A03	D6
IRQ2	B04	A04	D5
–5V	B05	A05	D4
DREQ2	B06	A06	D3
–12V	B07	A07	D2
reserviert	B08	A08	D1
+12V	B09	A09	D0
GND	B10	A10	/ IOCHRDY
/MEMW	B11	A11	AEN
/MEMR	B12	A12	A19
/IOW	B13	A13	A18
/IOR	B14	A14	A17
/DACK3	B15	A15	A16
DREQ3	B16	A16	A15
/DACK1	B17	A17	A14
DREQ1	B18	A18	A13
/DACK0	B19	A19	A12
CLK	B20	A20	A11
IRQ7	B21	A21	A10
IRQ6	B22	A22	A9
IRQ5	B23	A23	A8
IRQ4	B24	A24	A7
IRQ3	B25	A25	A6
/DACK2	B26	A26	A5
TC	B27	A27	A4
ALE	B28	A28	A3
+5V	B29	A29	A2
OSC	B30	A30	A1
GND	B31	A31	A0

Man erkennt, daß die 62 Signale auf der Löt- und Bestückungsseite zu finden sind. Deshalb sind Einsteckkarten immer doppelseitig ausgeführt. Neben den acht Datenleitungen sind noch 20 Adreßleitungen A0 bis A19 enthalten. Von den restlichen Steuersignalen sind im Rahmen dieses Buches nur wenige von Bedeutung. Da nicht alle Steuersignal für den Aufbau einer Einsteckkarte benötigt werden, seien im folgenden die wichtigsten erläutert.

Signal	Richtung	Beschreibung
Reset	Ausgang	Nach dem Einschalten des Rechners oder nach Netzausfall wird die Resetleitung kurze Zeit aktiv, um die angeschlossenen Einsteckkarten in einen definierten Anfangszustand zu bringen.
/IOW	Ausgang	Input / Output Write Dieses Signal wird bei einem Schreibzugriff auf eine Erweiterungskarte aktiviert. Low-Pegel zeigt an, daß gültige Daten zur Ausgabe am Datenbus anliegen. Mit der steigenden Flanke werden die Daten übernommen.
/IOR	Ausgang	Input / Output Read Low-Pegel an dieser Steuerleitung signalisiert einen Lesezugriff auf eine Erweiterungskarte. Während dieser Zeit müssen gültige Daten anliegen, die mit der steigenden Flanke übernommen werden.
AEN	Ausgang	Adress Enable Die Steuerleitung AEN dient zur Unterscheidung von DMA-Zugriffszyklen und Prozessor-Zugriffszyklen. Bei High-Pegel hat die DMA die Kontrolle über den Adreß- und Datenbus, bei Low-Pegel liegen gültige. Diese Leitung sollte zur Adreßdekodierung von Erweiterungskarten herangezogen werden.

1.3.2 Adreßdekodierung und Datenbusanbindung

Der I/O-Bereich eines PCs belegt lediglich 64 KByte des gesamten Speicherbereichs von mehreren Megabyte. Der I/O Bereich einer Erweiterungskarte darf sich nicht mit bereits vorgegebenen Adreßbereichen überlappen. Der Anwender muß dies beim Einsatz von Meßkarten berücksichtigen. Die folgende Tabelle zeigt die Belegung des I/O-Adreßbereichs von PCs.

I/O Adresse (Hex)	Funktion
000 – 01F	DMA Controller 1 (8232)
020 – 03F	Interrupt-Controller (8259)
040 – 04H	Zeitgeber (8254)
060 – 06F	Tastatur-Controller (8242)
070 – 07F	Echtzeituhr (MC146818)
080 – 09F	DMA-Seitenregister (LS670)
0A0 – 0AF	Interrupt-Controller 2 (8259)
0CH – 0CF	DMA-Controller 2 (8237)
0E0 – 0EF	reserviert für Hauptplatine
0F8 – 0FF	Coprozessor 80x87
1F0 – 1F8	Festplatten-Controller (alt)
200 – 20F	Game-Port
278 – 27F	parallele Schnittstelle 2 (LPT 2)
2B0 – 2DF	EGA-Karte 2
2E8 – 2EF	serielle Schnittstelle 4 (COM 4)
2F8 – 2FF	serielle Schnittstelle 2 (COM 2)
300 – 31F	für Erweiterungskarten nutzbar
320 – 32F	Festplatten-Controller
360 – 36F	Netzwerkschnittstelle (LAN)
378 – 37F	parallele Schnittstelle 1 (LPT 1)
380 – 38F	synchrone serielle Schnittstelle 2
3A0 – 3AF	synchrone serielle Schnittstelle 1
3B0 – 3B7	Monochrombildschirm
3C0 – 3CF	EGA-Karte
3D0 – 3DF	CGA-Karte
3E8 – 3EF	serielle Schnittstelle 3 (COM3)
3F0 – 3F7	Diskettencontroller
3F8 – 3FF	serielle Schnittstelle 1 (COM 1)

Aus dieser Tabelle ist ersichtlich, daß für den I/O-Bereich der Erweiterungskarten die Adressen 300 bis 31F (Hex) vorgesehen sind. Die Adreßleitungen, die für diesen Bereich herangezogen werden, sind A0 bis A9. Üblicherweise läßt sich die Adresse, unter der eine Einsteckkarte angesprochen wird, auf der Karte selbst einstellen. Aufgabe der Einsteckkarte ist es nun, die am PC anstehenden Adreßleitungen auf Übereinstimmung mit der eingestellten Adresse zu vergleichen und die Auswertung an eine Steuerlogik zu melden. Nur bei exakter Übereinstimmung kann eine Kommunikation mit dem PC zustande kommen.

Häufig sind auf einer Erweiterungskarte mehrere Funktionseinheiten wie A/D-Wandler, D/A-Wandler, digitale Ein- und Ausgabebausteine integriert, die unter verschiedenen Adressen vom PC angesprochen werden. Die *Abb. 1.21* zeigt eine typische Dekoderschaltung, wie sie auf Einsteckkarten immer wieder anzutreffen ist.

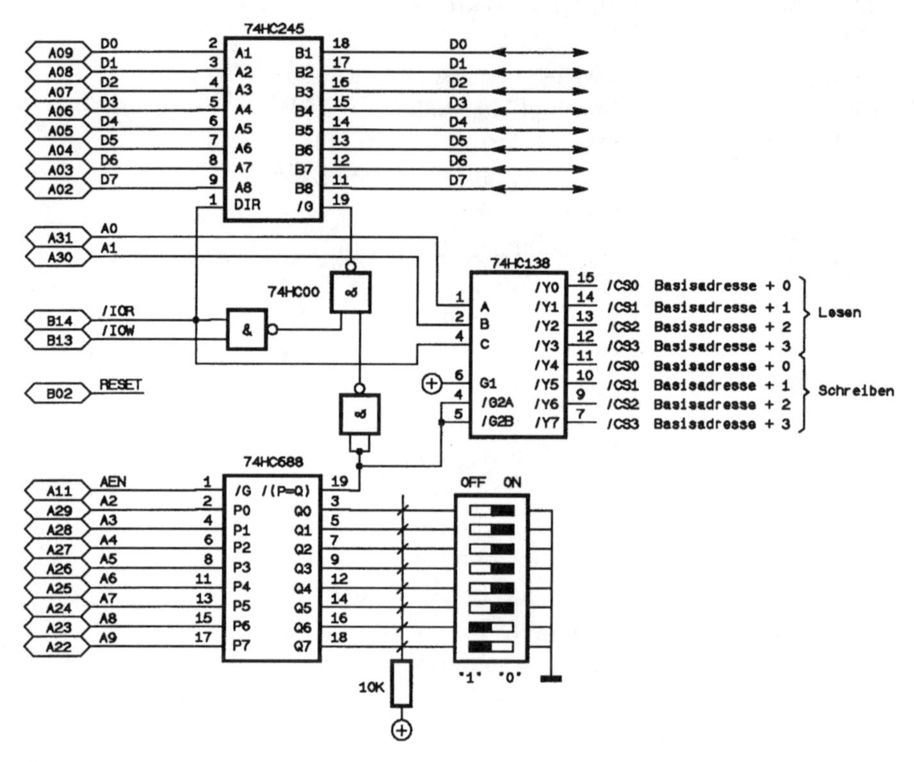

Abb. 1.21: Typische Dekoderschaltung bei Einsteckkarten

Der Adreßdekoder 74HC688 vergleicht die Adreßleitungen A2 bis A9 auf Übereinstimmung mit der Basisadresse, die sich auf der Einsteckkarte mit DIP-Schaltern einstellen läßt. Der 74HC688 vergleicht zwei 8-Bit-Worte auf Gleichheit und erzeugt bei identisch anliegenden Bytes an Pin 19 ein Low-Signal. Darüber hinaus verfügt er über einen Aktivierungseingang /G. Solange dieser Anschluß auf High-Pegel liegt, bleibt das Ausgangssignal des Vergleichers unabhängig von den anliegenden logischen Pegeln auf log 1. Dieser Anschluß wird üblicherweise mit dem Signal AEN verbunden. Nur wenn dieses Signal Low-Pegel führt, liegen gültige Daten auf dem Bus. Durch die eingesetzte CMOS-Technologie stellt der Baustein für die Signale des PC-Bus praktisch keine Last dar.

Die Dekodierlogik erzeugt aus den Adreßleitungen A0 und A1, dem Auswertesignal des Adreßvergleichers und den beiden Signalen /IOR, /IOW die Selektierungssignale für die einzelnen Funktionseinheiten. Mit den Adressen A0 und A1 lassen sich somit vier unterschiedliche Funktionen beim Lesen oder Schreiben ansprechen, die Erweiterungskarte belegt also vier Adressen.

Die Dekodierlogik enthält die beiden ICs 74HC00 und 74HC138. Die drei Nand-Gatter sorgen dafür, daß der Bustreiber 74HC245 nur dann aktiviert wird (/G=0), wenn folgende Bedingungen erfüllt sind: Erstens Einsteckkarte ist angesprochen (Pin 19 vom 74HC688=0) und zweitens wird ein Lesezyklus oder Schreibzyklus durchgeführt (IOR=0 oder IOW=0). Ist auch nur eine Bedingung nicht erfüllt, bleibt der Anschluß /G am 74HC245 auf High und der Bustreiber verweilt im hochohmigen Zustand.

Die Dekodierlogik enthält ferner einen speziellen Baustein, der den Schaltungsaufwand zur Dekodierung enorm vermindern. Der 74HC138 enthält einen 1-aus-8-Dekoder mit drei Chip-Select-Signalen. Bei diesem Baustein wählt man mit Hilfe einer Dualzahl aus acht Ausgängen genau den Ausgang aus, der mit der Dualzahl identisch ist. Der ausgewählte Ausgang nimmt dann Low-Pegel an, während alle anderen log 1 bleiben. In der Schaltung nach Abb. 1.21 gelangen die Adreßbits A0 und A1 sowie das Signal IOR an die Adreßeingänge A, B und C. Die Wahrheitstabelle hierfür ist in *Abb. 1.22* zu sehen.

G1	/G2A	/G2B	C IOR	B A1	A A0	/Y0	/Y1	/Y2	/Y3	/Y4	/Y5	/Y6	/Y7
x	1	1	x	x	x	1	1	1	1	1	1	1	1
0	x	x	x	x	x	1	1	1	1	1	1	1	1
1	0	0	0	0	0	0	1	1	1	1	1	1	1
1	0	0	0	0	1	1	0	1	1	1	1	1	1
1	0	0	0	1	0	1	1	0	1	1	1	1	1
1	0	0	0	1	1	1	1	1	0	1	1	1	1
1	0	0	1	0	0	1	1	1	1	0	1	1	1
1	0	0	1	0	1	1	1	1	1	1	0	1	1
1	0	0	1	1	0	1	1	1	1	1	1	0	1
1	0	0	1	1	1	1	1	1	1	1	1	1	0

Abb. 1.22: Wahrheitstabelle des Dekoderbausteins 74HC138 in Abb. 1.21

Daraus läßt sich ableiten, daß die Einsteckkarte vier Adressen belegt, wobei jede Adresse gelesen oder beschrieben werden kann. Der Adreßbereich der Einsteckkarte lautet somit:

I/O-Adresse		R/W	Signalausgang
Basisadresse	(z.B. 300 Hex)	Lesen	Y0=0
		Schreiben	Y4=0
Basisadresse +1	(z.B. 301 Hex)	Lesen	Y1=0
		Schreiben	Y5=0
Basisadresse +2	(z.B. 302 Hex)	Lesen	Y2=0
		Schreiben	Y6=0
Basisadresse +3	(z.B. 303 Hex)	Lesen	Y3=0
		Schreiben	Y7=0

Die erforderlichen Anweisungen in QBasic zum Beschreiben und Lesen der Adressen lauten:

Schreibzyklus: *OUT portadresse, outbyte*
Lesezyklus: *inbyte = INP (portadresse)*

Näheres hierzu ist bereits in Kapitel 1.1 erläutert worden.

Die Dekodierlogik übernimmt gleichzeitig die Ansteuerung des bidirektionalen Bustreibers 74HC245, der die Datenleitungen des PC-Slots von denen der Erweiterungskarte entkoppelt. Diese Entkopplung ist sehr wichtig, damit die Signalpegel auf den Datenleitungen nicht zu stark beeinflußt werden. Er enthält acht Treiber mit Tristate-Ausgängen für die Kommunikation zwischen den Datenbusleitungen in beiden Richtungen. Die Richtung wird vom Logik-Pegel am DIR-Eingang bestimmt: DIR=0 schaltet die Daten von B nach A. Die Datenrichtungsumschaltung läßt sich am einfachsten mit dem Signal /IOR bewerkstelligen. Man kann es direkt mit dem DIR-Anschluß verbinden. Voraussetzung ist allerdings, daß der Datenport A mit den Datenleitungen des PC-Slots und der Port B mit denen der Erweiterungskarte verbunden ist. Dadurch ist gewährleistet, daß der Bustreiber 74HC245 nur Daten auf den Datenbus des PC legt, falls der PC einen Lesezugriff (/IOR=0) durchführt.

Die Chip Select-Signale CS0 bis CS7 können zur Selektion der verschiedenen Funktionseinheiten auf der Erweiterungskarte herangezogen werden. Mit den vier Signalen CS0 bis CS3 lassen sich verschiedene Peripheriebausteine zum Lesen von Daten ansteuern. Dies können z.B. A/D-Wandler oder Bustreiber sein, die Daten in Richtung PC-Slot freigeben. Die Signale CS4 bis CS7 hingegen dienen zur Aktivierung von Peripheriebausteinen, die Daten vom PC empfangen sollen. Dies sind z.B. D/A-Wandler oder Datenlatches. Aber auch Triggersignale für Messungen lassen sich damit realisieren. *Abb. 1.23* demonstriert einige Möglichkeiten, wie diese Signale zu nutzen sind.

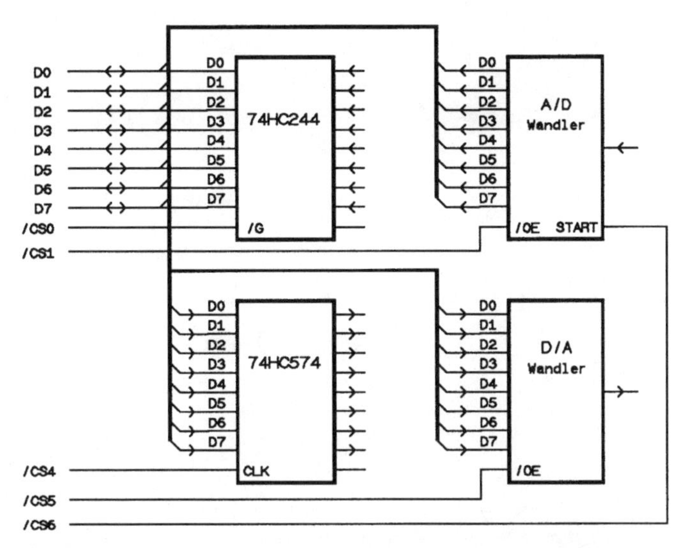

Abb. 1.23: Ankopplung der CS-Signale an Peripheriebausteine

Falls von der Basisadresse gelesen wird, nimmt CS0 Low-Pegel an und aktiviert den Treiberbaustein 74HC244, der seine acht Datenbits in Richtung PC-Slot freigibt. Der PC kann nun die Daten einlesen, da der Bustreiber 74HC245 in diesem Moment auch aktiviert ist. Mit CS1 wird der A/D-Wandler angesprochen. Dies geschieht durch Lesen der (Basisadresse +1). Will man Daten in Peripheriebausteinen speichern, sind sogenannte Datenlatches erforderlich. Der 74HC574 enthält acht D-Flipflops, die mit der positiven Flanke am CLK-Eingang die anliegenden Daten im Baustein speichern. Verbindet man CS4 direkt mit dem CLK-Eingang des 74HC574, so werden beim Beschreiben der Basisadresse die am PC-Slot anliegenden Daten im 74HC574 gespeichert. Ähnlich lassen sich D/A-Wandler mit integrierten Datenlatches ansteuern.

Bei einem Schreibzyklus unter der (Basisadresse +2) bewirkt der Low-Impuls von CS6 den Start der A/D-Wandlung. In diesem Fall ist es übrigens völlig unerheblich, welche Daten man aussendet, da lediglich der negative CS-Impuls ausgewertet wird.

2 Digitale Schaltungen

2.1 Bitmanipulationen

In der Meß-, Steuer- und Regelungstechnik haben Steuersignale eine besondere Bedeutung. So werden in der Automatisierungstechnik mit einer Vielzahl von digitalen Steuersignalen komplexe Maschinen gesteuert.

Für die Ablaufsteuerung einer Autowaschanlage beispielsweise sind mehrere Motoren und Stellglieder zu aktivieren: der Motor für das Transportband, das Ventil für die Berieselungsanlage, der Motor für das Trocknungsgebläse, um nur einige zu nennen. Die Befehle zum Ansteuern der Stellorgane werden in einem Steuerwort zusammengefaßt, wobei jedem einzelnen Bit ein bestimmtes Stellorgan zugeordnet ist. So läßt sich über ein Bit der Motor des Transportbandes, über ein anderes Bit das Ventil der Berieselungsanlage ansteuern. Der logische Pegel entscheidet dann, ob das Stellglied aktiviert wird oder nicht. In diesem Zusammenhang ist es sehr wichtig, ein bestimmtes Bit abändern zu können, ohne den logischen Zustand der anderen zu beeinflussen. Welche Befehle dazu erforderlich sind, zeigen die folgenden Abschnitte.

Bit invertieren
Um ein bestimmtes Bit eines Steuerwortes zu invertieren, muß bitweise eine Exklusiv-Oder-Verknüpfung durchgeführt werden. Bei einer Exklusiv-Oder-Verknüpfung mit 1 erfährt das Bit eine Invertierung, bei einer Exklusiv-Oder-Verknüpfung mit 0 bleibt das Bit unverändert.

Beispiel:

	D7	D6	D5	D4	D3	D2	D1	D0	Wertigkeit
Steuerwort alt	0	1	0	0	1	1	0	0	76 dez
Bit 3 und Bit 5									
invertieren XOR	0	0	1	0	1	0	0	0	40 dez
Steuerwort neu	0	1	1	0	0	1	0	0	100 dez

Anweisung in QBasic: *steuerwort.neu = steuerwort.alt XOR (40)*

Bit auf Low setzen

Um ein bestimmtes Bit eines Steuerwortes auf Low zu setzen, muß bitweise eine Und-Verknüpfung durchgeführt werden. Bei einer Und-Verknüpfung mit 0 wird das Bit auf log. 0 zurückgesetzt, bei einer Und-Verknüpfung mit 1 bleibt das Bit unverändert.

Beispiel:

		D7	D6	D5	D4	D3	D2	D1	D0	Wertigkeit
Steuerwort alt		0	1	0	0	1	1	0	1	77 dez
Bit 0 und Bit 3										
auf Low setzen	AND	1	1	1	1	0	1	1	0	246 dez
Steuerwort neu		0	1	0	0	0	1	0	0	68 dez

Anweisung in QBasic: *steuerwort.neu = steuerwort.alt AND (255-1-8)*

Bit auf High setzen

Um ein bestimmtes Bit eines Steuerwortes auf High-Pegel zu setzen, muß bitweise eine Oder-Verknüpfung durchgeführt werden. Bei einer Oder-Verknüpfung mit 1 wird das Bit auf log. 1 gesetzt, bei einer Oder-Verknüpfung mit 0 bleibt das Bit unverändert.

Beispiel:

		D7	D6	D5	D4	D3	D2	D1	D0	Wertigkeit
Steuerwort alt		0	1	0	0	1	1	0	1	77 dez
Bit 1 auf										
High setzen	OR	0	0	0	0	0	0	1	0	2 dez
Steuerwort neu		0	1	0	0	1	1	1	1	79 dez

Anweisung in QBasic: *steuerwort.neu = steuerwort.alt OR 2*

Bit abfragen

In der Verfahrenstechnik sind häufig Ventile anzusteuern, deren Endstellungen Auf/Zu wieder an die digitalen Eingänge des Automatisierungssystems zurückgemeldet werden. Aufgabe des Steuerprogramms ist es, das anliegende Bitmuster auszuwerten, um festzustellen in welcher Stellung sich das Ventil momentan befindet. Aus dem gesamten Steuerwort ist also ein Bit zu selektieren. Dies geschieht, in dem man das zu untersuchende Bit mit 1 und die restlichen Bits mit 0 und-verknüpft.

Beispiel:

		D7	D6	D5	D4	D3	D2	D1	D0	Wertigkeit
Steuerwort		0	1	0	0	1	1	0	1	77 dez
Abfrage										
von Bit 3	AND	0	0	0	0	1	0	0	0	8 dez
Ergebnis		0	0	0	0	1	0	0	0	8 dez

Aus dem Ergebnis ist das betreffende Bit noch zu selektieren. Dies erreicht man durch Division des Verknüpfungsergebnisses mit der Wertigkeit des zu selektierenden Bits.

Anweisung in QBasic: *pegel.von.bit3 = (steuerwort AND* 2^3 *) /* 2^3

2.2 Relais-Interface

In den Kapiteln 1.1 und 1.2 sind verschiedene Basismodule vorgestellt worden, die alle entweder über die parallele Druckerschnittstelle oder die serielle RS232-Schnittstelle an den PC angeschlossen werden.

Im folgenden Kapitel wird ein Relais-Interface vorgestellt, das an ein beliebiges der eben genannten Basismodule anzuschließen ist. Damit lassen sich vom PC aus acht Relais ansteuern. Die Schaltung in *Abb. 2.1* enthält lediglich einen speziellen Treiberbaustein, dessen Ausgänge Lasten bis 500 mA ansteuern können. Der ULN2803 enthält acht Treiberstufen mit integrierten Schutzdioden, die sich zur direkten Ansteuerung von Relais eignen. Anzumerken ist dabei, daß der Baustein zwar als Inverter arbeitet aber die Last über die positive Versorgungsspannung an den Ausgang des Treibers gelangt und somit bei High-Pegel am Eingang auch Strom durch das Relais fließt.

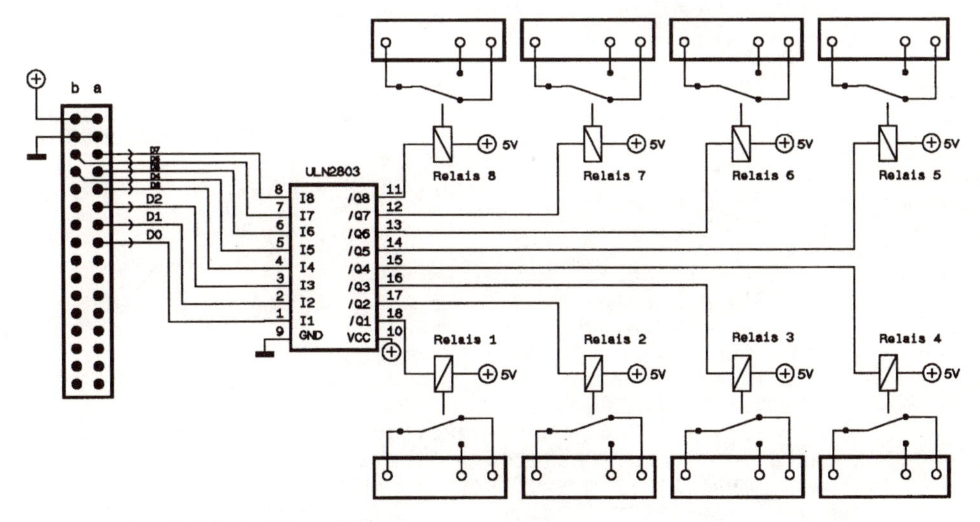

Abb. 2.1: Relais-Interface-Modul

Das Programm RELAIS.BAS zur Ansteuerung der einzelnen Relais zeigt das folgende Listing:

```
'=============================================================
'                                                            '
' Programm:   RELAIS                                         '
'                                                            '
' Funktion:   Mit diesem Programm lassen sich wahlweise über '
'             die Druckerschnittstelle oder über die serielle'
'             Schnittstelle des PCs 8 Relais ansteuern.      '
'                                                            '
' Hardware:   Als Hardware ist ein Basismodul aus Kapitel 1  '
'             sowie das Relais-Interface-Modul erforderlich. '
'                                                            '
'=============================================================
    COLOR 0, 15
    CLS
Eingabe:
    PRINT „Welche Schnittstelle setzen Sie ein?"
    PRINT
    PRINT „Druckerschnittstelle (1) oder Serielle
    Schnittstelle (2)"
    INPUT lptcom
    '
    '------- Initialisierung der gewählten Schnittstelle ---
    '
    SELECT CASE lptcom
    CASE 1
    basadr = &H378        'Basisadresse der
                          'Druckerschnittstelle
    datreg = basadr       'Datenregister
    statreg = basadr + 1 'Statusregister
    steureg = basadr + 2 'Steuerregister
    CASE 2
    OPEN „COM2:9600,N,8,1,CS,DS" FOR RANDOM AS #1
    CASE ELSE: GOTO Eingabe
    END SELECT
    '
    '----------- Beginn des eigentlichen Programms --------
    '
    CLS
    a$ = „R E L A I S - I N T E R F A C E"
    a = LEN(a$): b = (80 - a) / 2 - 1
    LOCATE 1, b: PRINT CHR$(201); STRING$
    (a + 2, CHR$(205)); CHR$(187)
    LOCATE 2, b: PRINT CHR$(186)
    LOCATE 2, b + 2: PRINT a$
    LOCATE 2, a + b + 4: PRINT CHR$(186)
    LOCATE 3, b: PRINT CHR$(200); STRING$
    (a + 2, CHR$(205)); CHR$(188)
    LOCATE 5, 25: PRINT „Relais 1     ="
    LOCATE 7, 25: PRINT „Relais 2     ="
```

```
LOCATE 9, 25: PRINT „Relais 3    ="
LOCATE 11, 25: PRINT „Relais 4   ="
LOCATE 13, 25: PRINT „Relais 5   ="
LOCATE 15, 25: PRINT „Relais 6   ="
LOCATE 17, 25: PRINT „Relais 7   ="
LOCATE 19, 25: PRINT „Relais 8   ="
LOCATE 22, 1: PRINT „Bedienung:"
LOCATE 22, 15: PRINT CHR$(24); CHR$(25); „:
Relais wählen"
LOCATE 22, 35: PRINT „ESC: Beenden "
LOCATE 22, 50: PRINT „F1: Relais invertieren"
LOCATE 23, 1: PRINT „---------"
'
'-------- Alle Relais auf 0 setzen --------------------
'
FOR i = 5 TO 19 STEP 2
LOCATE i, 45: PRINT „AUS"
NEXT
SELECT CASE lptcom
CASE 1: OUT datreg, 0              'Druckerschnittstelle
CASE 2: PRINT #1, CHR$(0);         'Serielle Schnittstelle
END SELECT
'
ZEILE = 5: spalte = 25
DO
'--Aktuelle Zeile als text$ einlesen (Spalte 25 bis 33)--
text$ = „"
FOR i = 0 TO 8
text$ = text$ + CHR$(SCREEN(ZEILE, spalte + i))
NEXT
'-----text$ invers darstellen--------------------------
COLOR 15, 0: LOCATE ZEILE, spalte
PRINT text$

COLOR 0, 15     'Nachfolgende Ausgaben wieder normal
'
'------- Schleifenbeginn Tastaturabfrage ---------------
DO
taste$ = INKEY$                   'Auf Tastendruck warten
LOOP UNTIL taste$ <> „"
'------- Schleifenende (Taste ist gedrückt) ------------
'
LOCATE ZEILE, spalte
PRINT text$
'
'---------- Welche Taste wurde gedrückt? ---------------
'
SELECT CASE ASC(RIGHT$(taste$, 1))
CASE 27: EXIT DO                 'ESC-Taste
CASE 59                          'F1-Taste
LOCATE ZEILE, 45
IF CHR$(SCREEN(ZEILE, 45)) = „E" THEN
PRINT „AUS"
```

```
ELSE PRINT „EIN"
END IF
CASE 72: IF ZEILE > 5 THEN ZEILE =
ZEILE - 2     'Pfeiltaste rauf
CASE 80: IF ZEILE < 19 THEN ZEILE =
ZEILE + 2    'Pfeiltaste runter
END SELECT
'
'-------------------- Daten ausgeben -------------------
'
outbyte = 0
FOR i = 5 TO 19 STEP 2
outbyte = outbyte -
((CHR$(SCREEN(i, 45)) = „E")) * 2 ^ ((i - 5) / 2)
NEXT
SELECT CASE lptcom
CASE 1: OUT datreg, outbyte        'Druckerschnittstelle
CASE 2: PRINT #1, CHR$(outbyte);   'Serielle Schnittstelle
END SELECT

LOOP

END
```

Nach Start des Programms muß sich der Anwender entscheiden, über welche Schnittstelle er das Relais-Interface ansteuern möchte. Daraufhin meldet sich der Bildschirm wie in *Abb. 2.2*.

```
R E L A I S - I N T E R F A C E

Relais 1    =    AUS
Relais 2    =    AUS
Relais 3    =    AUS
Relais 4    =    AUS
Relais 5    =    AUS
Relais 6    =    AUS
Relais 7    =    AUS
Relais 8    =    AUS

Bedienung:    ↑↓: Relais wählen   ESC: Beenden   F1: Relais invertieren
---------
```

Abb. 2.2: Bildschirmaufbau des Programms RELAIS.BAS

Zu Beginn sind alle Relais ausgeschaltet. Mit den Pfeiltasten läßt sich ein beliebiges Relais anwählen und mit F1 invertieren. Nach Betätigen der F1-Taste wird das Relais umgehend angesteuert. Mit ESC kann man das Programm beenden.

2.3 Mini-SPS

Das folgende Kapitel beschreibt ein Interface-Modul, das man in Verbindung mit einem der Basismodule aus Kapitel 1 als Steuerungsinterface einsetzen kann. Mit der passenden Software, die auch auf der Diskette zu finden ist, läßt sich dann eine Speicherprogrammierbare Steuerung – SPS realisieren. Das Interface-Modul in *Abb. 2.3* erfaßt acht binäre Signale und kann über den Treiberbaustein ULN2803 direkt kleinere Stellorgane ansteuern. Der maximale Laststrom von ca. 500 mA reicht aus, um Lampen, Relais und kleinere Motoren zu betreiben.

Hardware

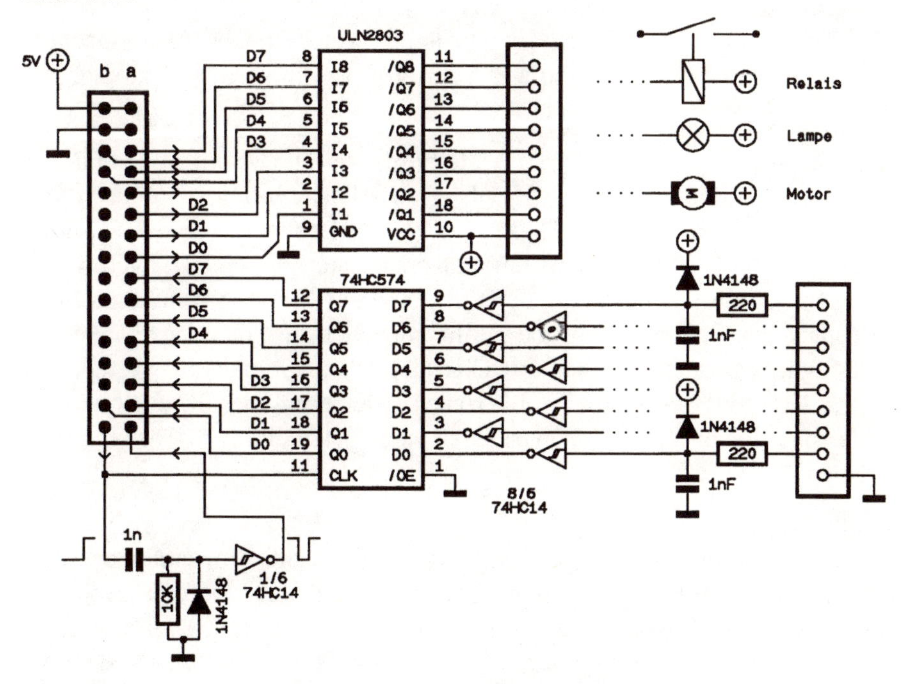

Abb. 2.3: Mini-SPS-Modul

Die binären Eingangssignale gelangen über ein RC-Glied an die Eingänge des 74HC14, der sechs Inverter mit Schmitt-Trigger-Funktion enthält. Die Dioden schützen das Interface gegen Eingangsspannungen > 5 V. Nach den Invertern führen die Eingangssignale an das Datenlatch 74HC574, welches mit der positiven Taktflanke (Signalwechsel von Low nach High) am CLK-Eingang (Pin 11) die anliegenden Daten intern im Register abspeichert und an den Ausgängen Q zur Verfügung stellt. Änderungen der Eingangssignale bleiben danach unberücksichtigt. Das CLK-Signal wird am Anschluß 1b der 32poligen Federleiste abgenommen. Je nach verwendetem Basismodul stammt dieses Signal aus unterschiedlichen Quellen.

Beim Basismodul für die Druckerschnittstelle aus Kapitel 1.1.4 gelangt das STROBE-Signal über den Anschluß 1b an den CLK-Eingang des 74HC574. Bevor also ein aktuelles Datenbyte eingelesen wird, muß durch das STROBE-Signal ein Signalwechsel von Low nach High erzeugt werden.

Beim Einsatz der Basismodule für die RS232-Schnittstelle (Kapitel 1.2) gelangt das Signal DR (Data Received) des UART (vgl. Abb. 1.4) über den Anschluß 1b der Federleiste an das CLK-Signal des 74HC574. Da DR vom UART CDP6402 automatisch gesendet wird, braucht man sich um die Programmierung dieses Signals keine weiteren Gedanken machen. DR geht von Low nach High, wenn der UART vom PC Daten empfangen hat.

Um Daten mit einem der Basismodule für die serielle Schnittstelle einlesen zu können, ist ferner ein Low-Impuls erforderlich, der die Aussendung von Daten an den PC einleitet. Dieser Impuls wird ebenfalls dem DR-Signal abgeleitet. DR gelangt über einen Kondensator an einen Inverter des 74HC14, an dessen Eingang ein Widerstand auf Masse geschaltet ist. Der Ausgang des Inverters geht daraufhin mit jeder ansteigenden Flanke des DR-Signal für die Dauer von $t \cong 0.7RC$ auf Low. Mit anderen Worten: Mit jedem Byte, das der PC an das Interface sendet, erhält der PC ein Antwortbyte, das die binären Eingangssignale der Datenleitungen D0IN...D7IN wiedergibt, zurück.

Software

Die Software zur Ansteuerung der Module ist auf die Anwendungen einer SPS zugeschnitten. Neben den aktuellen Eingängen werden auch die Signalpegel der Ausgänge auf dem Bildschirm angezeigt. *Abb. 2.4* zeigt den Bildschirmaufbau nach Start des Programms MINISPS.BAS, das folgenden Basic-Code umfaßt:

```
'=============================================================
'                                                            '
' Programm: MINISPS                                          '
'                                                            '
' Funktion: Mit diesem Programm läßt sich über die           '
'           Druckerschnittstelle oder über die serielle      '
'           Schnittstelle des PCs eine Steuerungsfunktion    '
'           ähnlich wie in einer SPS realisieren.            '
'                                                            '
' Hardware: Es wird ein Basismodul aus Kapitel 1 sowie das   '
'           SPS-Modul zur Ansteuerung der digitalen          '
'           Ausgänge und Einlesen der digitalen              '
'           Eingänge benötigt.                               '
'                                                            '
'=============================================================

DECLARE SUB lese.lpt (inbyte!)
DECLARE SUB lese.com (inbyte)

   DIM E1(0 TO 7)            ' 8 Eingänge
   DIM A1(0 TO 7)            ' 8 Ausgänge
   DIM M1(0 TO 7)            ' 8 Merker
   DIM SHARED basadr, datreg, statreg, steureg
   '
   COLOR 0, 15
   CLS
Eingabe:
   PRINT „Welche Schnittstelle setzen Sie ein?"
   PRINT
   PRINT „Druckerschnittstelle (1) oder Serielle
   Schnittstelle (2)"
   INPUT lptcom
   '
   '------- Initialisierung der gewählten Schnittstelle ----
   '
   SELECT CASE lptcom
   CASE 1
   basadr = &H378           'Basisadresse der
                            'Druckerschnittstelle
   datreg = basadr          'Datenregister
   statreg = basadr + 1     'Statusregister
   steureg = basadr + 2     'Steuerregister
   CASE 2
   OPEN „COM2:9600,N,8,1,CS,DS" FOR RANDOM AS #1
   CASE ELSE: GOTO Eingabe
   END SELECT
   '
   '------------ Beginn des eigentlichen Programms ---------
   '
   CLS
   a$ = „M I N I - S P S"
   a = LEN(a$): b = (80 - a) / 2 - 1
   LOCATE 1, b: PRINT CHR$(201); STRING$
```

```
(a + 2, CHR$(205)); CHR$(187)
LOCATE 2, b: PRINT CHR$(186)
LOCATE 2, b + 2: PRINT a$
LOCATE 2, a + b + 3: PRINT CHR$(186)
LOCATE 3, b: PRINT CHR$(200); STRING$
(a + 2, CHR$(205)); CHR$(188)
PRINT
LOCATE 7, 10: PRINT „Digitale Eingänge"
LOCATE 7, 50: PRINT „Digitale Ausgänge"
LOCATE 8, 10: PRINT „-----------------"
LOCATE 8, 50: PRINT „-----------------"
LOCATE 9, 10: PRINT „E 1.0  ="
LOCATE 9, 50: PRINT „A 1.0  ="
LOCATE 10, 10: PRINT „E 1.1  ="
LOCATE 10, 50: PRINT „A 1.1  ="
LOCATE 11, 10: PRINT „E 1.2  ="
LOCATE 11, 50: PRINT „A 1.2  ="
LOCATE 12, 10: PRINT „E 1.3  ="
LOCATE 12, 50: PRINT „A 1.3  ="
LOCATE 13, 10: PRINT „E 1.4  ="
LOCATE 13, 50: PRINT „A 1.4  ="
LOCATE 14, 10: PRINT „E 1.5  ="
LOCATE 14, 50: PRINT „A 1.5  ="
LOCATE 15, 10: PRINT „E 1.6  ="
LOCATE 15, 50: PRINT „A 1.6  ="
LOCATE 16, 10: PRINT „E 1.7  ="
LOCATE 16, 50: PRINT „A 1.7  ="
LOCATE 22, 1: PRINT „Bedienung:"
LOCATE 23, 1: PRINT „----------"
LOCATE 22, 15: PRINT „ESC: Beenden "
'
'--- Alle Merker, Eingänge und Ausgänge auf Low setzen --
'
FOR i = 0 TO 7: M1(i) = 0: NEXT
FOR i = 0 TO 7: A1(i) = 0: NEXT
FOR i = 0 TO 7: E1(i) = 0: NEXT


'
'-------- Schleifenbeginn ----------------------------
'
DO
'
'----------- Ausgabe der Bits auf dem Bildschirm -------
'
FOR i = 0 TO 7
LOCATE 9 + i, 20: PRINT E1(i)
LOCATE 9 + i, 60: PRINT A1(i)
NEXT
'
'----------- Es folgen die logischen Gleichungen -------
'
' Hier folgen die logischen Gleichungen
' zur Realisierung der
```

```
' Steuerungsaufgabe
' Z.B.:  M1(3) = (E1(3) AND M1(2) OR M1(3)) AND
' (NOT M1(0))
' oder: A1(0) = E1(0) AND E1(6)
'
'------------ Ausgangsbyte erstellen --------------------
'
outbyte = 0
FOR i = 0 TO 7
outbyte = outbyte + A1(i) * 2 ^ i
NEXT
'
'------------- Ausgabe von outbyte ---------------------
'
SELECT CASE lptcom
CASE 1: OUT datreg, outbyte         'Druckerschnittstelle
CASE 2: PRINT #1, CHR$(outbyte);    'Serielle Schnittstelle
END SELECT

'------------- Eingänge einlesen -----------------------
'
SELECT CASE lptcom
'
'------------- Über Druckerschnittstelle ----------------
'
CASE 1
OUT steureg, (INP(steureg) AND (255 - 1))   'STROBE auf 0
OUT steureg, (INP(steureg) OR 1)            'STROBE auf 1
CALL lese.lpt(inbyte)
'
'------------- Über serielle Schnittstelle --------------
'
CASE 2:
CALL lese.com(inbyte)
b$ = INPUT$(LOC(1), #1)          'gesamten Puffer löschen
END SELECT
'
inbyte = inbyte XOR 255          'Invertierung wegen 74HC14
FOR i = 0 TO 7
E1(i) = (inbyte AND 2 ^ i) / 2 ^ i
NEXT
'
'------------- ESC-Taste = Beenden ----------------------
'
taste$ = INKEY$
IF taste$ = CHR$(27) THEN EXIT DO

LOOP
END

SUB lese.com (inbyte)
'
```

```
'==============================================================
'                                                              '
' Unterprogramm: lese.com                                      '
'                                                              '
' Funktion: Dieses Unterprogramm liest über die serielle       '
'           Schnittstelle ein Byte ein. Falls die Daten-       '
'           übertragung gestört sein sollte, wird ein          '
'           Meldetext eingeblendet und das Programm beendet.'
'                                                              '
'==============================================================

   i = 0
   DO
   i = i + 1
   '
   '----------- Falls Byte vorhanden ist loc(1) >= 1 ------
   '
   IF LOC(1) >= 1 THEN
   in$ = INPUT$(1, #1)
   inbyte = ASC(in$)
   GOTO beenden
   END IF
   '
   '---------- Neuer Versuch Daten einzulesen ------------
   '
   FOR k = 1 TO 1000: NEXT
   LOOP UNTIL i = 10        ' Maximal 1000 Versuche
   '
   '------------ Kein Byte empfangen !! ------------------
   '
   CLS
   PRINT „Datenübertragung ist gestört !!!!"
   PRINT
   PRINT „Es wird kein Zeichen empfangen !!!!"
   PRINT
   PRINT „Bitte prüfen Sie: Schnittstellenverbindung,
   Hardware ..."
   END
beenden:

END SUB

SUB lese.lpt (inbyte)
   '
   '----------------- Daten einlesen ---------------------
   '
   OUT steureg, 0          'init=0
   inbyte1 = INP(statreg)  'einlesen von D0, D1, D2, und D3
   OUT steureg, 4          'init=1
   inbyte2 = INP(statreg)  'einlesen von D4, D5, D6, und D7
   '
   '--------- Ordnen der eingelesenen Datenbits ------------
   '
```

```
    'inbyte1:          Statusregister Bit 4 (SLCT)      ist D0
    '                  Statusregister Bit 5 (PE)        ist D1
    '                  Statusregister Bit 6 (ACK)       ist D2
    '                  Statusregister Bit 5 (BUSY)      ist /D3
    'inbyte2:          Statusregister Bit 4 (SLCT)      ist D4
    '                  Statusregister Bit 7 (PE)        ist D5
    '                  Statusregister Bit 6 (ACK)       ist D6
    '                  Statusregister Bit 5 (BUSY)      ist /D7
    '
    inbyte = (((inbyte1 XOR 128) AND &HF0) / 16) + ((inbyte2
    XOR 128) AND &HF0)

END SUB
```

```
                        M I N I - S P S


   Digitale Eingänge                       Digitale Ausgänge
   -----------------                       -----------------
   E 1.0  =  1                             A 1.0  =  1
   E 1.1  =  1                             A 1.1  =  1
   E 1.2  =  1                             A 1.2  =  1
   E 1.3  =  1                             A 1.3  =  1
   E 1.4  =  1                             A 1.4  =  1
   E 1.5  =  1                             A 1.5  =  1
   E 1.6  =  1                             A 1.6  =  0
   E 1.7  =  1                             A 1.7  =  0


   Bedienung:     ESC: Beenden
   ----------
```

Abb. 2.4: Bildschirmaufbau des Programms MINISPS

Neben der Visualisierung der Ein- und Ausgänge ist noch die eigentliche Steuerungsaufgabe zu programmieren. Wie in einer SPS stehen auch in QBasic die entsprechenden Binärverknüpfungen zur Verfügung.

Das Steuerprogramm einer SPS besteht aus einer Folge von Steueranweisungen, die nacheinander abgearbeitet werden. Nach Abarbeiten aller Anweisungen werden die Ausgänge angesteuert. Es würde den Rahmen dieses Buches sprengen, die Grundlagen der speicherprogrammierbaren Steuerungen zu erläutern. Es seien hier drei Beispiele aufgeführt, die verdeutlichen, wie die Anweisungsliste (AWL) einer SPS in die QBasic-Syntax umgesetzt werden kann.

	AWL einer SPS	QBasic
Beispiel 1:	U E 1.0 U E 1.1 U E 1.2 = A 1.0	A1(0) = E1(0) AND E1(1) AND E1(2)
Beispiel 2:	U E 1.0 U E 1.1 O E 1.2 = A 1.0	A1(0) = (E1(0) AND E1(1)) OR E1(2)
Beispiel 3:	U E 1.0 S A 1.0 U E 1.1 R A1.0	A1(0) = (E1(0) OR A1(0)) AND NOT E1(1)

In Beispiel 1 wird der Ausgang A1.0 nur dann High, wenn alle Eingänge High-Pegel aufweisen. Die Und-Verknüpfung kann praktisch eins zu eins in QBasic übernommen werden. Der einzige Unterschied liegt in der Zuordnung des Verknüpfungsergebnisses an den Ausgang. Während in der AWL einer SPS zuerst die logischen Gleichungen aufgeführt werden und dann das Ergebnis dem Ausgang zugewiesen wird, ist es in QBasic genau umgekehrt. Die Variable, die einen Wert erhält, muß zu Beginn einer Anweisung stehen.

In Beispiel 2 ist die Reihenfolge der Verknüpfungen zu beachten. In der SPS wird das Steuerprogramm Anweisung für Anweisung abgearbeitet. Das heißt, Eingang E1.0 und E1.1 erfahren eine Und-Verknüpfung und das Ergebnis wird mit E1.2 oder-verknüpft. Die Reihenfolge kann in QBasic nur durch zusätzliche Klammern erreicht werden.

Das Beispiel 3 verdeutlicht die Verwendung der Befehle S für Setzen und R für Rücksetzen eines Bits. Mit der Operation S wird der angesprochene Ausgang A 1.0 auf High gesetzt, falls das Verknüpfungsergebnis der vorhergehenden Steueranweisung log 1 ist. Der Ausgang behält den logischen Zustand auch dann bei, wenn das Verknüpfungsergebnis auf 0 wechselt. A 1.0 kann nur mit E1.1=1 auf Low zurückgesetzt werden. Da die beiden Befehle S und R in QBasic nicht enthalten sind, müssen diese Funktionen auf die Grund-Verknüpfungsglieder zurückgeführt werden. Aus Beispiel 3 geht hervor, wie diese Umsetzung durchzuführen ist.

Anwendung: Steuerung einer Autowaschanlage
Die folgende Anwendung gibt einen kleinen Einblick in die Steuerungs-

technik und zeigt wie mit dem SPS-Modul in Verbindung mit den Basismodulen aus Kapitel 1 vom PC aus eine Autowaschanlage gesteuert werden kann. Die schematische Darstellung der Autowaschanlage zeigt *Abb. 2.5.*

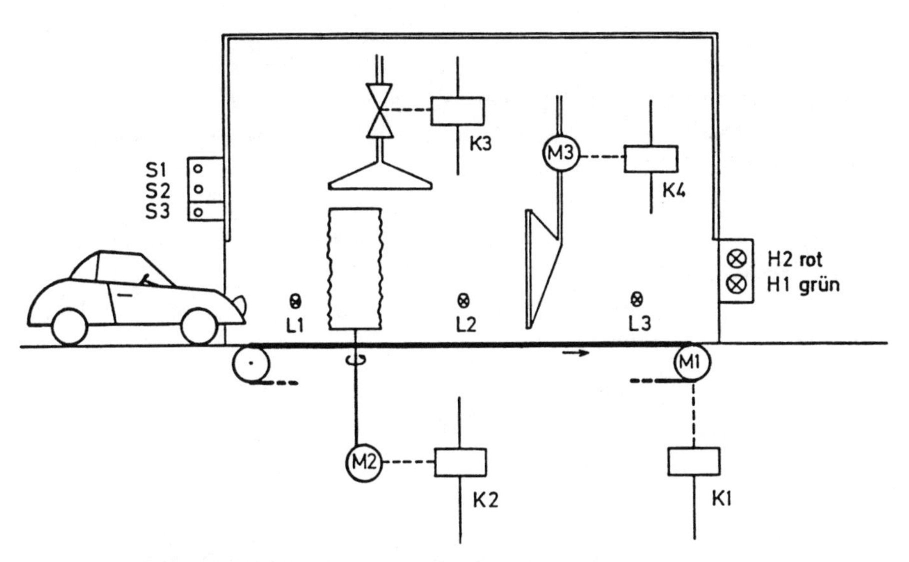

Abb. 2.5: Schematische Darstellung der Autowaschanlage

Der zeitliche Verlauf der Ablaufsteuerung läßt sich folgendermaßen beschreiben:

① Die Anlage ist über den Ein-/Aus-Schalter S2 einzuschalten. Danach soll der Waschvorgang durch Betätigen der Starttaste S1 eingeleitet werden. Dazu wird das Transportband über Relais K1 eingeschaltet.

② Das Fahrzeug wird vom Transportband durch die einzelnen Stationen der Waschanlage befördert. Erreicht das Fahrzeug die Lichtschranke L1 (L1=1), so sollen die Reinigungswalze und die Berieselungsanlage eingeschaltet werden. Gleichzeitig ist die grüne Lampe aus und die rote Lampe einzuschalten. Die rote Lampe signalisiert, daß das nächste Fahrzeug noch vor der Waschanlage warten muß.

③ Beim Erreichen der Lichtschranke L2 (L2=1) muß einerseits das Stellventil der Berieselungsanlage wieder geschlossen werden, andererseits ist die Reinigungswalze auszuschalten. Gleichzeitig schaltet sich das Trocknungsgebläse ein.

④ Erreicht das Fahrzeug schließlich die Lichtschranke L3 (L3=1), ist der Trocknungsvorgang beendet und es kann das Gebläse ausgeschaltet werden. Ferner muß die rote Lampe ausgeschaltet und die grüne Lampe eingeschaltet werden. Nun kann das nächste Fahrzeug in die Waschanlage fahren.

Aus der Beschreibung des zeitlichen Verlaufs wird deutlich, daß die Ablaufsteuerung in vier Schritte unterteilt werden kann. Das Weiterschalten von einem Schritt auf den folgenden Schritt ist von Weiterschaltbedingungen abhängig. Dies ist übrigens das typische Merkmal einer Ablaufsteuerung. Die Eingangssignale führen nicht wie bei einer Verknüpfungssteuerung unmittelbar zu einer Änderung der Ausgangszustände. Beispielsweise reicht die Aktivierung der Lichtschranke L2 allein nicht aus, um das Stellventil der Berieselungsanlage zu schließen. Als weitere Bedingung muß Schritt 2 aktiv sein, erst dann führt das Erreichen der Lichtschranke L2 zu der gewünschten Aktion.

Eine andere Möglichkeit, den zeitlichen Ablauf der Autowaschanlage darzustellen, bietet der sogenannte Funktionsplan (vgl. *Abb. 2.6*). Aus

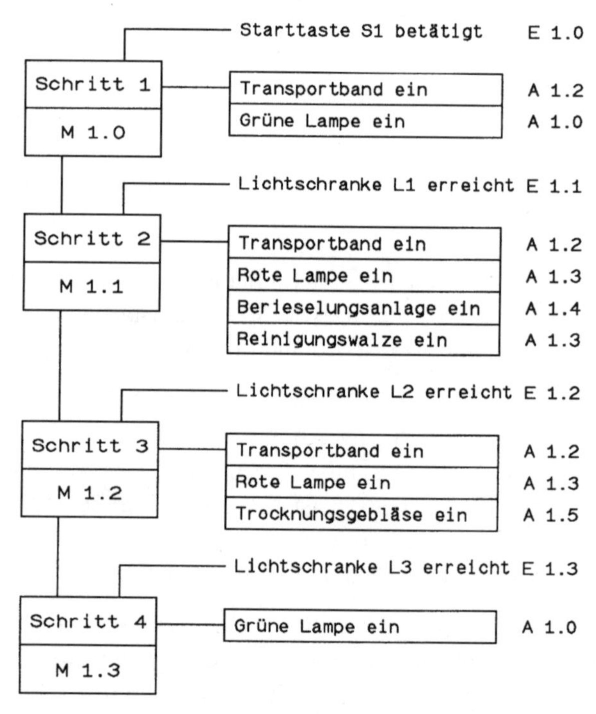

Abb. 2.6: Funktionsplan der Autowaschanlage

ihm geht nicht nur die zeitliche Abfolge hervor, sondern es lassen sich auch alle Weiterschaltbedingungen von einem Schritt zum nächsten entnehmen.

Die vier Schritte werden nacheinander in der Reihenfolge ihres zeitlichen Ablaufs aktiviert. Zuerst Schritt 1, dann Schritt 2, dann Schritt 3 und schließlich Schritt 4. Jedem Schritt ist ein sogenannter Schrittmerker zugeordnet. In dieser Schrittkette ist immer nur ein Schritt, sprich ein Schrittmerker, aktiviert. Dies erreicht man dadurch, daß bei Aktivierung eines Schrittes durch gezielte Programmierung der vorhergehende gelöscht wird. Auf den ersten Blick mag dies unlogisch klingen, wenn man bedenkt, daß das Transportband nicht nur in einem Schritt aktiviert ist. Deshalb müssen die Ausgänge, in denen das Transportband angesteuert werden soll, oderverknüpft werden.

Die Programmierung der Ablaufsteuerung erfolgt in der Art, daß zuerst die Schrittkette mit den Schrittmerkern programmiert wird und dann über die Schrittmerker die einzelnen Ausgänge angesteuert werden. In QBasic ergeben sich dann für die Ablaufsteuerung der Autowaschanlage folgende Anweisungen:

```
'------------ Es folgen die logischen Gleichungen ---------
'
' Zuerst wird die Schrittkette mit Merkern programmiert
M1(0) = ((E1(0) AND NOT M1(7)) OR M1(0))
        AND NOT M1(1)                  ' Schritt 1
M1(1) = (E1(1) AND M1(0) OR M1(1))
        AND (NOT M1(2))                ' Schritt 2
M1(2) = (E1(2) AND M1(1) OR M1(2))
        AND (NOT M1(3))                ' Schritt 3
M1(3) = (E1(3) AND M1(2) OR M1(3))
        AND (NOT M1(0))                ' Schritt 4
M1(7) = (M1(0) OR M1(7))
        AND NOT M1(3)                  ' Startmerker
' Der Startmerker verhindert einen neuen
' Start der Schrittkette während
' beispielsweise Schritt 3 (M 1.2) aktiv ist
' Es folgt die Ansteuerung der Ausgänge
A1(0) = M1(0) OR M1(3)          ' Ausgang A 1.0
A1(1) = M1(1) OR M1(2)          ' Ausgang A 1.1
A1(2) = M1(0) OR M1(1) OR M1(2) ' Ausgang A 1.2
A1(3) = M1(1)                   ' Ausgang A 1.3
A1(4) = M1(1)                   ' Ausgang A 1.4
A1(5) = M1(2)                   ' Ausgang A 1.5
```

2.4 Interfacebaustein 8243

2.4.1 Beschreibung

Hochintegrierte Chips vereinfachen den Schaltungsaufwand erheblich. Dank der rasanten Entwicklung auf dem Gebiet der Elektronik gibt es immer leistungsfähigere ICs zu noch günstigeren Preisen. Der nachfolgend beschriebene Baustein vom Typ 8243 ermöglicht die Vervielfachung von digitalen I/O-Leitungen. Besonders zu erwähnen ist dabei, daß der Steuer- und Datenbus an den selben Pins zur Verfügung steht und daß die Busbreite lediglich 4 Bit beträgt. Hinzu kommt noch eine besondere Steuerleitung, so daß der 8243 insgesamt fünf Steuereingänge aufweist, über die sich 16 digitale I/O-Leitungen ansteuern lassen. Die Ein- und Ausgänge teilen sich in vier Ports a vier Bit auf. Mit nur zwei dieser ICs lassen sich bereits 32 digitale Ein- und Ausgänge mit TTL-Pegel ansprechen. Die Pinbelegung des 8243 im 24-poligen Gehäuse zeigt *Abb. 2.7.*

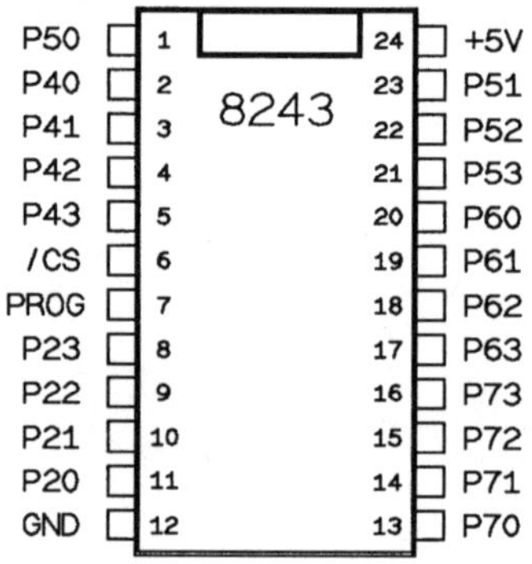

8243

Signal	Pin	Pin	Signal
P50	1	24	+5V
P40	2	23	P51
P41	3	22	P52
P42	4	21	P53
P43	5	20	P60
/CS	6	19	P61
PROG	7	18	P62
P23	8	17	P63
P22	9	16	P73
P21	10	15	P72
P20	11	14	P71
GND	12	13	P70

Steuerwort am Port 2

P23	P22	Befehl	P21	P20	Port
0	0	Lesen	0	0	Port 4
0	1	Schreiben	0	1	Port 5
1	0	ORLD	1	0	Port 6
1	1	ANLD	1	1	Port 7

Abb. 2.7: Pinbelegung des 8243

Die Funktion der einzelnen Pins läßt sich wie folgt beschreiben:

P20 – P23 (Port 2)
Die 4 Bits P20 – P23 stellen den bidirektionalen Daten- und Steuerbus dar.

Über diese Leitungen führen alle Daten, die bei Zugriffen auf die vier I/O-Ports P4 bis P7 entstehen. Bei einem Lesezyklus enthält der Port 2 die anstehenden Daten des selektierten I/O-Ports, bei einem Schreibzyklus sind die Daten, die an einem I/O-Port erscheinen sollen, anzulegen. Ob es sich um ein Schreib- oder Lesezugriff handelt, wird mit Hilfe des Steuerworts, das ebenfalls dem Port 2 zugeführt wird, bestimmt. Das 4-Bit Steuerwort enthält zum einen die Adresse des angesprochenen I/O-Ports und zum anderen den Befehlscode für Lesen oder Schreiben (vgl. Abb. 2.7).

P40 – P43 (Port 4)
Die 4 Bits P40 – P43 bilden den Port 4. Dieser kann als Ein- oder Ausgang programmiert werden.

P50 – P53 (Port 5)
Die 4 Bits P50 – P53 bilden den Port 5. Dieser kann als Ein- oder Ausgang programmiert werden.

P60 – P63 (Port 6)
Die 4 Bits P60 – P63 bilden den Port 6. Dieser kann als Ein- oder Ausgang programmiert werden.

P70 – P73 (Port 7)
Die 4 Bits P70 – P73 bilden den Port 7. Dieser kann als Ein- oder Ausgang programmiert werden.

/CS (Chip Select)
Ein High-Pegel an /CS verhindert, daß irgendein Ausgang oder interner Status sich ändert. Eine Kommunikation mit dem 8243 kann nur zustande kommen, wenn die Chip Select Leitung Low-Pegel aufweist.

PROG
Mit einem High-Low-Übergang (fallende Flanke) am PROG-Eingang übernimmt der 8243 das an Port 2 anstehende Steuerwort. Ein Low-High-Übergang signalisiert, daß an Port 2 Daten zur Verfügung stehen.

Eine komplette Datenübertragung mit den I/O-Ports läuft folgendermaßen ab:

An jeder Datenübertragung sind zwei 4-Bit-Datenworte beteiligt. Das erste enthält das Steuerwort, das darauffolgende die Daten. Bei einem Lesezugriff speichert die fallende Flanke am PROG-Eingang das an Port 2 anstehende Steuerwort im Baustein ab. Das Steuerwort signalisiert dem 8243, daß nun Daten eines I/O-Port gelesen werden. Der 8243 dekodiert das Steuerwort intern und legt die selektierten Eingangsleitungen an Port 2, wo sie nun von anderen Bausteinen abgerufen werden können. Die steigende Flanke an PROG beendet den Einlesezyklus und schaltet den selektierten I/O-Port in den hochohmigen Zustand. Port 2 hat daraufhin wieder die Funktion als Eingang. Um Daten an einen gewünschten I/O-Port zu senden, wird ebenfalls zuerst das Steuerwort angelegt, das mit der fallenden Flanke des PROG-Signals im 8243 gespeichert und dekodiert wird. Nun kann an Port 2 das Datennibbel angelegt werden, das mit der steigenden Flanke an PROG am selektierten Ausgang erscheint.

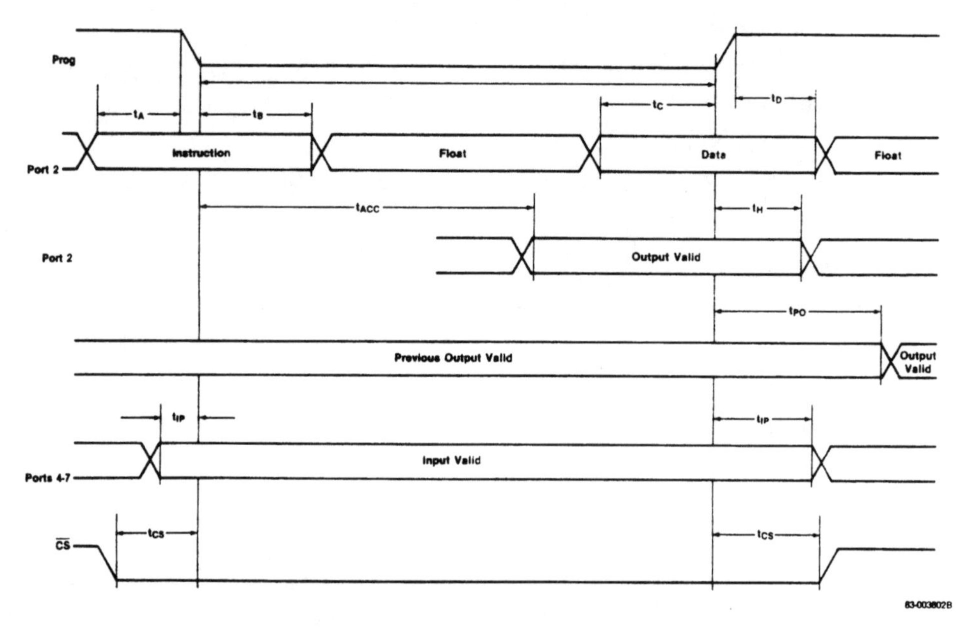

Abb. 2.8: Impulsdiagramm bei einem Schreib- und Lesezugriff des 8243

Möchte man beispielsweise über Port 5 Daten ausgeben, so lautet das Steuerwort P23...P20 = 0101. Die Funktion ORLD bzw. ANLD führen bitweise eine logische Oder- bzw. Und-Verknüpfung zwischen den neuen Daten und den am Port bereits anstehenden Daten durch. Das Verknüpfungsergebnis gelangt schließlich an den selektierten I/O-Port.

2.4.2 16 TTL-Ausgänge

Der Baustein 8243 eignet sich in Verbindung mit den Basismodulen aus Kapitel 1 zur Erweiterung der dort vorhandenen I/O-Signale. Auf diese

Weise lassen sich dann komplexere Schaltungen aufbauen, die mehr als acht digitale Ein- und Ausgänge erfordern. *Abb. 2.9* zeigt die Ansteuerung des 8243 über den 32poligen Steckverbinder, den alle Basismodule aus Kapitel 1 als gemeinsame Schnittstelle aufweisen.

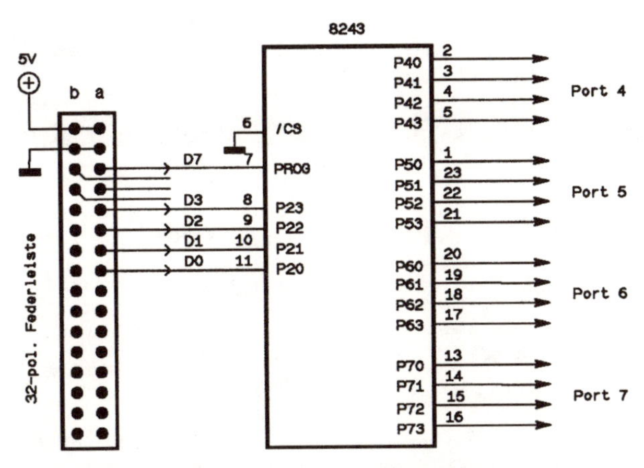

Abb. 2.9: 16 TTL-Ausgänge mit dem 8243

Die Datenleitungen D0-D3 sind direkt mit Port 2 verbunden, D7 gelangt an den PROG-Anschluß. Mit den verwendeten fünf Datenleitungen lassen sich dann 16 Ausgänge ansteuern.

Die QBasic-Anweisungen zur Ausgabe eines Datennibbels über einen der vier I/O-Ports lassen sich am besten in einem Unterprogramm zusammenfassen. Im Hauptprogramm genügt dann lediglich eine Anweisung, um den gewünschten Port anzusprechen.

Über ein Basismodul aus Kapitel 1, das an die serielle Schnittstelle des PCs anzuschließen ist, läßt sich der 8243 dann wie folgt ansprechen.

```
'==============================================================
'                                                             '
' Programm: 16BITCOM                                          '
'                                                             '
' Funktion: Mit diesem Programm lassen sich über die serielle '
'           Schnittstelle 16 TTL-Ausgangsleitungen ansprechen. '
'           Es stehen dabei 4 Ports a 4 Bit zur Verfügung.    '
'                                                             '
' Hardware: Es ist ein Basismodul aus Kapitel 1 sowie das     '
'           Modul nach Abb. 2.9 erforderlich.                 '
'                                                             '
'==============================================================
```

```
DECLARE SUB OUT.8243 (daten, port)
   '
   DIM SHARED outbyte
   '
   '------------ 9600 Baud, Anschluß an COM2 -------------
   '
   OPEN „com2:9600,N,8,1,CS,DS" FOR RANDOM AS #1
   '
   outbyte = 255    ' Alle Datenbits des Moduls auf log 1
   PRINT #1, CHR$(outbyte);
   '
   CALL OUT.8243(15, 4)     ' Alle 4 Bit an Port 4 auf High

   CLOSE 1

   END

SUB OUT.8243 (daten, port)
'============================================================
'                                                           '
' Unterprogramm: out.8243                                   '
'                                                           '
' Funktion: Das Unterprogramm steuert die Leitungen des     '
'           8243 so an, daß über einen Port 4 Bit aus-      '
'           gegeben werden können.                          '
'                                                           '
'============================================================

   '------------- STEUERWORT AUSGEBEN --------------------
   '
   outbyte = (outbyte AND (&HF0)) + port
   PRINT #1, CHR$(outbyte);
   '
   '----- PROGRAMMIERE STEUERWORT: PROG VON HIGH NACH LOW --
   '
   outbyte = outbyte AND (255 - 128)
   PRINT #1, CHR$(outbyte);
   '
   '------ Auszugebende Daten (4 BIT) anlegen -------------
   outbyte = (outbyte AND &HF0) + daten
   PRINT #1, CHR$(outbyte);
   '
   '------------- PROG WIEDER AUF HIGH --------------------
   '
   outbyte = outbyte OR 128
   PRINT #1, CHR$(outbyte);

END SUB
```

Soll das Basismodul für die Druckerschnittstelle in Kapitel 1.1.4 Anwendung finden, so lautet das Programm wie folgt.

```
'===========================================================
'                                                          '
' Programm:   16BITLPT                                     '
'                                                          '
' Funktion:   mit diesem Programm lassen sich              '
'             über die parallele                           '
'             Druckerschnittstelle 16 TTL-Ausgangsleitungen '
'             ansprechen.                                  '
'             Es stehen dabei 4 Ports a 4 Bit zur Verfügung.'
'                                                          '
' Hardware:   Es ist ein Basismodul aus Kapitel 1 sowie    '
'             das Modul nach Abb. 2.9 erforderlich.        '
'                                                          '
'===========================================================

DECLARE SUB OUT.8243 (daten, port)
   '
   DIM SHARED outbyte, datreg, statreg, steureg
   '
   '------------- Initialisierung --------------------------
   '
   basadr = &H378
   datreg = basadr          'Datenregister
   statreg = basadr + 1     'Statusregister
   steureg = basadr + 2     'Steuerregister
   '
   outbyte = 255    ' Alle Datenbits des Moduls auf log 1
   OUT datreg, outbyte
   '
   CALL OUT.8243(15, 4)     ' Alle 4 Bit an Port 4 auf High

   CLOSE 1

   END

SUB OUT.8243 (daten, port)
'===========================================================
'                                                          '
' Unterprogramm: out.8243                                  '
'                                                          '
' Funktion:   Das Unterprogramm steuert die Leitungen des  '
'             8243 so an, daß über einen Port 4 Bit        '
'             ausgegeben werden können.                    '
'                                                          '
'===========================================================

   '-------------  STEUERWORT AUSGEBEN ---------------------
   '
   outbyte = (outbyte AND (&HF0)) + port
   OUT datreg, outbyte
   '
   '---- PROGRAMMIERE STEUERWORT: PROG VON HIGH NACH LOW ---
   '
```

```
    outbyte = outbyte AND (255 - 128)
    OUT datreg, outbyte
    '
    '----- Auszugebende Daten (4 BIT) anlegen --------------
    outbyte = (outbyte AND &HF0) + daten
    OUT datreg, outbyte
    '
    '------------ PROG WIEDER AUF HIGH --------------------
    '
    outbyte = outbyte OR 128
    OUT datreg, outbyte

END SUB
```

2.4.3 32-Bit I/O-Modul

In der Schaltung nach Abb. 2.9 sind neben den drei Ausgangsleitungen D4, D5 und D6 auch alle Eingangsleitungen unbenutzt. Diese freien Leitungen lassen sich beim Einsatz eines zweiten ICs vom Typ 8243 sinnvoll nutzen. *Abb. 2.10* zeigt die Schaltung des Interface-Moduls, mit dem sich in Verbindung mit den Basismodulen aus Kapitel 1 32 TTL-Signale als Ein- oder Ausgang nutzen lassen.

Die Datenleitungen D0 bis D3 gelangen über Widerstände und Dioden an den Daten- und Steuerbus des 8243. Die Dioden verhindern, daß beim Einlesen eines I/O-Portes die an Port 2 anstehenden Daten mit den Ausgangsleitungen D0 bis D3 einen Kurzschluß verursachen. Dies wäre beispielsweise dann der Fall, wenn D0 Low-Pegel aufweist und gleichzeitig an P20 High-Pegel ansteht. Die Datenleitungen D5 und D6 selektieren mit einem Low-Pegel, welcher der beiden Bausteine angesprochen wird. D7 erzeugt den Low-Impuls, der die Aussendung der anliegenden Daten über das serielle Schnittstellenmodul zum PC einleitet. Dieses Signal gelangt direkt an den TBRL-Anschluß des UART CDP6402 (vgl. Kapitel 1.2). Bei der Verwendung des Basismoduls für die Druckerschnittstelle (vgl. Kapitel 1.1.4) kann die Datenleitung D7 unberücksichtigt bleiben. Die 32 TTL-Signale können an den beiden 16poligen Buchsenleisten K1 und K2 abgegriffen werden.

Abb. 2.11 und *2.12* zeigen den Bestückungsplan sowie die Platinenvorlage. Falls der Leser diese Vorlage zur Herstellung einer Platine einsetzt, sollt er darauf achten, daß man den Text „(C) BITTERLE 32BITIO“ auf der Lötseite der Platine seitenrichtig lesen kann.

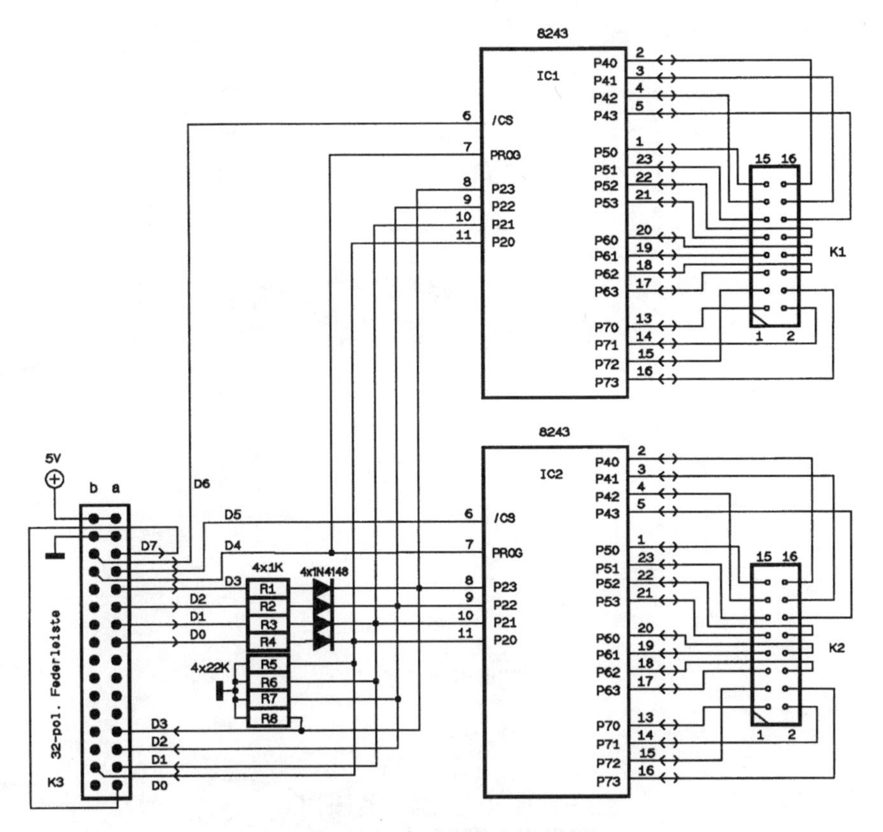

Abb. 2.10: 32-Bit I/O-Interface-Modul mit zwei 8243

Die Bauelemente zum Aufbau der Schaltung sind der folgenden Liste zu entnehmen:

Halbleiter
IC1, IC2 = 82C43

Widerstände
R1, R2, R3, R4 = 1K
R5, R6, R7, R8 = 22K

Dioden
D1, D2, D3, D4 = 1N4148

Stecker
K1, K2 = 16polige Buchsenleiste
K3 = 32polige Federleiste

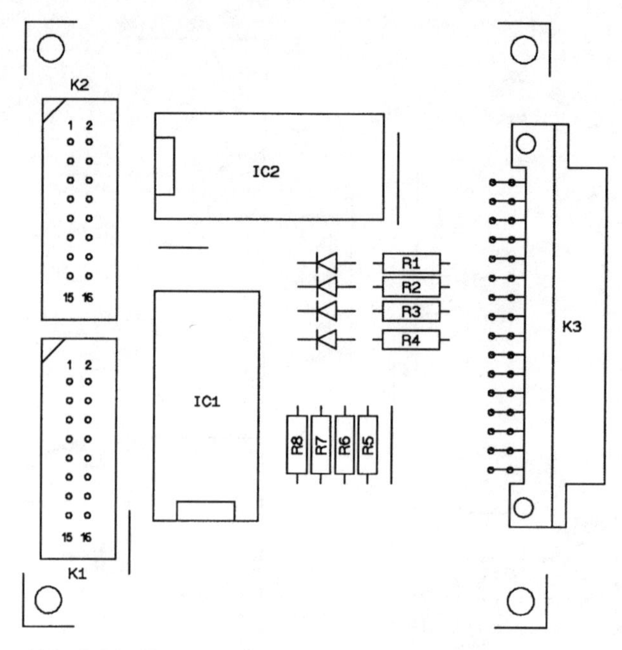

Abb. 2.11: Bestückungsplan des 32-BIT I/O-Moduls

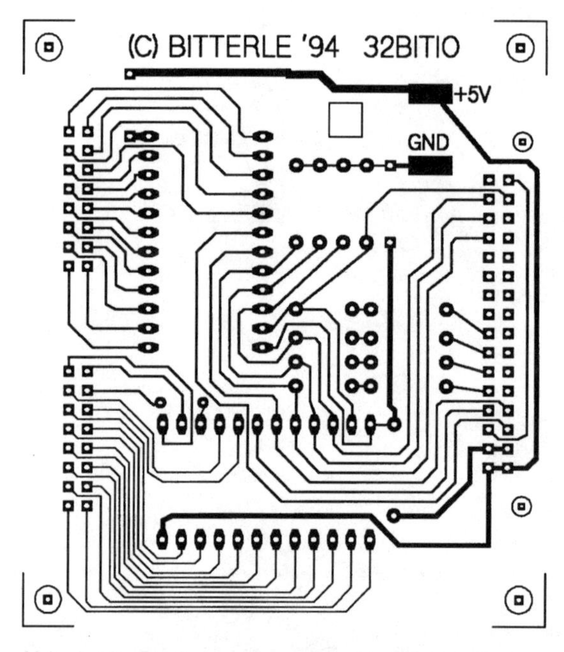

Abb. 2.12: Platinenvorlage des 32-BIT I/O-Moduls

Sonstiges
Platine „32BITIO“ (Bezugsquelle im Anhang)

Abb. 2.13 zeigt das 32-Bit I/O-Modul zusammen mit einem Basismodul für die serielle Schnittstelle aus Kapitel 1.2. Mit diesen Platinen lassen sich dann über die serielle Schnittstelle eines PCs 32 TTL-Signale als Ein- oder Ausgang ansprechen.

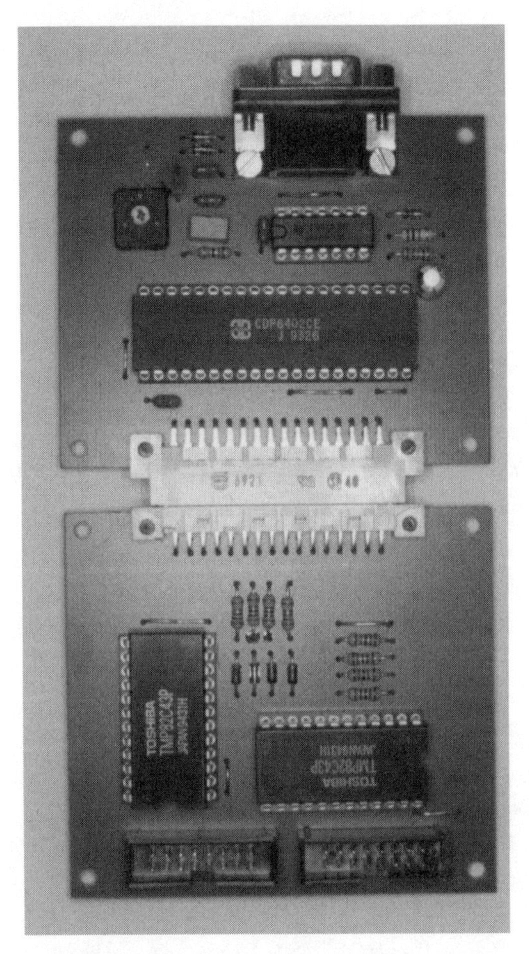

Abb. 2.13: 32-Bit I/O-Modul zusammen mit einem Basismodul für die serielle Schnittstelle aus Kapitel 1.2.

Die Software zur Ansteuerung des 32-Bit I/O-Moduls zeigt das folgende Listing.

```
'===========================================================
'                                                          '
' Programm:   32BITCOM                                     '
'                                                          '
' Funktion:   Mit diesem Programm lassen sich über die     '
'             serielle Schnittstelle 32 Leitungen als      '
'             Ein- oder Ausgang ansprechen. Es stehen dabei '
'             8 Ports a 4 Bit zur Verfügung.               '
'             Durch wenige Änderungen läßt sich dieses     '
'             Programm auch an der Druckerschnittstelle    '
'             betreiben. Diese Version 32BITLPT finden Sie '
'             auf der beiliegenden Diskette                '
'                                                          '
' Hardware:   Es ist ein Basismodul aus Kapitel 1 sowie das '
'             32-Bit I/O-Interface erforderlich.           '
'                                                          '
'===========================================================

DECLARE SUB OUT.8243 (daten, Port)
DECLARE SUB in.8243 (Port, ergebnis)
DECLARE SUB lese.com (inbyte)
   '
   DIM SHARED outbyte
   COLOR 0, 15
   '
   '------------- 9600 Baud, Anschluß an COM2 -------------
   '
   OPEN „com2:9600,N,8,1,CS,DS" FOR RANDOM AS #1
   '
   outbyte = 255    ' Alle Datenbits des Moduls auf log 1
   PRINT #1, CHR$(outbyte);

nochmals:
   CLS
   a$ = „32 - B I T  I / O - I N T E R F A C E"
   a = LEN(a$): b = (80 - a) / 2 - 1
   LOCATE 1, b: PRINT CHR$(201); STRING$
   (a + 2, CHR$(205)); CHR$(187)
   LOCATE 2, b: PRINT CHR$(186)
   LOCATE 2, b + 2: PRINT a$
   LOCATE 2, a + b + 3: PRINT CHR$(186)
   LOCATE 3, b: PRINT CHR$(200); STRING$
   (a + 2, CHR$(205)); CHR$(188)
   PRINT
label1:
   INPUT „Welches IC (IC1=1 oder IC2=2) wollen Sie
   ansprechen?"; ic
   IF ic < 1 OR ic > 2 THEN GOTO label1
   ' Das entsprechende CS-Signal wird nun auf Low gelegt
   IF ic = 1 THEN outbyte = outbyte AND (255 - 64)
   IF ic = 2 THEN outbyte = outbyte AND (255 - 32)
   PRINT #1, CHR$(outbyte);
   PRINT
```

```
label2:
   INPUT „Über welchen Port (4, 5, 6 oder 7) ?“; Port
   IF Port < 4 OR Port > 7 THEN GOTO label2
   PRINT
   INPUT „Daten Einlesen (1) oder Ausgeben (2) ?“; ein.aus
   IF ein.aus = 1 THEN
   CALL in.8243(Port, ergebnis)
   ergebnis = ergebnis AND 15
   PRINT „Die eingelesenen Bits haben die Wertigkeit“;
   ergebnis
   ' Das entsprechende CS-Signal wird wieder auf High gelegt
   IF ic = 1 THEN outbyte = outbyte OR 64
   IF ic = 2 THEN outbyte = outbyte OR 32
   PRINT #1, CHR$(outbyte);
   GOTO weiter
   END IF
   PRINT

label3:
   INPUT „Bitte geben Sie die Daten dezimal ein
   (<=15)“; daten
   IF daten > 15 OR daten < 0 THEN GOTO label3:
   CALL OUT.8243(daten, Port)

weiter: PRINT
   INPUT „Nochmals (j)“; a$
   IF a$ = „j“ THEN
   GOTO nochmals
   ELSE
   GOTO schluss
   END IF
schluss:
   CLOSE 1

   END

SUB in.8243 (Port, ergebnis)
'============================================================
'                                                           '
' Unterprogramm: in.8243                                    '
'                                                           '
' Funktion:  Das Unterprogramm steuert die Leitungen des    '
'            8243 so an, daß über einen Port 4 Bit einge-   '
'            lesen werden können.                           '
'                                                           '
'============================================================

   '----------- STEUERWORT AUSGEBEN ----------------------
   '
   outbyte = (outbyte AND (&HF0)) + Port - 4
   PRINT #1, CHR$(outbyte);
   '
```

```
   '---- PROGRAMMIERE STEUERWORT: PROG VON HIGH NACH LOW ---
   '
   outbyte = outbyte AND &HEF
   PRINT #1, CHR$(outbyte);
   '
   '-----Daten einlesen: TBRL AUF LOW UND WIEDER HIGH ------
   '
   outbyte = outbyte AND (255 - 128)
   PRINT #1, CHR$(outbyte);
   outbyte = outbyte OR 128
   PRINT #1, CHR$(outbyte);
   CALL lese.com(inbyte)
   ergebnis = inbyte
   '
   '------------- PROG WIEDER AUF HIGH --------------------
   '
   outbyte = outbyte OR 16
   PRINT #1, CHR$(outbyte);

END SUB

SUB lese.com (inbyte)
'===========================================================
'                                                          '
'Unterprogramm: lese.com                                   '
'                                                          '
'Funktion:  Dieses Unterprogramm liest über die serielle   '
'           Schnittstelle ein Byte ein. Falls die Datenüber-'
'           tragung gestört sein sollte, wird ein Meldetext '
'           eingeblendet und das Programm beendet.         '
'                                                          '
'===========================================================
   i = 0
   DO
   i = i + 1
   '
   '----------- Falls Byte vorhanden ist loc(1) >= 1 -------
   '
   IF LOC(1) >= 1 THEN
   in$ = INPUT$(1, #1)
   inbyte = ASC(in$)
   GOTO beenden
   END IF
   '
   '------------- Neuer Versuch Daten einzulesen -----------
   '
   LOOP UNTIL i = 1000        ' Maximal 1000 Versuche
   '
   '------------- Kein Byte empfangen !! -------------------
   '
   CLS
   PRINT „Datenübertragung ist gestört !!!!"
   PRINT
```

```
   PRINT „Es wird kein Zeichen empfangen !!!!"
   PRINT
   PRINT „Bitte prüfen Sie: Schnittstellenverbindung,
   Hardware ..."
   END
beenden:

END SUB

SUB OUT.8243 (daten, Port)
'============================================================
'                                                           '
' Unterprogramm: out.8243                                   '
'                                                           '
' Funktion:  Das Unterprogramm steuert die Leitungen des    '
'            8243 so an, daß über einen Port 4 Bit aus-     '
'            gegeben werden können.                         '
'                                                           '
'============================================================

   '----------- STEUERWORT AUSGEBEN -----------------------
   '
   outbyte = (outbyte AND (&HF0)) + Port
   PRINT #1, CHR$(outbyte);
   '
   '---- PROGRAMMIERE STEUERWORT: PROG VON HIGH NACH LOW ---
   '
   outbyte = outbyte AND &HEF
   PRINT #1, CHR$(outbyte);
   '
   '----- Auszugebende Daten (4 BIT) anlegen --------------
   outbyte = (outbyte AND &HF0) + daten
   PRINT #1, CHR$(outbyte);
   '
   '------------ PROG WIEDER AUF HIGH --------------------
   '
   outbyte = outbyte OR 16
   PRINT #1, CHR$(outbyte);

END SUB
```

2.5 I/O-Interface am PC-Slot

2.5.1 Interfacebaustein 8255

Der Interfacebaustein 8255 wird auf PC-Einsteckkarten in der Meßdatenerfassung für die digitale Ein- und Ausgabe und zur Steuerung der

A/D-Wandlung sehr häufig eingesetzt. Das 40-polige IC, dessen Pinbelegung in *Abb. 2.14* zu sehen ist, enthält 24 Ein-/Ausgangsleitungen, die drei parallelen Ports (Port A, B, C) zugeordnet sind.

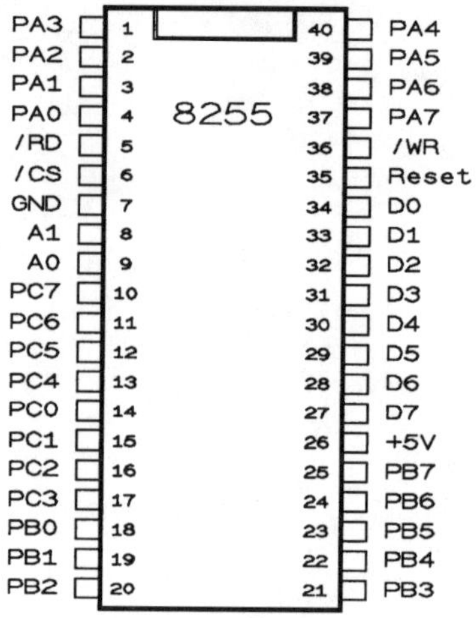

		8255	
PA3	1	40	PA4
PA2	2	39	PA5
PA1	3	38	PA6
PA0	4	37	PA7
/RD	5	36	/WR
/CS	6	35	Reset
GND	7	34	D0
A1	8	33	D1
A0	9	32	D2
PC7	10	31	D3
PC6	11	30	D4
PC5	12	29	D5
PC4	13	28	D6
PC0	14	27	D7
PC1	15	26	+5V
PC2	16	25	PB7
PC3	17	24	PB6
PB0	18	23	PB5
PB1	19	22	PB4
PB2	20	21	PB3

Abb. 2.14: Pinbelegung des Interfacebausteins 8255

Die Flexibilität dieses Bausteins liegt in der Programmierbarkeit. Über ein Steuerregister bestimmt der Anwender die Betriebsart und welche Ports er als Ein- oder Ausgang einsetzen möchte. Die Anschlüsse D0-D7 bilden den 8 Bit breiten, bidirektionalen Datenbus. Alle Daten bei Schreib- oder Lesezugriffen gelangen über diese Leitungen. Die Schreib-/Leselogik wird über die Steuersignale /CS, /RD, /WR wahrgenommen. Eine Kommunikation mit dem 8255 kann nur dann zustande kommen, wenn /CS=0 ist. Ist zudem /RD=0, dann gelangen die Signale des selektierten Ports an den Datenbus und können von anderen ICs abgerufen werden. Für /WR=0 ist es genau umgekehrt. Die Signale gelangen über den Datenbus an den selektierten Port und erscheinen dort als Ausgangssignale. Die Adressbits A0 und A1 signalisieren in Verbindung mit den Schreib- und Lesesignalen WR und RD , auf welchen Port zugegriffen wird. Die folgende Wahrheitstabelle faßt die eben gemachten Aussagen zusammen.

A1	A0	/RD	/WR	/CS	Funktion
0	0	0	1	0	Port A ---> Datenbus
0	1	0	1	0	Port B ---> Datenbus
1	0	0	1	0	Port C ---> Datenbus
0	0	1	0	0	Datenbus ---> Port A

0	1	1	0	0	Datenbus ---> Port B
1	0	1	0	0	Datenbus ---> Port C
1	1	1	0	0	Datenbus ---> Steuerregister
X	X	X	X	1	Datenleitungen sind im hochohmigen Zustand (Tristate)
X	X	1	1	0	Datenleitungen sind im hochohmigen Zustand (Tristate)

Aus der Tabelle ist ersichtlich, daß sich unter der internen Adresse A0=1, A1=1 das Steuerregister befindet. Bei einem Schreibzyklus auf das Steuerregister legt der Anwender in einem Steuerwort die I/O-Ports sowie die Betriebsmodi fest. Ein High-Pegel an der Reset-Leitung setzt das Steuerregister zurück und definiert alle 24 Leitungen als Eingänge. Der Aufbau des Steuerwortes ist in *Abb. 2.15* zu sehen.

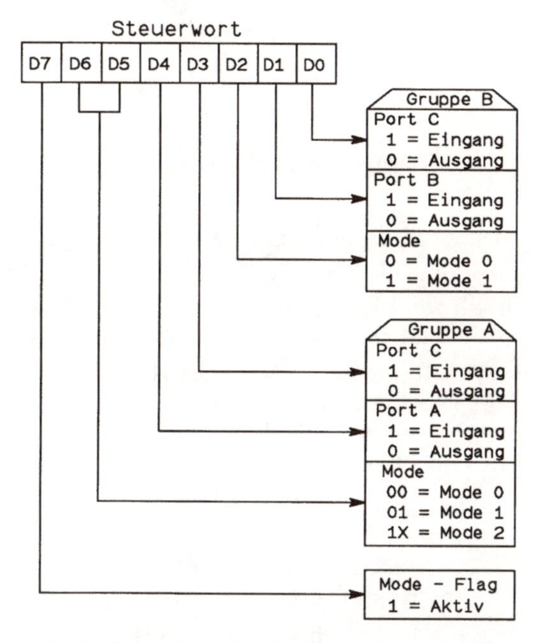

Abb. 2.15: Aufbau des Steuerwortes beim 8255

Wie hieraus ersichtlich ist, werden die 24 I/O-Leitungen der Ports A, B, C in zwei Hälften aufgeteilt. Dabei gehört eine Hälfte des Port C (PC4...PC7) zur Gruppe A, die andere Hälfte (PC0...PC3) zur Gruppe B. Insgesamt stehen dem Anwender drei verschiedene Betriebsarten zur Verfügung: Mode 0, Mode 1 und Mode 2. Im folgenden soll allerdings nur Mode 0 beschrieben werden. Diese Betriebsart bietet eine einfache Ein- und Ausgabeoperation über die drei Ports A, B, C.

Für die Betriebsart Mode 0 läßt sich das Steuerwort folgendermaßen berechnen:

	Port A	Port C Bit 4...7	Port B	Port C Bit 0...3
Eingang:	16	8	2	1
Ausgang:	0	0	0	0

Steuerwort =128 + ☐ + ☐ + ☐ + ☐

Beispiel 1: Mode 0, Port A als Eingang, Port B als Ausgang, Port C als Ausgang
Steuerwort = 128 + 16 + 0 + 0 + 0 = 144

Beispiel 2: Mode 0, Port A als Ausgang, Port C (Bit 4...7) als Eingang, Port B als Eingang und Port C (Bit 0...3) als Ausgang
Steuerwort = 128 + 0 + 8 + 2 + 0 = 138

2.5.2 24-Bit I/O-Interface am PC-Slot

Die Anbindung des 8255 an den PC-Slot läßt sich recht einfach bewerkstelligen. *Abb. 2.16* zeigt den Schaltplan des 24-Bit I/O-Interface für den PC-Slot. Die Schreib- und Lesesignale /IOW und /IOR können direkt mit den entsprechenden Signalen am 8255 verbunden werden. Selbst die Reset-Leitung des PC-Slot gelangt ohne zusätzliche Logik an den 8255.

Die Basisadresse, unter der die Schaltung angesprochen wird, läßt sich an den DIP-Schaltern einstellen. Die Schaltung selber belegt mit der Basisadresse beginnend vier Adressen des I/O-Bereichs eines PCs:

I/O-Adresse		Funktion
Basisadresse	z.B. 300 Hex	Port A
Basisadresse + 1	z.B. 301 Hex	Port B
Basisadresse + 2	z.B. 302 Hex	Port C
Basisadresse + 3	z.B. 303 Hex	Steuerregister

Bei Übereinstimmung zwischen der eingestellten Basisadresse und den am PC-Slot anstehenden Adressen erzeugt der 74HC688 an Pin 19 ein Low-Signal, das über die CS-Leitung den 8255 aktiviert. Erst dieses Low-Signal ermöglicht überhaupt eine Kommunikation mit dem Interfacebaustein 8255. Das folgende Beispielprogramm zeigt, welche Anweisungen in QBasic für die Kommunikation erforderlich sind.

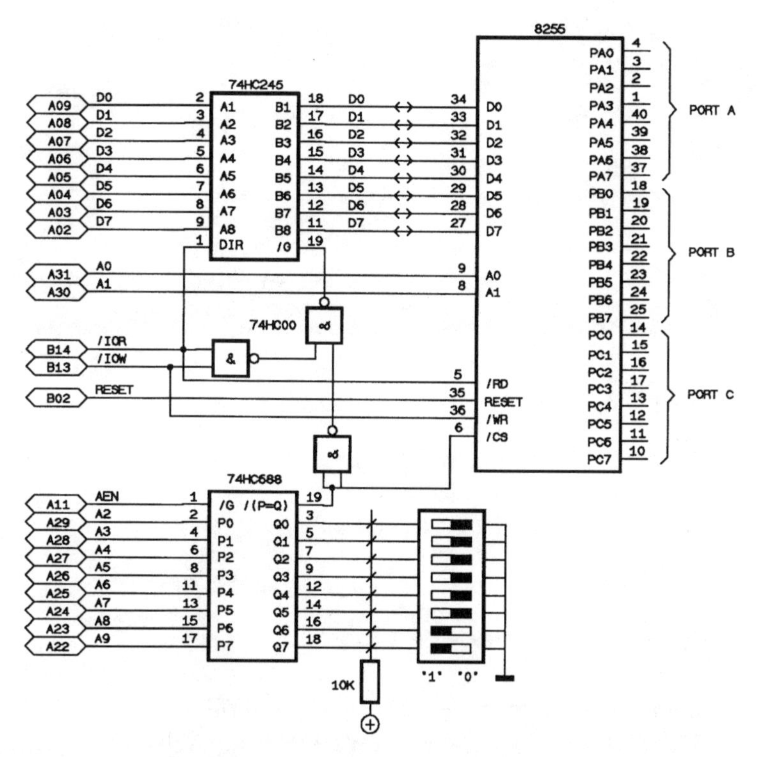

Abb. 2.16: 24-Bit I/O-Interface am PC-Slot

```
'============================================================
'                                                           '
' Programm:  8255BSP                                        '
'                                                           '
' Funktion:  Mit diesem Programm läßt sich die              '
'            I/O-InterfaceSchaltung am PC-Slot in           '
'            Abb. 2.16 ansprechen.                          '
'                                                           '
'============================================================
   '
   '------------- Festlegung der I/O-Adressen -------------
   '
   basadr = &H300          ' Basisadresse z.B. 300 hex
   porta = basadr          ' Port A
   portb = basadr + 1      ' Port B
   portc = basadr + 2      ' Port C
   steureg = basadr + 3    ' Steuerregister
   '
   '------------ Beispiel: Steuerwort = 144 ----------------
   '-- Port A als Eingang, Port B und Port C als Ausgang ---
   '
   '---------- Steuerwort ins Steuerregister schreiben -----
   '
```

```
steuerwort = 144
OUT steureg, steuerwort
'
'----------- Daten an Port B senden -------------------
'
daten = 255
OUT portb, daten          ' Alle Bits an Port B auf High
'
'------------ Daten an Port C senden ------------------
'
daten = 0
OUT portc, daten          ' Alle Bits an Port C auf Low
'
'------------ Daten von Port A lesen ------------------
'
inbyte = INP(porta)
Print „Die Daten an Port A sind:"; inbyte

END
```

2.5.3 48-Bit I/O-Interface am PC-Slot

Möchte man die Schaltung des 24-Bit I/O-Interface um weitere 24 I/O-Leitungen erweitern, so ist ein weiterer 8255 in die Schaltung zu ergänzen. Wie das geschieht zeigt *Abb. 2.17*. Die Dekodierlogik ist um zwei weitere Nand-Gatter zu erweitern, da jetzt zusätzlich die Chip-Select-Leitung des zweiten 8255 angesteuert werden muß. Die Auswahl, welcher von beiden Interfacebausteinen momentan aktiv ist, übernimmt das Adreßbit A2 am PC-Slot. Führt A2 Low-Pegel und liegt zusätzlich die richtige Basisadresse an (Pin 19 des 74HC688 = 0), so ist eine Kommunikation mit IC1 möglich. Bei A2=1 und richtiger Basisadresse wird der zweite 8255 (IC2) aktiviert.

Die Schaltung in Abb. 2.17 belegt insgesamt acht Adressen, die wie folgt belegt sind:

I/O-Adresse		Funktion
Basisadresse	z.B. 300 Hex	Port A, IC1
Basisadresse + 1	z.B. 301 Hex	Port B, IC1
Basisadresse + 2	z.B. 302 Hex	Port C, IC1
Basisadresse + 3	z.B. 303 Hex	Steuerregister, IC1
Basisadresse + 4	z.B. 304 Hex	Port A, IC2
Basisadresse + 5	z.B. 305 Hex	Port B, IC2
Basisadresse + 6	z.B. 306 Hex	Port C, IC2
Basisadresse + 7	z.B. 307 Hex	Steuerregister, IC2

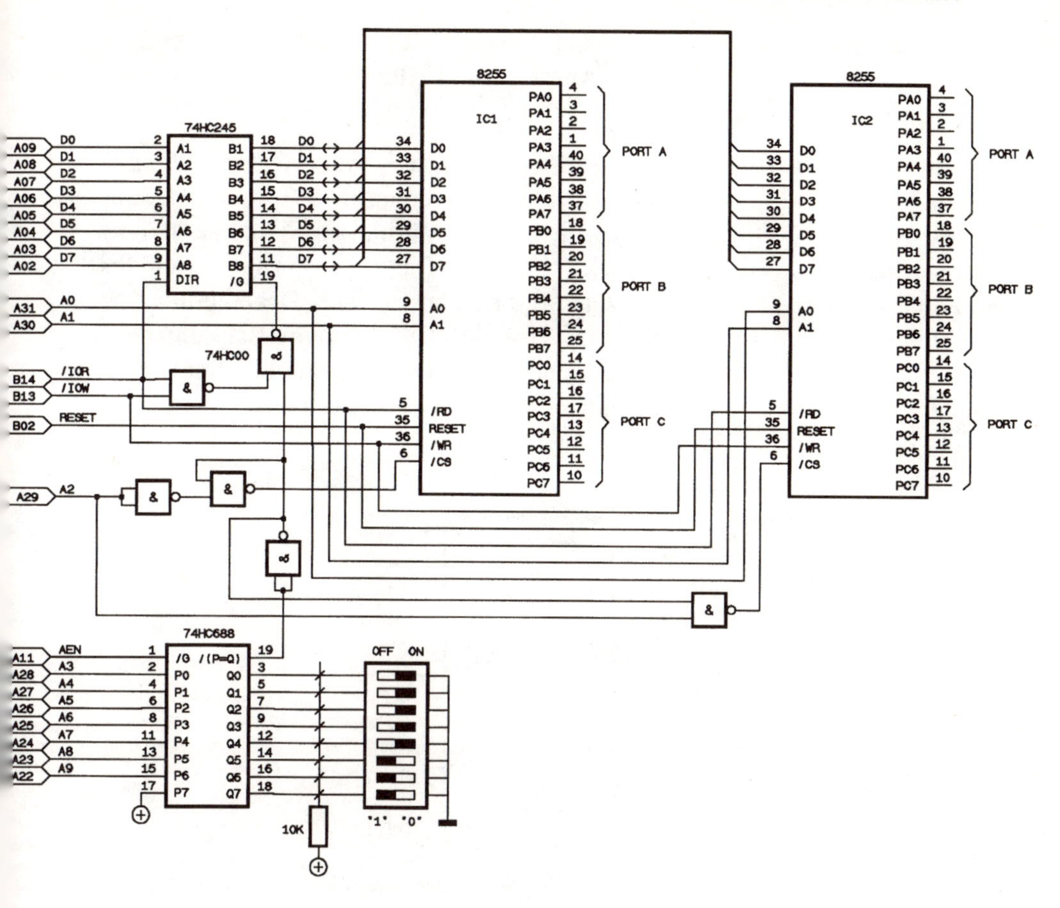

Abb. 2.17: 48-Bit I/O-Interface am PC-Slot

2.6 Universelles Zählerinterface

2.6.1 Zählerbaustein 8253

Der 8253 ist ein vielseitiger Zählerbaustein, der in vielen Applikationen wiederzufinden ist. Die Vielzahl der möglichen Anwendungen ist verblüffend: Impulszähler, Frequenzzähler, programmierbarer Impulsgeber, Reaktionstester, Kapazitätsmeßgerät, Helligkeitssteuerung, D/A-Wandler um nur einige zu nennen. Um diesen Baustein in der Praxis einzusetzen, ist es unbedingt erforderlich, die Arbeitsweise, die in den nachfolgenden Abschnitten ausführlich beschrieben wird, genau zu studieren.

Der 8253 enthält drei voneinander unabhängige 16-Bit-Abwärtszähler. Jeder Zähler verfügt über drei Anschlüsse: Takteingang CLK, GATE und das Ausgangssignal OUT.

Auf den ersten Blick mag dieVerwendung von Abwärtszählern unlogisch sein. Dazu sind folgende Überlegungen notwendig: Die Aufgabenstellung sei, genau 10 000 Impulse zu zählen und daraufhin ein Signal zu aktivieren. Mit jeder fallenden Flanke am CLK-Eingang verringert sich der Zählerstand, bis der Zählerstand 0 erreicht ist. Die Dekodierung des Zählerstandes 0 (10 000 Impulse erreicht) ist intern im Baustein dann wesentlich einfacher durchzuführen, als die Dekodierung des Startwertes (hier 10 000), der ja ständig andere Werte aufweisen kann. *Abb. 2.18* zeigt die Pinbelegung des 8253.

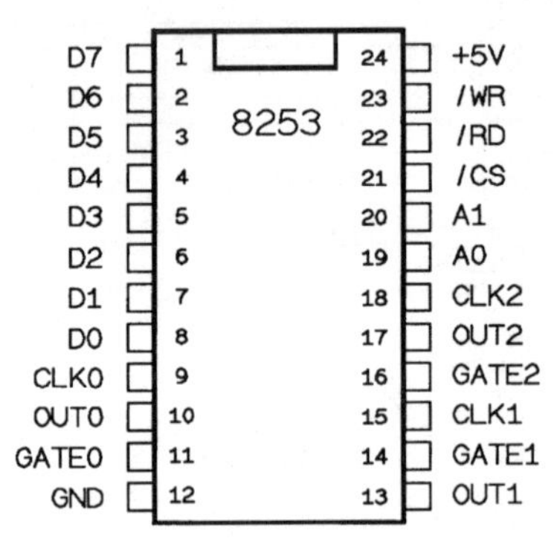

Abb. 2.18: Pinbelegung des Zählerbausteins 8253

Die Datenleitungen D0 bis D7 repräsentieren den bidirektionalen Datenbus, über den alle Daten bei Schreib- oder Lesezugriffen geführt werden. Bei einem Lesezugriff (/RD=0) können die Zählerstände abgerufen werden, bei einem Schreibzugriff (/WR=0) wird zum einen das Steuerregister eingeschrieben und zum anderen die Zähler mit Startwerten geladen. Über die Adreßbits A0 und A1 erreicht man die drei Zähler und das Steuerregister. Die folgende Wahrheitstabelle gibt einen Überblick über die Funktion der Steuerleitungen am 8253.

A1	A0	/RD	/WR	/CS	Funktion
0	0	0	1	0	Auslesen des Zähler 0
0	1	0	1	0	Auslesen des Zähler 1
1	0	0	1	0	Auslesen des Zähler 2
0	0	1	0	0	Laden des Zähler 0 mit dem Startwert

0	1	1	0	0	Laden des Zähler 1 mit dem Startwert
1	0	1	0	0	Laden des Zähler 2 mit dem Startwert
1	1	1	0	0	Einschreiben des Steuerwortes
X	X	X	X	1	Datenleitungen sind im hochohmigen Zustand (Tristate)
X	X	1	1	0	Datenleitungen sind im hochohmigen Zustand (Tristate)

Das Steuerwort legt den Betriebsmodus und das Zählsystem fest und kontrolliert das Laden der Zählregister. Ein Zähler wird programmiert, indem man zuerst das Steuerregister mit der betreffenden Zählernummer, dem Modus und dem Zählsystem lädt. Danach schreibt man den Startwert des Zählers in das entsprechende Zählregister. Der Zähler zählt dann bei jeder negativen Taktflanke um eins herunter. In den einzelnen Betriebsmodi hat das Erreichen des Zählendes (Zählerstand 0) unterschiedliche Bedeutung. *Abb. 2.19* zeigt den Aufbau des Steuerwortes beim 8253.

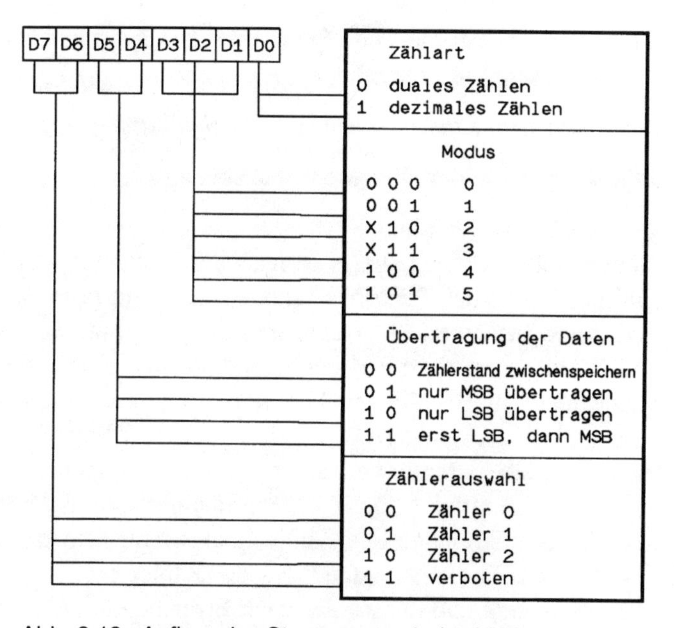

Abb. 2.19: Aufbau des Steuerwortes beim 8253

Datenbit D0 wählt zwischen dualem und BCD-codiertem Zählen aus. D1, D2 und D3 legen die sechs möglichen Betriebsmodi fest, die später noch ausführlich beschrieben werden. D4 und D5 bestimmen die Übertragungsart der Daten. Da es sich um 16-Bit-Zähler handelt, aber nur ein 8-Bit Datenbus zur Verfügung steht, muß ein 16-Bit-Startwert in zwei Bytes übertragen werden. In den meisten Anwendungen wird zuerst das LSB (niederwertiges Byte) dann das MSB (höherwertige Byte) übertragen. Um beispielsweise den Startwert 50 000 in einen Zähler zu laden, muß zuerst der dezimale Wert 80, dann 195 in den betreffenden Zähler geschrieben werden. Die dazugehörige Berechnung lautet: 50 000:256 = 195 Rest 80. 195 ist das MSB, 80 das LSB. Aus Abb. 2.19 läßt sich das Steuerwort für die Zählart duales Zählen, Übertragung zuerst LSB dann MSB sehr einfach berechnen:

$$steuerwort = 2 \cdot Modus + 64 \cdot Zählernummer + 48$$

Für D4=0 und D5=0 läßt sich der Zählerstand eines Zählers zwischenspeichern, ohne dabei die Zählung zu unterbrechen. Die logischen Pegel der Datenleitungen D0 bis D3 sind bei der Zwischenspeicherung nicht relevant und können deshalb auf Null gesetzt werden. Möchte man beispielsweise den Zählerstand des Zähler 2 zwischenspeichern, so ist der Wert 128 (dez) ins Steuerregister zu schreiben.

Allgemein läßt sich das erforderliche Steuerwort zur Zwischenspeicherung eines Zählerstandes wie folgt berechnen:

Zählerstand zwischenspeichern: $steuerwort = 64 \cdot Zählernummer$

Es folgt die Beschreibung der einzelnen Betriebsmodi.

Mode 0: Verzögerte positive Flanke
Der Ausgang des Zählers (OUT 0/1/2) ist nach der Festlegung der Betriebsart bei der Initialisierung des Timerbausteins zunächst auf Low-Pegel. Nach dem Laden des gewünschten Zählerregisters mit einem Startwert, zählt der entsprechende Zähler vom Startwert beginnend abwärts, vorausgesetzt, der GATE-Eingang liegt auf High-Pegel. GATE=0 stoppt den laufenden Zählvorgang, ohne daß der Ausgang OUT sich in irgendeiner Form ändert. Geht GATE wieder auf High, beginnt die Zählung mit dem Wert, den der Zähler vor der Unterbrechung aufwies. Der Ausgang bleibt während des Abwärtszählens auf Low. Bei Erreichen des Zählerstandes Null geht der Ausgang auf High und bleibt in diesem Zustand, bis der Zähler erneut konfiguriert wird. Es ist zu beachten, daß der Zähler nach Erreichen des Zählendes mit 65535 beginnend weiter abwärts zählt, unabhängig davon, welcher Startwert im Zählregister steht. Der Ausgang OUT bleibt dann so lange auf High, bis der Zähler erneut mit einem Startwert geladen wird. Besonders hervorzuheben ist, daß die erste fallende Flanke am CLK-Eingang noch keine Zählung bewirkt, sondern daß lediglich der Startwert als aktuellen Zählerstand übernommen wird. Erst danach führt eine negative Taktflanke an CLK zu einer Verminderung des Zählerstandes um Eins.

Ein erneutes Schreiben in ein Zählerregister während des Zählvorganges hat zur Folge, daß beim Schreiben des ersten Bytes der momentane Zählvorgang gestoppt und beim Schreiben des zweiten Bytes der neue Zählvorgang gestartet wird.

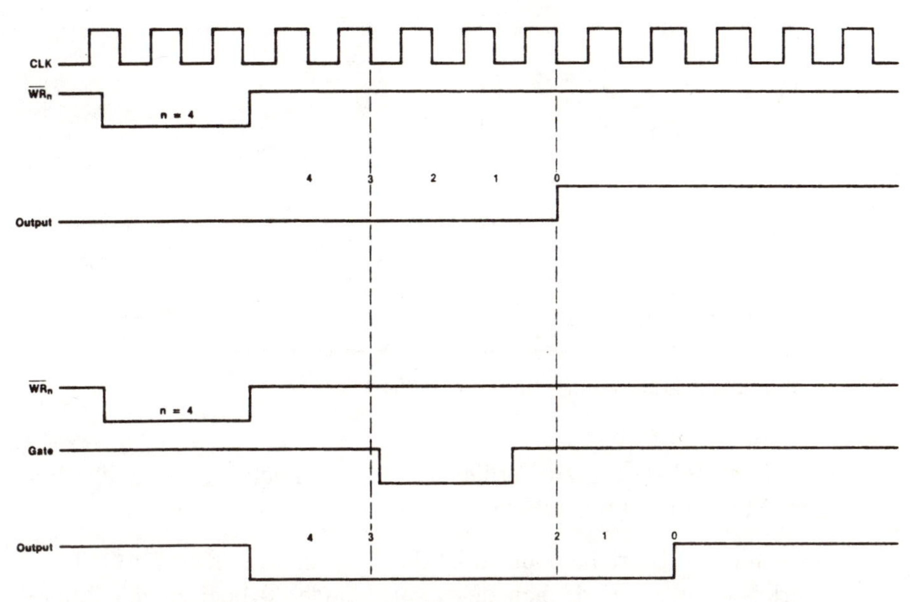

Abb. 2.20: Impulsdiagramm des Betriebsmodus 0

Betriebsmodus 1: Programmierbares Monoflop

Betrachtet man das Impulsdiagramm des Betriebsmodus 1 in *Abb. 2.21*, so fallen auf den ersten Blick keine wesentlichen Unterschiede zu Betriebsmodus 0 auf. Aber dieser erste Blick täuscht. Bei beiden Betriebsmodi bleibt der Ausgang OUT für die Dauer von n Taktperioden auf Low, bevor er bei Zählerstand 0 auf High wechselt. N ist dabei der Startwert des Zählers. Der wesentliche Unterschied zwischen beiden Betriebsmodi liegt in der Funktion des GATE-Eingangs. Nach dem Laden eines Zählers mit dessen Startwert bleibt der Ausgang OUT zunächst noch auf High-Pegel. Erst nachdem die positive Flanke am GATE-Eingang den Zählvorgang ermöglicht, wechselt der Ausgang OUT mit der ersten negativen Taktflanke an CLOCK auf Low, das heißt, das programmierbare Monoflop muß hardwaremäßig gestartet werden. Bemerkenswert ist auch, daß mit jeder positiven Flanke am GATE-Eingang der Zähler mit dem Startwert geladen wird. Durch diesen Vorgang ist es möglich, die Low-Zeit des

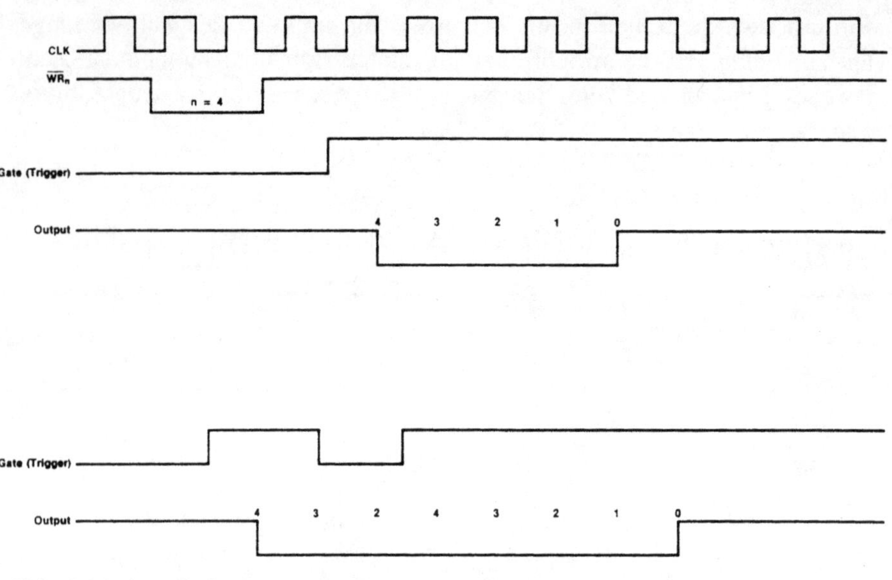

Abb. 2.21: Impulsdiagramm des Betriebsmodus 1

Monoflops unendlich oft zu verlängern. In der Fachsprache heißt dies auch: Das Monoflop ist retriggerbar.

Im Unterschied zu Betriebsmodus 0 ist die Zählfunktion auch für GATE = 0 gewährleistet. Nach Erreichen des Zählerstandes 0 beginnt der Zähler mit 65.535 beginnend abwärts zu zählen und zwar unabhängig vom Startwert des Zählers. Ein erneutes Laden des Zählers während der Ausgang Low ist, hat dabei keinen Einfluß auf die Dauer des Low-Zustandes. Der Zählerstand kann jederzeit ohne Auswirkung auf den momentanen Vorgang ausgelesen werden.

Betriebsmodus 2: Teiler 1/n
In dieser Betriebsart geht der Ausgang OUT beim Zählerstand 1 für die Dauer einer Taktperiode auf Low. Nach Erreichen des Zählerstandes 0 wechselt OUT wieder auf High und der Zähler zählt mit dem Startwert beginnend abwärts. Dies ist ein wesentlicher Unterschied zu den Betriebsmodi 0 und 1, bei denen der Zähler nach dem Zählerstand 0 mit 65535 beginnend abwärts zählt. Da die Dauer des High-Pegels des Ausgangssignals OUT (n-1) Taktperioden, der Low-Pegel eine Taktperiode beträgt, ist die Periodendauer des Ausgangssignals OUT das n-fache des CLOCK-Signals. Bemerkenswert ist, daß mit jeder positiven Flanke am GATE-Eingang der Zähler neu gestartet wird. Damit kann der GATE-Eingang genutzt werden, um den Zähler zu synchronisieren.

In der Praxis ist besonders zu beachten, daß die erste fallende Flanke am CLOCK-Eingang noch keine Zählung bewirkt, sondern daß lediglich der Startwert als aktueller Zählerstand übernommen wird.

Eine Anwendung des Betriebsmodus 2 liegt in der Kaskadierung von Zählern. Die positive Taktflanke des Ausgangssignals OUT beim Zählerstand 0 kann über einen Inverter dem CLOCK-Eingang des Folgezählers zugeführt werden.

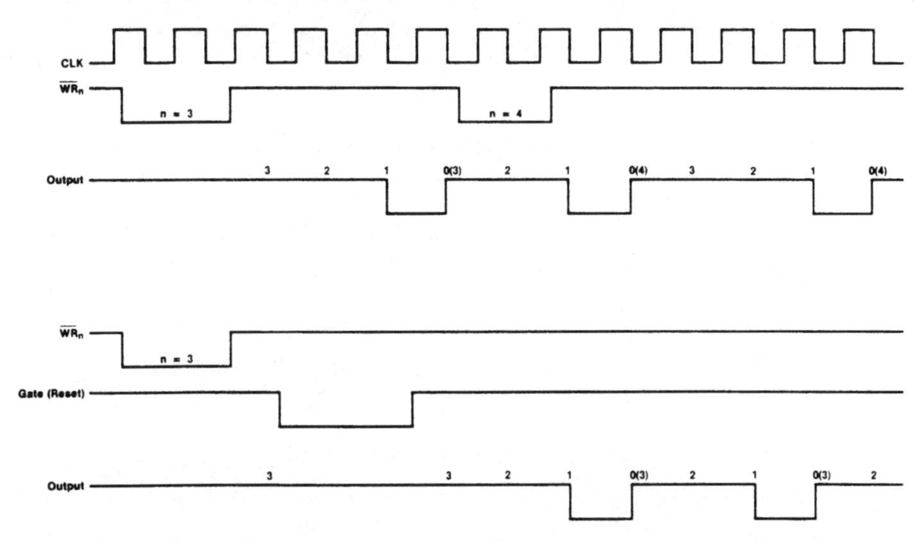

Abb. 2.22: Impulsdiagramm des Betriebsmodus 2

Betriebsmodus 3: Rechteckgenerator
In Betriebsmodus 3 kann der 8253 als programmierbarer Rechteckgenerator eingesetzt werden. Diese Betriebsart unterstreicht auf deutliche Weise die Leistungsfähigkeit des 8253. Der Hardwareaufwand, mit diskreten Logic-ICs dieselbe Funktion zu erreichen, ist enorm.

In Betriebsmodus 3 weist das Ausgangssignal OUT für die erste Hälfte des Zählvorgangs High-Pegel auf, für die zweite Hälfte bleibt der Ausgang auf Low. Wenn der Zählwert ungerade ist, so wird er beim ersten Takt-Impuls (nach dem Laden des Zählers) um den Wert 1 erniedrigt. Die nachfolgenden Taktimpulse erniedrigen den Wert um 2. Bei Erreichen des Zählendes wird der Ausgang Low und der volle Zählwert wieder geladen. Der nächste dem Ladevorgang folgende Taktimpuls, erniedrigt den Zählerstand um 3, die weiteren Taktimpulse wieder um den Wert 2. Dieser Vorgang wiederholt sich und es wird damit – wenn der Zählwert ungerade ist – der Ausgang für (n+1)/2 Taktperioden High und für (n-1)/2 Taktperioden Low.

Der Zähler arbeitet so als programmierbarer Teiler.
Die Teilerfaktoren lassen sich zwischen 2 und 65.535 wählen. Durch Kaskadierung zweier Zähler in Betriebsmodus 3 ergibt sich der resultierende Teilerfaktor durch Multiplikation der beiden Teilerfaktoren. Auf diese Weise lassen sich kleine Frequenzen mit hoher Genauigkeit erzeugen. Möchte man beispielsweise aus einem Quarz mit 4 MHz eine Referenzfrequenz von 50 Hz erzeugen, so ist ein Teilerfaktor von 80.000 erforderlich. Zur Realisierung dieses hohen Teilerfaktors stehen dem Anwender mehrere Möglichkeiten zur Verfügung. Auf alle Fälle müssen zwei Zähler in Betriebsmodus 3 in Reihe geschaltet werden. Beispielsweise läßt sich Zähler 1 mit 1.000 und Zähler 2 mit 80 laden.

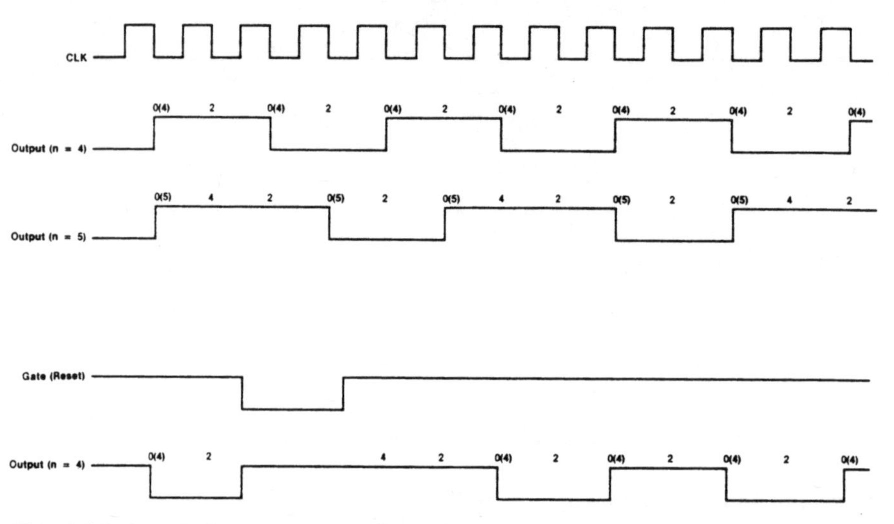

Abb. 2.23: Impulsdiagramm des Betriebsmodus 3

Betriebsmodus 4: Softwaregetriggerter Strobe
Der Ausgang des Zählers ist nach der Initialisierung des Timerbausteins zunächst High. Nach dem Laden des Zählers beginnt der Zählvorgang. Nach Erreichen des Zählendes geht der Ausgang für eine Taktperiode auf Low und wird dann wieder High. Wird das Zählerregister während eines Zählvorganges erneut geladen, so wird der neue Zählwert mit dem nächsten Taktimpuls geladen. Während der Gate-Eingang Low-Pegel führt, ist kein Zählvorgang möglich.

Betriebsmodus 5: Hardwaregetriggerter Strobe
In diesem Betriebsmodus beginnt der Zähler mit der steigenden Flanke am Gate-Eingang mit dem Zählvorgang und erzeugt bei Zählende für die Dauer einer Taktperiode Low-Pegel. Der Zähler ist retriggerbar.

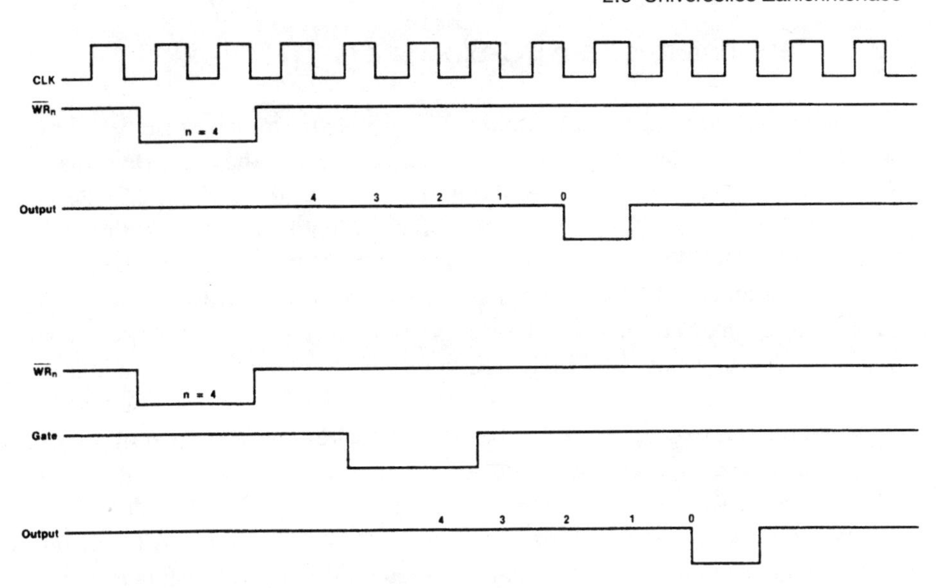

Abb. 2.24: Impulsdiagramm des Betriebsmodus 4

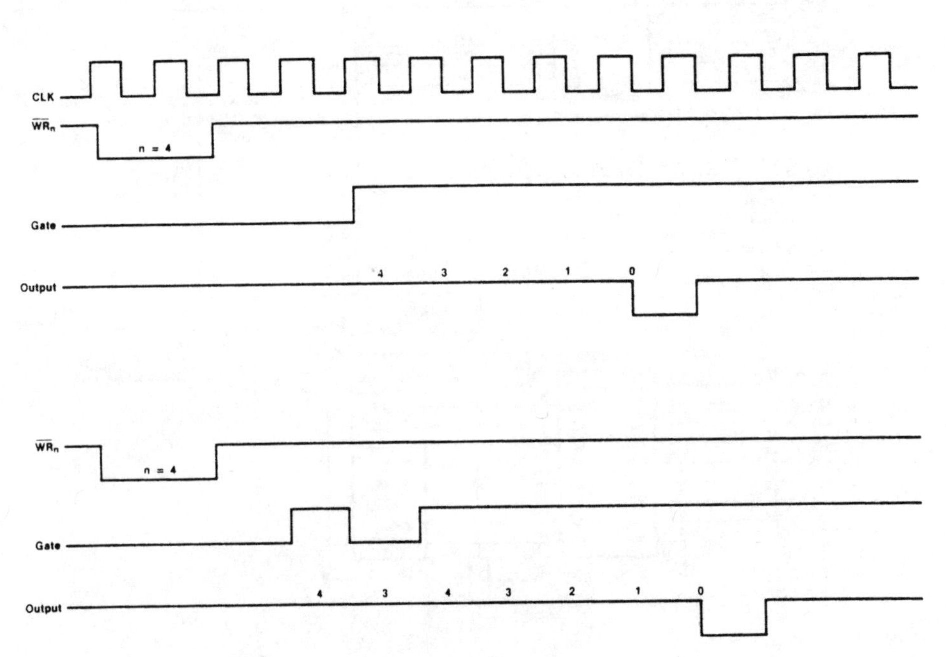

Abb. 2.25: Impulsdiagramm des Betriebsmodus 5

2.6.2 Zählerinterface am PC-Slot

Der Zählerbaustein 8253 läßt sich am PC-Slot sehr einfach einsetzen. Die Anbindung erfolgt über die Datenleitungen D0 bis D7, die Steuerleitungen /CS, /WR, /RD sowie über die Adreßleitungen A0 und A1. Abb. 2.26 zeigt den Schaltplan des Zählerinterface. Man erkennt den bidirektionalen Bustreiber 74HC245, der, wie in Kapitel 1.3 ausführlich beschrieben, die Datenleitungen des PC-Slots von denen des 8253 entkoppelt. Darüber hinaus nimmt er bei Schreib- oder Lesezugriffen auf den 8253 die Datenrichtungsumschaltung vor. Der 74HC688 vergleicht die am PC-Slot anliegenden Adressleitungen auf Übereinstimmung mit der an den DIP-Schaltern eingestellten Basisadresse und gibt bei Gleichheit an Pin 19 ein Low-Signal ab. Dieses Signal gelangt mit dem Adressbit A2 am PC-Slot an ein ODER-Gatter, dessen Ausgang den 8253 aktiviert. Bedingung dafür ist, daß beide Eingangssignale Low-Pegel aufweisen. Das Signal A2 gelangt ebenfalls über einen Inverter an ein weiteres ODER-Gatter, das bei einem

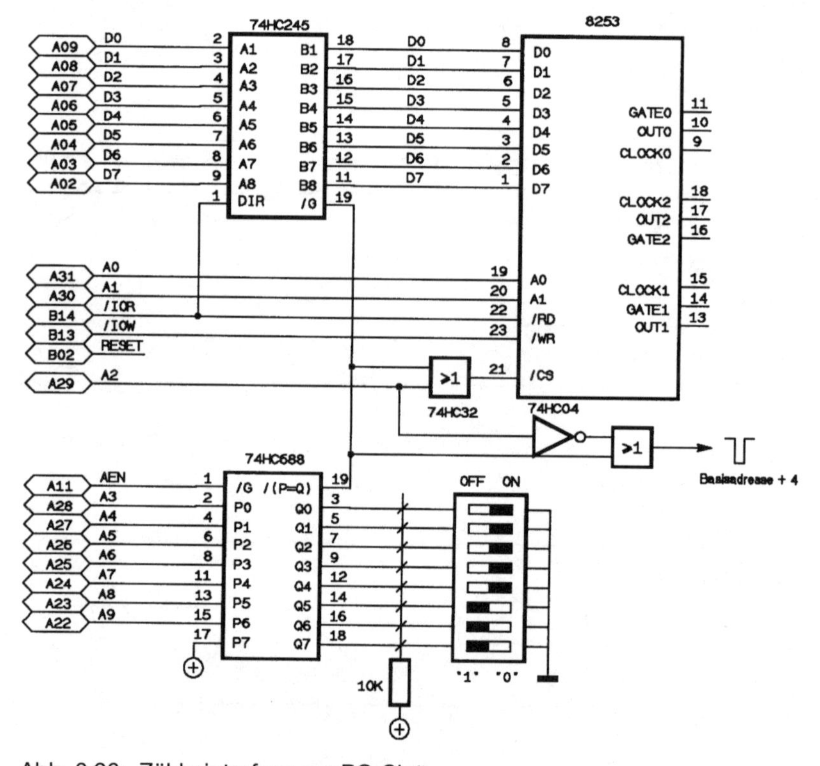

Abb. 2.26: Zählerinterface am PC-Slot

Schreibzugriff einen kurzen Low-Impuls erzeugt, der in vielen Anwendungen des 8253 eingesetzt werden kann.

Die Schaltung belegt mit der Basisadresse beginnend acht Adressen:

I/O-Adresse		Funktion
Basisadresse	z.B. 300 Hex	Zähler 0
Basisadresse + 1	z.B. 301 Hex	Zähler 1
Basisadresse + 2	z.B. 302 Hex	Zähler 2
Basisadresse + 3	z.B. 303 Hex	Steuerregister
Basisadresse + 4	z.B. 304 Hex	Low-Impuls (vgl. Abb. 2.26)
Basisadresse + 5	z.B. 305 Hex	Low-Impuls (vgl. Abb. 2.26)
Basisadresse + 6	z.B. 306 Hex	Low-Impuls (vgl. Abb. 2.26)
Basisadresse + 7	z.B. 307 Hex	Low-Impuls (vgl. Abb. 2.26)

Das folgende Beispielprogramm 8253BSP zeigt, welche Anweisungen in QBasic zur Programmierung des 8253 auf einer Einsteckkarte erforderlich sind.

```
'============================================================
'                                                            '
' Programm:   8253BSP                                        '
'                                                            '
' Funktion:   Das Rechtecksignal eines Quarzes mit f=4MHz    '
'             gelangt an Zähler 0 und wird durch 23580 geteilt.'
'             Das Ausgangssignal gelangt an den CLOCK-Eingang '
'             des Zähler 1, der als einfacher Impulszähler   '
'             arbeitet (Mode 2). Der Zählerstand wird ständig'
'             ausgelesen und auf dem Bildschirm angezeigt.   '
'                                                            '
'============================================================
   '
   '----------- Festlegung der I/O-Adressen --------------
   '
   basadr = &H300             ' Basisadresse z.B. 300 hex
   counter0 = basadr          ' Zähler 0
   counter1 = basadr + 1      ' Zähler 1
   counter1 = basadr + 2      ' Zähler 2
   steureg = basadr + 3       ' Steuerregister
   '
   '-------------- Beispiel: ----------------------------
   'Zähler 0:      Mode 3, Startwert: 23580 (Teilerfaktor)
   'Zähler 1:      Mode 2, Startwert: 65535
   '
   modus0 = 3                 ' Modus Zähler 0
   modus1 = 2                 ' Modus Zähler 1
   start0 = 23580             ' Startwert Zähler 0
   start1 = 65535             ' Startwert Zähler 1
   steuerwort0 = 54           ' Steuerwort Zähler 0 (siehe Text)
```

```
steuerwort1 = 116       ' Steuerwort Zähler 1 (siehe Text)
'
'---------- Berechnung der High- und Lowbytes ----------
'
start0.highbyte = start0 \ 256        ' Teilung ohne Rest
start0.lowbyte = start0 MOD 256       ' Nur Rest
start1.highbyte = start1 \ 256        ' Teilung ohne Rest
start1.lowbyte = start1 MOD 256       ' Nur Rest
'
'------------ Konfigurierung des Zählers ---------------
'
OUT steureg, steuerwort0                 ' Zähler 0
OUT counter0, start0.lowbyte             ' Zuerst Lowbyte
OUT counter0, start0.highbyte            ' Dann Highbyte
OUT steureg, steuerwort1                 ' Zähler 1
OUT counter1, start1.lowbyte             ' Zuerst Lowbyte
OUT counter1, start1.highbyte            ' Dann Highbyte
'
DO
'
'---------- Zählerstand zwischenspeichern --------------
'
OUT steureg, 64          ' Latchen Zähler 1
'
'------------- Zählerstand auslesen --------------------
'
stand1.lowbyte = INP(counter1)           ' Zuerst Lowbyte
stand1.highbyte = INP(counter1)          ' Dann Highbyte

zaehlerstand = stand1.lowbyte + 256 * stand1.highbyte

PRINT „Der aktuelle Zählerstand des Zähler 1 ist:";
zaehlerstand

IF INKEY$ = CHR$(27) THEN EXIT DO
LOOP

END
```

2.6.3 Zählermodul an serieller und paralleler Schnittstelle

Hardware

Wie im vorigen Kapitel angedeutet, läßt sich der Zählerbaustein 8253 auf Einsteckkarten sehr einfach ansteuern. Dies rührt daher, daß der PC-Slot neben den acht bidirektionalen Datenleitungen auch die Steuer- sowie Adreßsignale zur Verfügung stellt. Eine Kommunikation kann also nur zustande kommen, wenn auf diese Signale zugegriffen werden kann. Über die Basismodule in Kapitel 1 läßt sich der 8253 nicht direkt ansteuern, da diese zu wenig Leitungen zur Verfügung stellen. Allerdings ist durch die Verwendung eines 8243 (vgl. Kapitel 2.4) das Problem vollständig aus dem Weg geräumt. Abb. 2.27 zeigt den Schaltplan des Zählermoduls mit dem 8253 das an jedes Basismodul aus Kapitel 1 angeschlossen werden kann. Auf diese Weise ist es möglich, den 8253, wahlweise über die RS232-Schnittstelle oder über die Druckerschnittstelle anzusteuern. Im weiteren Verlauf des Kapitels 2 werden dazu noch einige interessante Applikationen vorgestellt. Doch nun zur Schaltung in *Abb. 2.27.*

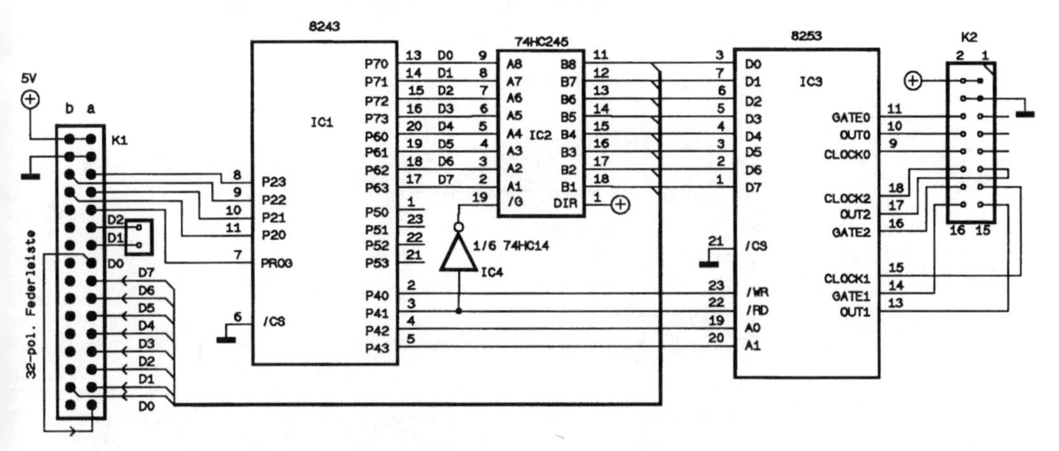

Abb. 2.27: Universelles Zählermodul

Der 8243 ermöglicht, alle Datenleitungen sowie Steuer- und Adreßleitungen des 8253 anzusteuern. Zwischen den Datenleitungen der beiden ICs befindet sich der bidirektionale Bustreiber 74HC245, der bei einem Schreibzugriff auf den 8253 (/RD=0) hochohmig geschaltet wird. Bei einem Schreibzyklus gelangen die Daten des 8253 an die 32polige Federleiste, von wo aus sie über die Busmodule vom PC gelesen werden. An der 16poligen Buchsenleiste K2 können die Signale der drei Zähler abgegriffen werden. Sie dient als Schnittstelle für individuelle Hardware. *Abb. 2.28* zeigt den Bestückungsplan des Zählermoduls.

Die folgende Stückliste enthält die für den Aufbau benötigten Bauelemente:

Halbleiter
IC1 = 82C43
IC2 = 74HC245
IC3 = 82C53
IC4 = 74HC14

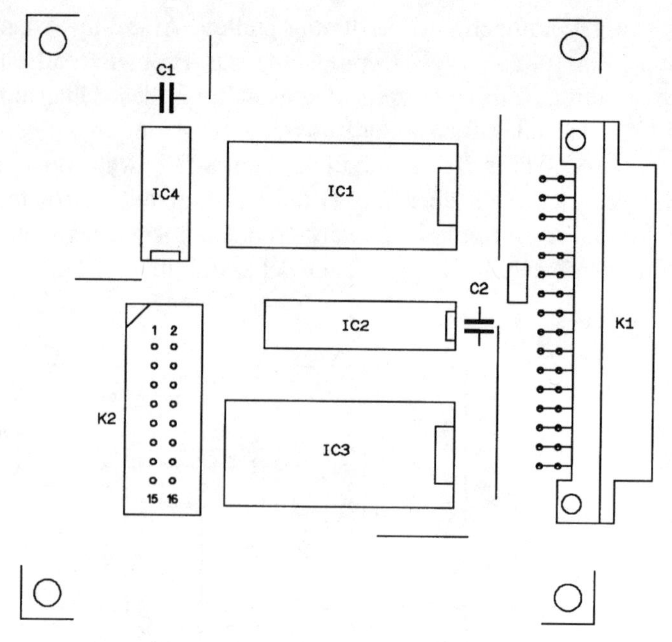

Abb. 2.28: Bestückungsplan des Zählermoduls

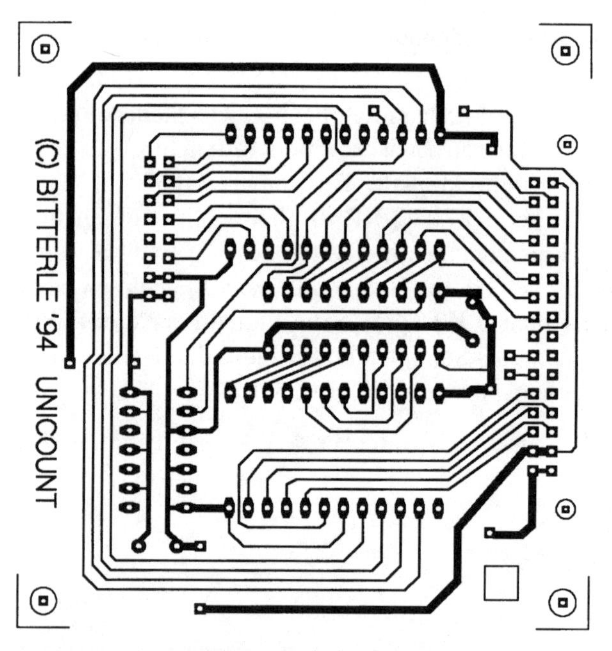

Abb. 2.29: Platinenvorlage des Zählermoduls

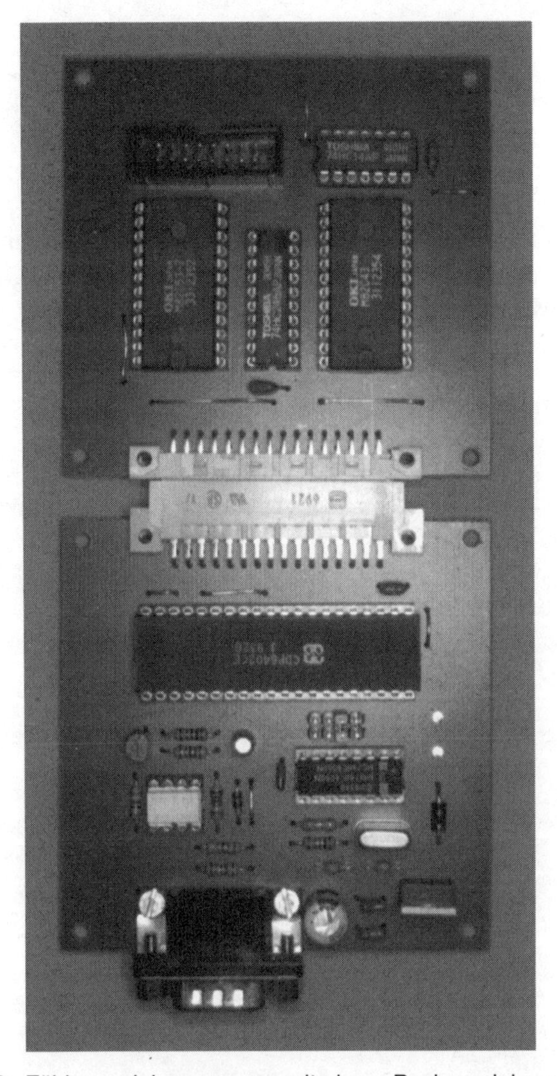

Abb. 2.30: Zählermodul zusammen mit einem Basismodul aus Kapitel 1

Stecker
K1 = 32-polige Federleiste
K2 = 16-polige Buchsenleiste

Sonstiges
Platine „UNICOUNT“ (Bezugsquelle im Anhang)

Software

Die Software zur Ansteuerung der drei Zähler des 8253 ist mit dem Zählermodul aufwendiger zu realisieren als beim Zählerinterface am PC-Slot. Was bei einer Einsteckkarte durch einen Befehl bewirkt wird, muß hier Schritt für Schritt programmiert werden. Das nachfolgende Programm erlaubt, alle drei Zähler in verschiedenen Betriebsmodi mit Startwerten zu laden und zeigt die aktuellen Zählerstände auf dem Bildschirm an. Da das Programm ausführlich dokumentiert ist, wird an dieser Stelle auf eine Beschreibung verzichtet.

```
'==============================================================
'                                                             '
' Programm:  UNICTLPT                                         '
'                                                             '
' Funktion: Mit diesem Programm lassen sich über die          '
'           Druckerschnittstelle drei 16 Bit Abwärtszähler    '
'           ansprechen. Daraus ergeben sich Anwendungen als:'
'           Impulszähler, Frequenzzähler, Programmierbarer    '
'           Impulsgeber, Programmierbare Schaltuhr u.s.w.     '
'                                                             '
' Hardware: Es ist ein Basismodul aus Kapitel 1 sowie das     '
'           Universelle Zähler - Modul erforderlich.          '
'                                                             '
'==============================================================

DECLARE SUB OUT.PORT4.8243 (nibbel)
DECLARE SUB BYTE.TO.8253 (BYTE)
DECLARE SUB WRITE.DATA.TO.8253 (Zaehlernummer, MODUS, start-
wert)
DECLARE SUB READ.DATA.FROM.8253 (Zaehlernummer, Zaehlerstand)
DECLARE SUB lese.lpt (inbyte)

DIM SHARED outbyte, datreg, statreg, steureg
   '
   '----------- Initialisierung ---------------------------
   '
   basadr = &H378
   datreg = basadr          'Datenregister
   statreg = basadr + 1     'Statusregister
   steureg = basadr + 2     'Steuerregister
   '
   outbyte = 255

   COLOR 0, 15
   CLS
   a$ = „T E S T S O F T W A R E  F Ü R  Z Ä H L E R M O D U L"
   a = LEN(a$): b = (80 - a) / 2 - 1
   LOCATE 1, b: PRINT CHR$(201); STRING$
   (a + 2, CHR$(205)); CHR$(187)
   LOCATE 2, b: PRINT CHR$(186)
```

```
LOCATE 2, b + 2: PRINT a$
LOCATE 2, a + b + 3: PRINT CHR$(186)
LOCATE 3, b: PRINT CHR$(200); STRING$
(a + 2, CHR$(205)); CHR$(188)
PRINT
'
'-- Hier können Modus und Startwert eingegeben werden ---
'
mod0 = 2                ' Modus Zähler 0
mod1 = 2                ' Modus Zähler 1
mod2 = 2                ' Modus Zähler 2
start0 = 20000          ' Startwert Zähler 0
start1 = 45000          ' Startwert Zähler 1
start2 = 30000          ' Startwert Zähler 2
'
'---------- Die Modi und Startwerte werden gesendet ----
'
CALL WRITE.DATA.TO.8253(0, mod0, start0)
CALL WRITE.DATA.TO.8253(1, mod1, start1)
CALL WRITE.DATA.TO.8253(2, mod2, start2)
'
'------- Low-Impuls mit Datenleitung D2 erzeugen !!! ----
'    (kann für die Anwendungen des 8253 gebraucht werden)
'
outbyte = outbyte AND (255 - 2)
OUT datreg, outbyte
outbyte = outbyte OR 2
OUT datreg, outbyte
'
'----------- Einlese-Schleife -------------------------
'
DO
CALL READ.DATA.FROM.8253(0, stand0)
CALL READ.DATA.FROM.8253(1, stand1)
CALL READ.DATA.FROM.8253(2, stand2)

Impulse& = (start0 - stand0) + start0 * (start1 - stand1)
'
'---------- Ausgabe auf dem Bildschirm -----------------
'
LOCATE 5, 20: PRINT „ZÄHLER 0"
LOCATE 5, 40: PRINT „ZÄHLER 1"
LOCATE 5, 60: PRINT „ZÄHLER 2"
LOCATE 7, 1: PRINT „MODUS:"
LOCATE 7, 20: PRINT mod0
LOCATE 7, 40: PRINT mod1
LOCATE 7, 60: PRINT mod2
LOCATE 9, 1: PRINT „STARTWERT:"
LOCATE 9, 20: PRINT start0
LOCATE 9, 40: PRINT start1
LOCATE 9, 60: PRINT start2
LOCATE 11, 1: PRINT „ZÄHLERSTAND:"
LOCATE 11, 20: PRINT stand0
```

```
    LOCATE 11, 40: PRINT stand1
    LOCATE 11, 60: PRINT stand2
    LOCATE 15, 1: PRINT „BERECHNUNG:"
    LOCATE 15, 20: PRINT Impulse&
    LOCATE 20, 1: PRINT „Abbrechen: ESC"
    '
    '------------ Abbruchmöglichkeit mit ESCAPE-Taste ------
    '
    IF INKEY$ = CHR$(27) THEN EXIT DO

    LOOP
    CLOSE 1
        END

SUB BYTE.TO.8253 (BYTE)
'============================================================
'                                                           '
' Unterprogramm: byte.to.8253                               '
'                                                           '
' Funktion: Das Programm steuert die Leitungen              '
'           des 8243 so an, daß über die Ports 6 und 7 ein  '
'           Datenbyte ausgegeben wird. Dieses Byte gelangt  '
'           an die Datenleitungen D0 bis D7 des             '
'           Zählerbausteins 8253.                           '
'                                                           '
'============================================================

    nibbel.low = BYTE AND &HF
    nibbel.high = (BYTE AND &HF0) / 16

    '-------- AUSGABE VON NIBBEL.LOW über Port 7) -----------
    Port = 7
    '
    '-------------  STEUERWORT AUSGEBEN ---------------------
    '
    outbyte = (outbyte AND (&HF)) + Port * 16
    OUT datreg, outbyte
    '
    '------ROGRAMMIERE STEUERWORT: PROG VON HIGH NACH LOW ----
    '
    outbyte = outbyte AND (255 - 8)
    OUT datreg, outbyte
    '
    '---- Auszugebende Datennibbel (4 BIT) anlegen ----------
    outbyte = (outbyte AND &HF) + nibbel.low * 16
    OUT datreg, outbyte
    '
    '---------- PROG WIEDER AUF HIGH ------------------------
    '
    outbyte = outbyte OR 8
    OUT datreg, outbyte

    '------ AUSGABE VON NIBBEL.HIGH über Port 6) ------------
```

```
    Port = 6
    '
    '---------- STEUERWORT AUSGEBEN -----------------------
    '
    outbyte = (outbyte AND (&HF)) + Port * 16
    OUT datreg, outbyte
    '
    '--- PROGRAMMIERE STEUERWORT: PROG VON HIGH NACH LOW ----
    '
    outbyte = outbyte AND (255 - 8)
    OUT datreg, outbyte
    '
    '-- Auszugebende Datennibbel (4 BIT) anlegen -----------
    outbyte = (outbyte AND &HF) + nibbel.high * 16
    OUT datreg, outbyte
    '
    '---------- PROG WIEDER AUF HIGH -----------------------
    '
    outbyte = outbyte OR 8
    OUT datreg, outbyte

END SUB

SUB lese.lpt (inbyte)
'============================================================
'                                                           '
' Unterprogramm: lese.lpt                                   '
'                                                           '
' Funktion: Dieses Unterprogramm liest über die Drucker-    '
'           schnittstelle ein Byte ein. Das Ergebnis steht  '
'           in der Variablen inbyte.                        '
'                                                           '
'============================================================
    '
    '---------------- Daten einlesen -----------------------
    '
    OUT steureg, 0          'init=0
    inbyte1 = INP(statreg)  'einlesen von D0, D1, D2, und D3
    OUT steureg, 4          'init=1
    inbyte2 = INP(statreg)  'einlesen von D4, D5, D6, und D7
    '
    '-------- Ordnen der eingelesenen Datenbits ------------
    '
    'inbyte1:      Statusregister Bit 4 (SLCT)    ist D0
    '              Statusregister Bit 5 (PE)      ist D1
    '              Statusregister Bit 6 (ACK)     ist D2
    '              Statusregister Bit 5 (BUSY)    ist /D3
    'inbyte2:      Statusregister Bit 4 (SLCT)    ist D4
    '              Statusregister Bit 7 (PE)      ist D5
    '              Statusregister Bit 6 (ACK)     ist D6
    '              Statusregister Bit 5 (BUSY)    ist /D7
    '
    inbyte = (((inbyte1 XOR 128) AND &HF0) / 16) +
```

```
    ((inbyte2 XOR 128) AND &HF0)

END SUB

SUB OUT.PORT4.8243 (nibbel)
'============================================================
'                                                           '
' Unterprogramm: out.port4.8243                             '
'                                                           '
' Funktion:   Das Programm steuert die Leitungen            '
'             des 8243 so an, daß über den Port 4 ein Daten- '
'             nibbel (4 Bit) ausgegeben wird. Dieses        '
'             Datenbits steuern die Steuerleitungen des     '
'             8253 wie folgt an:                            '
'             P43 --> A1   P42 --> A0                       '
'             P41 --> /RD     P40 --> /WR                   '
'                                                           '
'============================================================

   '------------ AUSGABE VON NIBBEL über Port 4 -----------
   Port = 4
   '
   '-----------  STEUERWORT AUSGEBEN ----------------------
   '
   outbyte = (outbyte AND (&HF)) + Port * 16
   OUT datreg, outbyte
   '
   '--- PROGRAMMIERE STEUERWORT: PROG VON HIGH NACH LOW ----
   '
   outbyte = outbyte AND (255 - 8)
   OUT datreg, outbyte
   '
   '----- Auszugebende Datennibbel (4 BIT) anlegen ---------
   outbyte = (outbyte AND &HF) + nibbel * 16
   OUT datreg, outbyte
   '
   '------------- PROG WIEDER AUF HIGH --------------------
   '
   outbyte = outbyte OR 8
   OUT datreg, outbyte

END SUB

SUB READ.DATA.FROM.8253 (Zaehlernummer, Zaehlerstand)
'============================================================
'                                                           '
' Unterprogramm: READ.DATA.FROM.8253                        '
'                                                           '
' Funktion: Das Programm steuert über den 8243 den          '
'           Zählerbaustein 8253 so an, daß der Zählerstand  '
'           als Ergebnis zurückgemeldet wird.               '
'                                                           '
'============================================================
```

```
'---- ADRESSE (A1=1 und A0=1) ANLEGEN FÜR STEUERWORT -----
'D6 -->A0 und  D7--> A1
' gleichzeitig müssen /RD und /WR auf High liegen
'
nibbel = 15
CALL OUT.PORT4.8243(nibbel)
'
'------------- BILDUNG DES STEUERWORTES ----------------
'
'64 ENTSPRICHT : DATEN LATCHEN
steuerwort.8253 = 64 * Zaehlernummer
'
'------------- STEUERWORT AN 8253 SENDEN ---------------
'
CALL BYTE.TO.8253(steuerwort.8253)
'
'----------- WRITE-SIGNAL /WR ERZEUGEN: LOW...HIGH ------
'
nibbel = nibbel AND &HE
CALL OUT.PORT4.8243(nibbel)
nibbel = nibbel OR &H1
CALL OUT.PORT4.8243(nibbel)
'
'------------ ADRESSE ANLEGEN FüR ZÄHLERNUMMER ---------
'
'D6 ENTSPRICHT DEM ADRESSENBIT A0
'D7 ENTSPRICHT DEM ADRESSENBIT A1
nibbel = (nibbel AND &H3) + 4 * Zaehlernummer
CALL OUT.PORT4.8243(nibbel)
'
'---------- READ-SIGNAL /RD ERZEUGEN: LOW...HIGH  -------
'
nibbel = nibbel AND &HD
CALL OUT.PORT4.8243(nibbel)
'
'---------- DATEN EINLESEN------------------------------
'
CALL lese.lpt(byte.low)

nibbel = nibbel OR &H2  'read-Signal wieder auf High
CALL OUT.PORT4.8243(nibbel)
'
'---------- READ-SIGNAL /RD ERZEUGEN: LOW...HIGH  -------
'
nibbel = nibbel AND &HD
CALL OUT.PORT4.8243(nibbel)
'
'---------- DATEN EINLESEN -----------------------------
'
CALL lese.lpt(byte.high)

nibbel = nibbel OR &H2  'read-Signal wieder auf High
```

```
    CALL OUT.PORT4.8243(nibbel)
    '
    Zaehlerstand = (byte.low + 256 * byte.high)

END SUB

SUB WRITE.DATA.TO.8253 (Zaehlernummer, MODUS, startwert)
'=============================================================
'                                                            '
' Unterprogramm: WRITE.DATA.TO.8253                          '
'                                                            '
' Funktion: Das Programm steuert über den 8243 den           '
'           Zählerbaustein 8253 so an, daß Zählernummer,     '
'           Modus und Startwert an den 8253 gesendet werden.'
'                                                            '
'=============================================================
    '
    '---- ADRESSE (A1=1 und A0=1) ANLEGEN FÜR STEUERWORT ----
    '
    'D6 ENTSPRICHT DEM ADRESSENBIT A0
    'D7 ENTSPRICHT DEM ADRESSENBIT A1
    nibbel = 15
    CALL OUT.PORT4.8243(nibbel)
    '
    '----------- BILDUNG DES STEUERWORTES ------------------
    '
    '48 ENTSPRICHT : ZUERST LSB DANN MSB
    '0  ENTSPRICHT : DUALES Z-HLEN
    steuerwort.8253 = 64 * Zaehlernummer + 48 + 2 * MODUS + 0
    '
    '------------ STEUERWORT AN 8253 SENDEN ----------------
    '
    CALL BYTE.TO.8253(steuerwort.8253)
    '
    '--------- WRITE-SIGNAL /WR ERZEUGEN: LOW...HIGH -------
    '
    nibbel = nibbel AND &HE
    CALL OUT.PORT4.8243(nibbel)
    nibbel = nibbel OR &H1
    CALL OUT.PORT4.8243(nibbel)
    '
    '----------- ADRESSE ANLEGEN FüR ZÄHLERNUMMER -----------
    '
    'D6 ENTSPRICHT DEM ADRESSENBIT A0
    'D7 ENTSPRICHT DEM ADRESSENBIT A1
    nibbel = (nibbel AND 3) + 4 * Zaehlernummer
    CALL OUT.PORT4.8243(nibbel)
    '
    '------- DATENWORT (16 BIT) AN DEN 8253 SENDEN ----------
    '          BEACHTE: TEILUNG IN LOWBYTE UND HIGHBYTE
    '
    low.byte = startwert MOD 256
    high.byte = INT(startwert / 256)
```

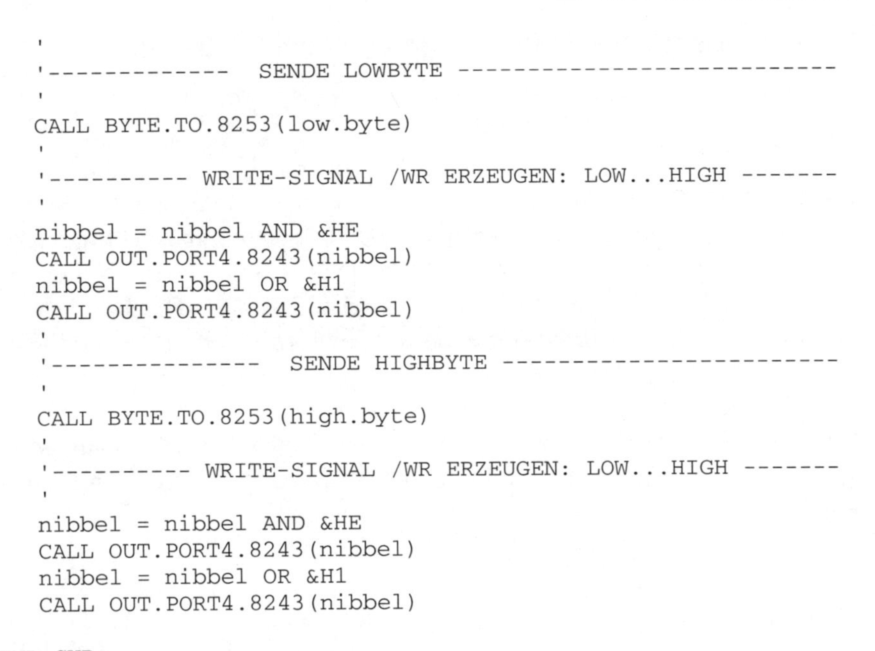

```
'
'------------- SENDE LOWBYTE --------------------------
'
CALL BYTE.TO.8253(low.byte)
'
'---------- WRITE-SIGNAL /WR ERZEUGEN: LOW...HIGH -------
'
nibbel = nibbel AND &HE
CALL OUT.PORT4.8243(nibbel)
nibbel = nibbel OR &H1
CALL OUT.PORT4.8243(nibbel)
'
'--------------- SENDE HIGHBYTE -----------------------
'
CALL BYTE.TO.8253(high.byte)
'
'---------- WRITE-SIGNAL /WR ERZEUGEN: LOW...HIGH -------
'
nibbel = nibbel AND &HE
CALL OUT.PORT4.8243(nibbel)
nibbel = nibbel OR &H1
CALL OUT.PORT4.8243(nibbel)

END SUB
```

Abb. 2.31 zeigt den Bildschirmaufbau nach Start des Programms

T E S T S O F T W A R E   F Ü R   Z Ä H L E R M O D U L

	ZÄHLER 0	ZÄHLER 1	ZÄHLER 2
MODUS:	3	1	2
STARTWERT:	65000	32500	30000
ZÄHLERSTAND:	36469	55035	1150
BERECHNUNG:	28531		

Abbrechen: ESC

Abb. 2.31: Bildschirmaufbau des Programms UNICTLPT.BAS

2.6.4 Anwendungen des Zählerbausteins 8253

2.6.4.1 16-Bit-Impulszähler

Die erste Anwendung mit dem Zählerbaustein 8253 ist ein einfacher Impulszähler. Dieser soll die am CLOCK-Eingang einlaufenden Signalflanken zählen. Die maximale Frequenz des Eingangssignals beträgt dabei je nach verwendeten Typ bis zu 10 MHz. Da der 8253 16-Bit-Zähler enthält, läßt sich mit einem Zähler nur bis 65.535 zählen. Die Beschaltung eines solchen Zählers in Betriebsmodus 2 zeigt *Abb. 2.32*. Der GATE-Eingang ist auf High-Pegel zu legen. Das am CLOCK-Eingang anliegende Signal verringert mit jeder negativen Flanke den Zählerstand. Der Startwert bestimmt gleichzeitig den maximalen Zählerstand. Deshalb ist es sinnvoll, als Startwert den größtmöglichen Wert 65.535 zu wählen. Die Anzahl der Impulse läßt sich wie folgt berechnen:

Impulse = Startwert – Zählerstand

Hinweis: Nach Laden des Zählers mit dem Startwert bewirkt die erste negative Flanke am CLOCK-Eingang noch keine Zählung, sondern führt lediglich dazu, daß der Startwert als aktueller Zählerstand übernommen wird. Der erste Impuls setzt also Impulse auf 0.

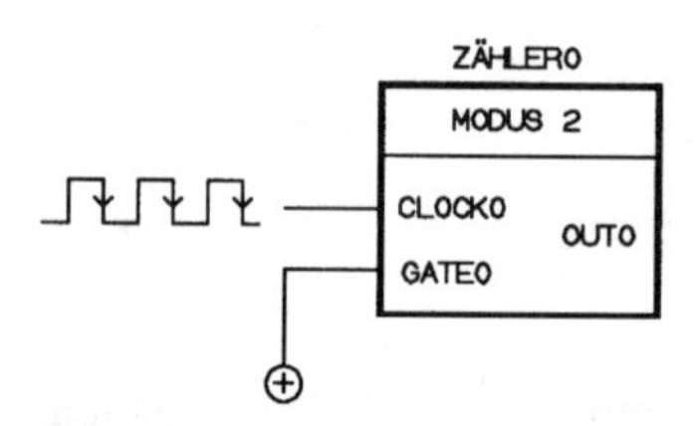

Abb. 2.32: 16-Bit-Impulszähler

Die Programmierung als 16-Bit-Impulszähler ist schrittweise durchzuführen. Zuerst muß das Steuerwort, dann der Startwert in den Zähler eingeschrieben werden. Nach der Zwischenspeicherung des Zählerstandes kann dieser ganz in Ruhe ausgelesen werden.

2.6.4.2 32-Bit-Impulszähler

Durch Kaskadierung zweier 16-Bit-Zähler erhält man einen 32-Bit-Zähler, der in der Lage ist, über 4,29 Milliarden Impulse zu zählen. *Abb. 2.33* zeigt die Beschaltung der beiden Zähler. Beide arbeiten im Betriebsmodus 2. Beim Überlauf des Zähler 0 (Low/High-Übergang des Ausgangssignals OUT) erhält der Zähler 1 über das Nand-Gatter einen Zählimpuls.

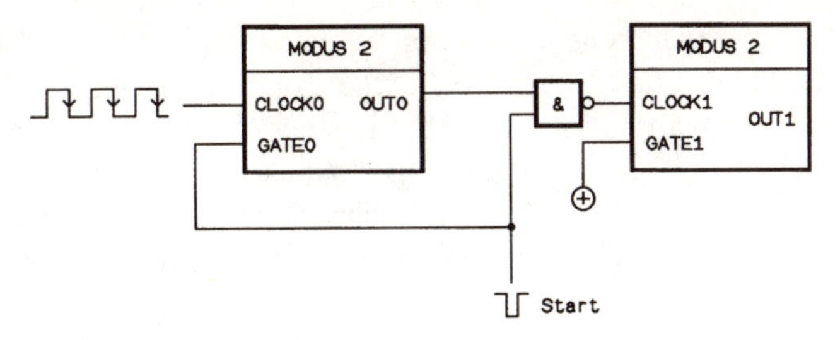

Abb. 2.33: 32-Bit-Impulszähler

Die Messung muß mit einem Startimpuls freigegeben werden. Mit dem Startimpuls erhält der Zähler 1 am CLOCK-Eingang eine negative Signalflanke, die den Startwert als aktuellen Zählerstand übernimmt. Erst jetzt ist der Zähler vollständig initialisiert. Für die Berechnung der aufgelaufenen Impulse gilt folgende Formel:

Impulse = (start0 – stand0) + start0 · (start1 – stand1)

Hinweis:	Im folgenden ist... startX der Startwert des Zähler X und standX der Zählerstand des Zähler X

2.6.4.3 16-Bit-Frequenzzähler

Das Meßverfahren zur Frequenzmessung besteht darin, für eine genau definierte Torzeit T die Impulse des Eingangssignals zu zählen. Die Torzeit kann in Betriebsmodus 1 realisiert werden. Hier bleibt das Ausgangssignal für n Taktzyklen (n=Startwert) auf Low-Pegel. Führt man dieses Signal über einen Inverter an den GATE-Eingang eines weiteren Zählers, der im Betriebsmodus 2 arbeitet, so zählt dieser die Eingangsimpulse für die Dauer T. *Abb. 2.34* zeigt die Beschaltung des 8253 für einen 16-Bit-Frequenzzähler.

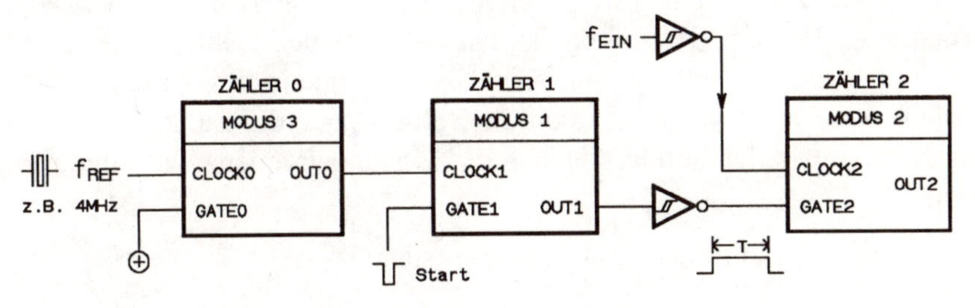

Abb. 2.34: 16-Bit-Frequenzzähler

Zähler 0 teilt die quarzgenaue Referenzfrequenz von 4 MHz auf kleinere Werte. Mit Zähler 1 lassen sich beliebige Torzeiten erzeugen. Dazu ist allerdings ein Startimpuls am GATE-Eingang erforderlich, der mit der positiven Flanke die Torzeit startet. Nach Ablauf der Torzeit ändert sich der Zählerstand des Zählers 2 nicht mehr. Daraufhin kann der Zählerstand ausgelesen und die Frequenz mit folgender Formel berechnet werden:

$$f_{EIN} = \frac{(\text{start2}) - \text{stand2}) \cdot f_{REF}}{\text{start0} \cdot \text{start1}}$$

Zahlenbeispiele: $f_{REF} = 4$ MHz

start0	start1	Torzeit T	start2	stand2	f_{EIN}
4000	1000	1s	65535	10000	55535
40	1000	0.1s	60000	20000	400.00 KHz
4	1000	0.01s	65000	15000	5 MHz
4000	10000	10s	65535	5535	6000.0 Hz

2.6.4.4 7-stelliger Frequenzzähler

Der nachfolgend beschriebene Frequenzzähler mißt Frequenzen bis zu 10 MHz. Höhere Frequenzen lassen sich durch Vorschaltung entsprechender Teiler realisieren. Die Anzeige ist aber auf sieben Stellen begrenzt. Die Schaltung in *Abb. 2.35* besteht im wesentlichen aus zwei Teilen. Zum einen erfordert eine Frequenzmessung eine hochgenaue Torzeit. Diese wird durch Zähler 0 in Betriebsmodus 1 erreicht. Zum anderen ist ein Zähler erforderlich, der in 1 Sekunde mindestens 10 Millionen Impulse zählen kann (fEIN=10 MHz). Dazu sind zwei 16-Bit-Zähler in Reihe zu schalten. Für den Start der Messung ist ein Low-Impuls erforderlich, der über den GATE-Eingang des Zähler 0 die Torzeit startet. Darüber hinaus taktet er über das Nand-Gatter den Zähler 2, wodurch dieser den Startwert als Zählerstand übernimmt. Die Eingangsfrequenz gelangt an den Takteingang des Zähler 1. Dieser erzeugt bei jedem Überlauf ein Low-High-Übergang, der wiederum über das Nand-Gatter den Zähler 2 taktet. Mit anderen Worten, Zähler 2 zählt die Überlaufsignale des Zähler 1. Nach Ablauf der Torzeit verändern sich die Zählerstände der Zähler 1 und Zähler 2 nicht mehr. Daraufhin läßt sich die Eingangsfrequenz wie folgt ermitteln:

$$f_{EIN} = \frac{(\text{start1} - \text{stand1}) + \text{start1} \cdot (\text{start2} - \text{stand2}) \cdot f_{REF}}{\text{start0}}$$

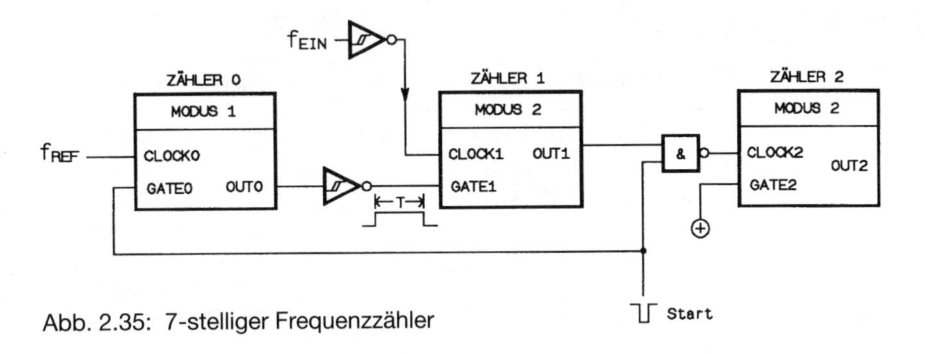

Abb. 2.35: 7-stelliger Frequenzzähler

2.6.4.5 Hochgenauer Frequenzzähler für kleine Frequenzen (< 1 KHz)

Der Frequenzzähler in Kapitel 2.6.4.4 weist einen Nachteil auf, der im Verfahren der Frequenzmessung begründet ist. Der Frequenzzähler zählt für die Dauer einer genau definierten Torzeit die Impulse. Beträgt die Torzeit beispielsweise 1s, so entsprechen die gezählten Impulse der Frequenz des Eingangsignals. Läßt man beim Zählen der Impulse einen Fehler von ±1 Impuls zu, so entspricht das bei einer Torzeit von einer Sekunde einer Genauigkeit von ±1Hz. Mit anderen Worten, eine Frequenz mit f=100Hz läßt sich mit ± 1Hz Genauigkeit messen, der Fehler beträgt 1 %. Eine Frequenz von 10Hz läßt sich nur noch mit einer Genauigkeit von 10% messen. Eine Möglichkeit, diesen Nachteil aus dem Weg zu räumen, besteht darin, die Torzeit zu verlängern. Dies bedeutet aber, daß man unter Umständen 10 Sekunden oder 100 Sekunden warten muß, ehe man ein Meßergebnis bekommt. Einen Ausweg schafft nur ein anderes Meßverfahren: die Periodendauermessung. Bei diesem Meßverfahren werden für die Dauer von einer Taktperiode des Eingangsignals Impulse mit einer hohen Frequenz gezählt. Um noch einmal das letzte Beispiel aufzugreifen: zählt man bei einer Eingangsfrequenz von 10 Hz für eine Periodendauer (T=0,1s) Impulse mit einer Frequenz von 4 MHz, so erhält man als Zählergebnis 400.000. Daraus läßt sich die Eingangsfrequenz wie folgt berechnen:

$f_{EIN} = f_{REF}$ / Zählergebnis = 10,0000 Hz. Die Ungenauigkeit des Meßergebnisses beträgt jetzt lediglich ± 0,000025 Hz. Läßt man beim Zählen der Impulse ein Fehler von ± 1 Impuls zu, so kann man die Ungenauigkeit der Periodendauermessung wie folgt berechnen:

$$\text{Ungenauigkeit} = \frac{f_{REF}}{(\text{Zählergebnis})^2}$$

Zahlenbeispiel:

f_{REF}	Zählergebnis	f_{EIN}	Ungenauigkeit
4 MHz	500	8000 Hz	16 Hz
4 MHz	5000	800 Hz	0,16 Hz
4 MHz	50.000	80 Hz	0,0016 Hz
4 MHz	500.000	8 Hz	0,000016 Hz

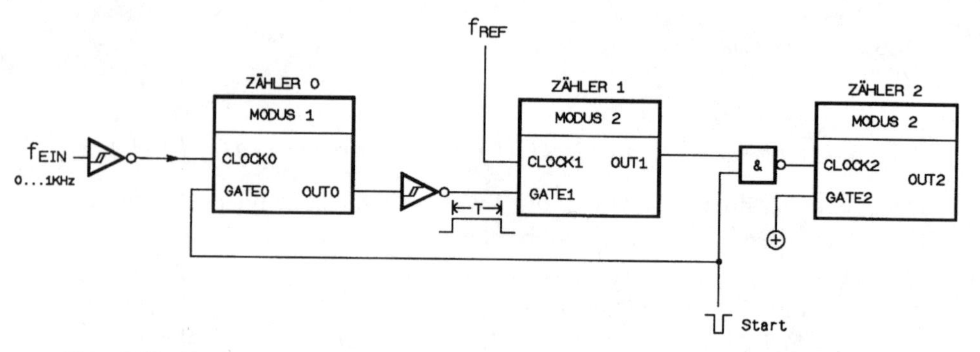

Abb. 2.36: Hochgenauer Frequenzzähler für kleine Frequenzen < 1 KHz

Abb. 2.36 zeigt den Schaltplan des Frequenzzählers nach der Periodendauermessung. Bei näherem Betrachten fällt auf, daß die Schaltung mit dem Frequenzzähler in Kapitel 2.6.4.4 praktisch identisch ist. Es wurden lediglich die Anschlüsse f_{EIN} und f_{REF} miteinander vertauscht.

Nach Ablauf der Torzeit T gilt für die Berechnung der Eingangsfrequenz folgende Formel:

$$f_{EIN} = \frac{\text{start0} \cdot f_{REF}}{(\text{start1} - \text{stand1}) + \text{start1} \cdot (\text{start2} - \text{stand2})}$$

Bei der Programmierung muß einem Punkt besondere Beachtung geschenkt werden. Es kann nämlich durchaus vorkommen, daß bei unachtsamer Programmierung eine Division durch Null auftreten kann, die unter allen Umständen vermieden werden muß. Dazu sind folgende Überlegungen notwendig: Was passiert, nachdem der Zähler richtig konfiguriert wurde und der Startimpuls die Frequenzmessung startet? Die erste fallende Taktflanke des zu messenden Eingangssignals setzt den Ausgang OUT0 auf Low, wodurch GATE1 High-Pegel erhält und die Zählung beginnt. Diese erste fallende Taktflanke muß auf jeden Fall abgewartet werden, bevor die Formel zur Berechnung von f_{EIN} herangezogen wird. Vorher ändert sich kein Zählerstand, wodurch im Nenner die Null verursacht wird.

2.6.4.6 Gitarrenstimmgerät

Das im vorigen Kapitel erläuterte Verfahren zur Frequenzmessung läßt sich zum hochgenauen Stimmen von Saiteninstrumenten heranziehen. Für ein vollständiges Stimmgerät fehlt lediglich die Signalaufbereitung. *Abb. 2.37* zeigt die Schaltung eines Gitarrenstimmgerätes unter Verwendung zweier Zähler im 8253. Zähler 0 erzeugt die Torzeit T, für deren Dauer der Zähler 1 die Impulse der Referenzfrequenz zählt. Da die Torzeit T sehr kurz ist, lassen sich auf diese Weise 10 bis 100 Messungen pro Sekunde durchführen.

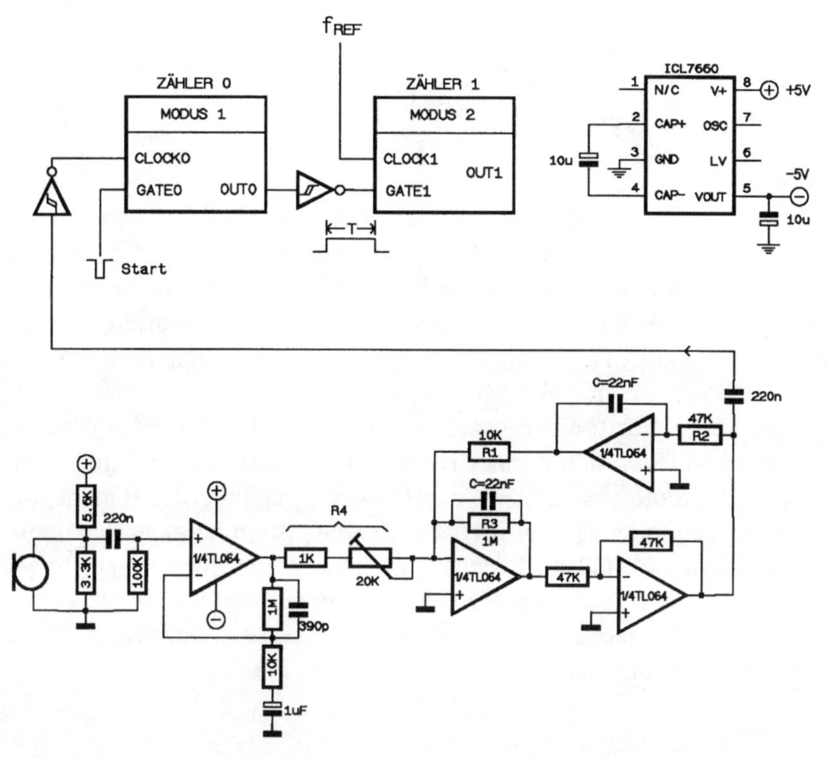

Abb. 2.37: Gitarrenstimmgerät mit dem 8253

Die Signalaufbereitung erfolgt durch einen Vorverstärker und einen biquadratischen Bandpaßfilter. Das Filter hat die Aufgabe, aus der Summe von Obertönen die richtige Frequenz herauszufiltern und das Signal gleichzeitig zu verstärken. Das Signal des Mikrofons gelangt an den ersten Operationsverstärkers vom Typ TL064, der hier als Wechselspannungsverstärker mit dem Verstärkungsfaktor von ca. 100 arbeitet. Das Ausgangssignal gelangt auf das biquadratische Bandpaßfilter, das sich aus den restlichen drei Operationsverstärkern mit Widerständen und Kondensatoren zusammensetzt. Die Verstärkung bei der Mittenfrequenz läßt sich lediglich durch Variieren von R4 einstellen. Für die Dimensionierung der Widerstände und Kondensatoren lassen sich folgende Formeln anwenden:

Mittenfrequenz $$f_0 = \frac{1}{2 \cdot \pi \cdot C \cdot \sqrt{R1 \cdot R2}}$$

Verstärkung bei f_o $$v = \frac{R3}{R4}$$

Bandbreite $$B = \frac{1}{2 \cdot \pi \cdot C\, R3}$$

Güte $$Q = \frac{R3}{R1}$$

Mit den in Abb. 2.37 verwendeten Bauteilen ergibt sich eine Mittenfrequenz von 333 Hz und eine Bandbreite von 7 Hz. Mit dieser Einstellung lassen sich die E, H und e-Saite der insgesamt sechs Gitarrensaiten stimmen, ohne eine Umschaltung der frequenzbestimmenden Widerstände R1 und R2 vorzunehmen. Dies rührt daher, daß bei der tiefen E-Saite ($f = 82{,}4$ Hz) der vierte Oberton herausgefiltert wird ($f = 4 \cdot 82{,}4$ Hz $= 329{,}6$ Hz). Genauso verhält es sich mit der H-Saite ($f = 110$ Hz). Hier wird der dritte Oberton der Saite ($f = 330$ Hz) durch die Verwendung des Bandpaßfilters durchgelassen, alle anderen Frequenzen werden um so mehr gedämpft, je weiter sie von f_0 entfernt liegen. Die dünne e-Saite weist eine Frequenz von 329,6 Hz auf. Auch dieses Signal gelangt gefiltert und verstärkt an den Eingang des Frequenzzählers. Die Frequenz einer Gitarrensaite läßt sich dann wie folgt berechnen:

$$f = \frac{f_{REF} \cdot \text{start0}}{(\text{start1} - \text{stand1})}$$

2.6.4.7 Programmierbarer Impulsgeber

Mit den drei Zählern im 8253 ist es möglich, hochgenaue Impulszeiten von einigen Mikrosekunden bis zu einigen Stunden zu erzeugen. *Abb. 2.38* zeigt die Beschaltung der drei Zähler. Zähler 0 und Zähler 1 arbeiten als Rechteckgenerator mit einstellbarem Teilerfaktor und Zähler 2 als programmierbares Monoflop. Die Arbeitsweise läßt sich sehr einfach beschreiben. Nach dem Startimpuls an GATE2 erzeugt der Zähler 2 mit der ersten fallenden Flanke an CLOCK2 für die Dauer von n-Taktperioden (n=Startwertzähler 2) ein Low-Signal am Ausgang OUT2. Die Impulszeit T läßt sich wie folgt berechnen:

$$T = \frac{start0 \cdot start1 \cdot start2}{f_{REF}}$$

Zahlenbeispiel: f_{REF}=4MHz

start0	start1	start2	T
2	2	10	10 µs
4	100	10000	1 s
4	600	60000	1 min

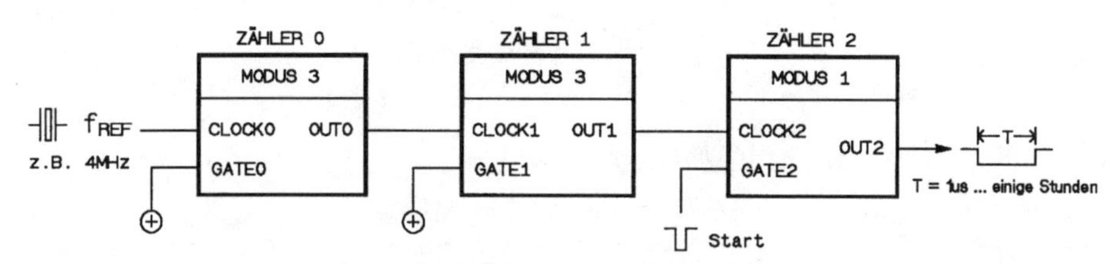

Abb. 2.38: Programmierbarer Impulsgeber

Bei der praktischen Anwendung ist folgendes zu beachten. Der Startimpuls allein genügt nicht, die Impulszeit T zu starten. Erst die fallende Flanke des Signals an CLOCK2 führt dazu, daß der Ausgang OUT2 Low-Pegel annimmt.

2.6.4.8 Programmierbare Schaltuhr

Die programmierbare Schaltuhr in *Abb. 2.39* ermöglicht Verzögerungszeiten von einigen Mikrosekunden bis zu einem halben Jahr quarzgenau einzustellen. Falls ein Basismodul aus Kapitel 1 zusammen mit dem Zählermodul aus 2.6 eingesetzt wird, läßt sich nach der Programmierung des 8253 die Hardware vom PC abtrennen. Die Signalverarbeitung läuft vollständig auf der Hardware ab.

Kernstück der Schaltung bilden Zähler 1 und Zähler 2, die hier in Betriebsmodus 2 arbeiten und beim Zählerstand 1 ihren Ausgang auf Low schalten. Nach Start der Schaltuhr mit einem Low-Impuls wird das RS-Flipflop, bestehend aus den zwei Nand-Gattern, am R-Eingang getriggert, so daß der Ausgang Q zurückgesetzt wird. Nach Ablauf der Zeit T setzt der Low-

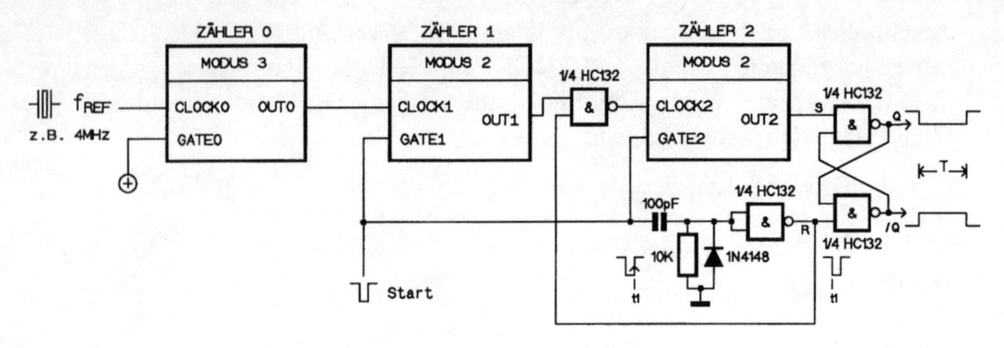

Abb. 2.39: Programmierbare Schaltuhr

Pegel an OUT2 den Ausgang Q des Flipflops wieder auf High-Pegel. Die Impulszeit T läßt sich wie folgt berechnen:

$$T = \frac{\text{start0} \cdot \text{start1} \cdot (\text{start2} - 1)}{f_{REF}}$$

Zahlenbeispiele: $f_{REF} = 4\text{MHz}$

start0	start1	start2	T
2	2	2	1 s
20	20	11	1 ms
4000	25	41	1 s
10000	240	101	1 min
60000	2400	101	1 Std
34560	10000	1001	1 Tag
34560	20000	1001	2 Tage
24192	50000	2001	1 Woche
34560	10000	30001	30 Tage

2.6.4.9 Reaktionstester

Abb. 2.40 zeigt die Beschaltung des 8253 als Reaktionstester. Aufgabe ist es hier, nach Aufleuchten der LED sofort den Taster zu drücken. Die Reaktionszeit kann dann vom PC berechnet und auf dem Bildschirm angezeigt werden. Zähler 0 arbeitet hier als programmierbarer Teiler, dessen Startwert 4.000 beträgt. Die Eingangsfrequenz an CLOCK1 und CLOCK2 weist damit 1.000 Hz auf. Der Ausgang OUT1 des Zähler 1 geht erst nach n-Taktzyklen auf Low-Pegel und triggert das RS-Flipflop. Der Ausgang Q wird High, worauf der Zähler 2 die Eingangsimpulse an CLOCK2 vom Startwert beginnend abwärts zählt. Gleichzeitig geht der Ausgang /Q des

RS-Flipflops auf Low, so daß die LED aufleuchtet. Das Betätigen des Tasters hat zur Folge, daß der Ausgang Q des Flipflops zurückgesetzt wird und der Zähler 2 nicht mehr weiter zählt. Die LED erlischt wieder. Die Reaktionszeit läßt sich dann nach folgender Formel ermitteln.

$$f_{REAKTION} = \frac{\text{start2} - \text{stand2}}{f_{REF} \cdot \text{start0}}$$

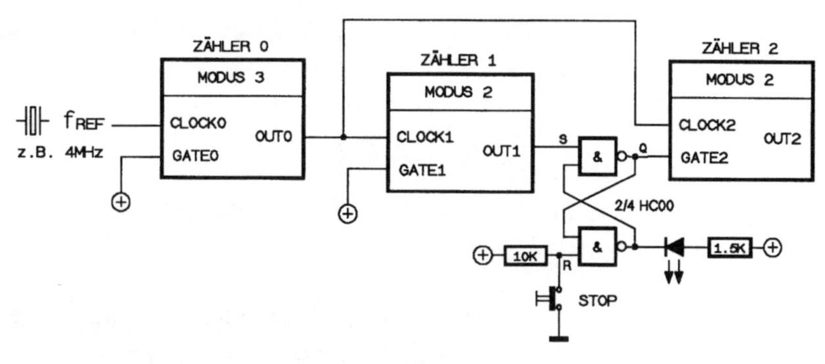

Abb. 2.40: Reaktionstester mit dem 8253

Der Startwert des Zähler 1 geht in die Berechnung der Reaktionszeit nicht mit ein. Er kann als Verzögerungsglied eingesetzt werden. Auf diese Weise wird beim Einschreiben der Startwerte in die Zähler erst nach Ablauf der Verzögerungszeit die LED aktiviert.

2.6.4.10 Kapazitätsmessung

Durch wenige, zusätzliche Bauteile läßt sich in Verbindung mit dem Zählerbaustein 8253 ein sehr genaues Kapazitätsmeßgerät aufbauen. *Abb. 2.41* zeigt die dazugehörige Schaltung. Neben dem 8253 findet der Timerbaustein TLC555 Anwendung, der hier als Monoflop arbeitet. Mit jedem negativen Triggerimpuls an Pin 2 des TLC555 geht der Ausgang OUT (Pin 3) für die Dauer von $T = 1{,}1 \cdot R \cdot C_x$ auf High-Pegel, das heißt, die Pulszeit ist lediglich durch einen Widerstand R und Kondensator C_x bestimmt. Bei bekanntem Widerstand und bekannter Pulszeit T läßt sich der Wert des Kondensators C_x berechnen. Die Pulszeit wird mit Hilfe zweier 16-Bit Zähler im 8253 ermittelt. Zähler 1 zählt in Betriebsmodus 2 für die Dauer T die Eingangsimpulse am CLOCK-Eingang. Da der Zähler 0 als programmierbarer Frequenzteiler (Betriebsmodus 3) konfiguriert ist, läßt sich damit die Frequenz des CLOCK1-Signals in weiten Grenzen softwaremäßig einstellen. Dies hat den entscheidenen Vorteil, daß zur Messung großer Kondensatoren eine Umschaltung des Widerstandes R auf kleinere Werte entfällt.

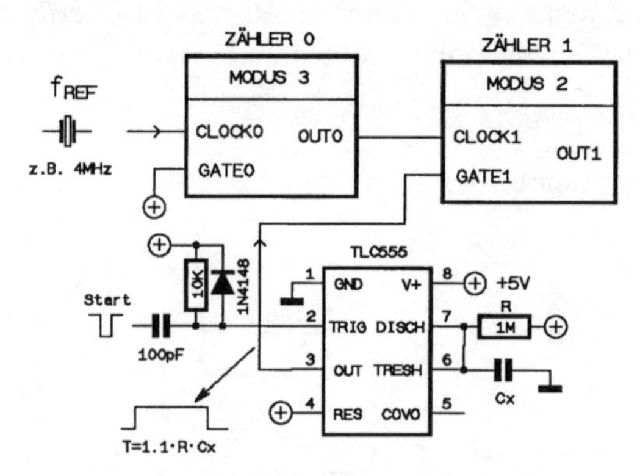

Abb. 2.41: Kapazitätsmessung mit dem 8253 und TLC555

Die Pulszeit T errechnet sich dann über die gezählten Impulse nach folgender Formel:

$$T = \frac{\text{Impulse}}{f_{\text{OUT}\,0}} = \frac{\text{start0} \cdot (\text{start1} - \text{stand1})}{f_{\text{REF}}}$$

... und damit der Wert von C_x:

$$C_x = \frac{\text{start0} \cdot (\text{start1} - \text{stand1})}{f_{\text{REF}} \cdot 1{,}1 \cdot R}$$

Zahlenbeispiele: f_{REF} = 4 MHz, R = 1MΩ

start0	start1	stand1	Cx
2	65000	64378	283 pF
2	65000	64870	59 pF
2	65000	3250	28 nF
20	65000	8910	255 nF
200	65000	15000	2,27 µF

2.6.4.11 Drehzahlsteuerung

Eine weitere, interessante Applikation des Zählerbausteins 8253 besteht in der Drehzahlsteuerung eines Gleichstrommotors. Die Anwendung beruht auf der Pulsweitenmodulation. Dabei wird ein Verbraucher immer nur kurze Zeit eingeschaltet. Durch Verändern des Puls/Pausenverhältnisses verändert sich auch die prozentuale Einschaltdauer und damit der Leistungswert am Gleichstrommotor. Auf diese Weise lassen sich nicht nur Motoren, sondern auch Leuchten oder Heizelemente ansteuern.

Die Schaltung des Pulsweitenmodulators zeigt *Abb. 2.42*. Man erkennt, daß neben den drei Zählern des 8253 lediglich eine Treiberstufe in Form eines Darlingtontransistors erforderlich ist. Bei High-Pegel am OUT2-Ausgang wird der Transistor leitend.

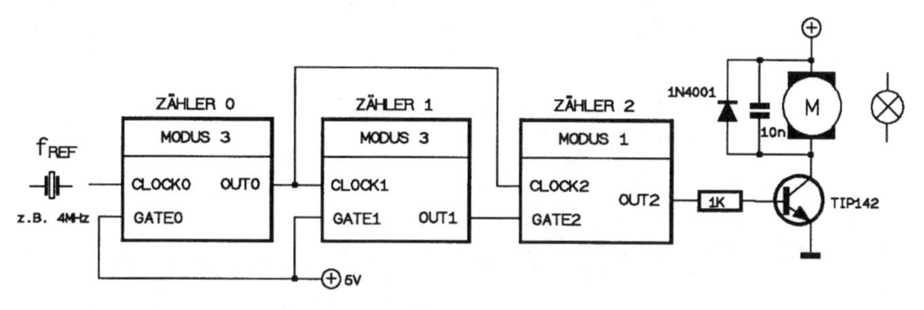

Abb. 2.42: Drehzahlsteuerung mit 8253

Der Zählerbaustein 8253 ist hier als Pulsweitenmodulator ausgelegt. Zähler 0 arbeitet in Betriebsmodus 3 als programmierbarer Frequenzteiler, dessen Ausgangssignal an die CLOCK-Signale der Zähler 1 und der Zähler 2 gelangt. Zähler 2 ist als programmierbares Monoflop konfiguriert. Mit jeder ansteigender Flanke am GATE2-Eingang wird der Startwert start2 in den Zähler 2 geladen und der Ausgang OUT2 geht für die Dauer von start2 Taktperioden des CLOCK2-Signals auf Low-Pegel.

Ein Zahlenbeispiel soll die Arbeitsweise verdeutlichen.

Die Frequenz des GATE2-Signals betrage 50 Hz und das Puls/Pausenverhältnis soll im Verhältnis 1:1000 veränderbar sein. Damit liegen die Startwerte für die Zähler fest. Der Startwert des Zählers 0 beträgt start0 = 80, der Startwert start1 des Zählers 1 beträgt 1000. Der Startwert start2 des Zähler 2 ist variabel zwischen 1 und 1000. Die Frequenz des CLOCK2-Signals errechnet sich zu 4 MHz : 80 = 50000 Hz was einer Periodendauer von 20µs entspricht. Wird der Zähler 2 mit dem Wert 15 geladen, passiert folgendes: Mit der ansteigenden Flanke des 50Hz-Signals am GATE2-Eingang geht der Ausgang OUT2 für die Dauer von 15 x 20 µs = 300 µs auf Low. Danach bleibt der Ausgang OUT2 auf High-Pegel bis eine neue positive Taktflanke des 50 Hz-Signals eintrifft. Die Dauer für den High-Pegel errechnet sich zu 20 ms – 300 µs =19,7 ms. Durch den Leistungstransistor, der hier als Inverter arbeitet, wird der Motor genau für diese Zeit eingeschaltet. Wird im Zähler 2 ein größerer Startwert geladen, so verlängert sich entsprechend die Low-Zeit des Ausgangssignals OUT2 und der Motor erhält im Mittel weniger Leistung und wird dadurch seine Drehzahl verringern.

Die prozentuale Einschaltdauer läßt sich mit folgender Formel errechnen:

$$\text{Einschaltdauer in \%} = \frac{\text{start1} - \text{start2}}{\text{start}} \cdot 100$$

Zahlenbeispiele: $f_{REF} = 4$ MHz

start1	start2	Einschaltdauer
1000	1	99,9 %
1000	15	98,5 %
1000	250	75 %
1000	500	50 %
1000	1000	0 %

2.6.4.12 16-Bit D/A-Wandler

Mit der im vorigen Kapitel angewandten Pulsweitenmodulation zur Drehzahlsteuerung läßt sich auch ein hochgenauer D/A-Wandler aufbauen. Für das Verständnis der folgenden Applikation ist es empfehlenswert, zuerst die Drehzahlsteuerung aus Kapitel 2.6.4.11 genau zu studieren.

Mit der Schaltung in *Abb. 2.43* läßt sich die Ausgangsspannung von 0 bis 2,5 Volt in 65.535 Schritten einstellen. Dies entspricht einem 16-Bit-D/A-Wandler. Der kleinste Spannungssprung beträgt hier lediglich 38,15 µV. Das digitale Ausgangssignal OUT1 des Pulsweitenmodulators gelangt über einen Inverter an den BS170, der hier als Schalter fungiert. Erhält das GATE eine Spannung von 5 Volt, leitet der Transistor, während er für 0 Volt hochohmig wird. Die Impulsfolge mit veränderbarem Pulspausenverhältnis und der Amplitude von 2,5 Volt gelangt an ein RC-Glied, das den Gleichspannungsanteil herausfiltert. Am nichtinvertierendem Eingang des OP07 liegt eine Gleichspannung, die sich wie folgt berechnen läßt:

$$Ua = 2{,}5\ \text{V} \cdot \frac{\text{start0} - \text{start1}}{\text{start0}}$$

Der Berechnung liegt die folgende Überlegung zugrunde. Der Spannungsmittelwert errechnet sich aus dem Quotienten zwischen Pulszeit und Pausenzeit des OUT1-Signals multipliziert mit der Amplitude von 2,5 Volt.

Die Pausenzeit wird durch den Startwert des Zähler 1 bestimmt. Die Periodendauer läßt sich mit dem Startwert für Zähler 0 einstellen. Die Pulszeit wiederum errechnet sich als Differenz zwischen Periodendauer und Pausenzeit.

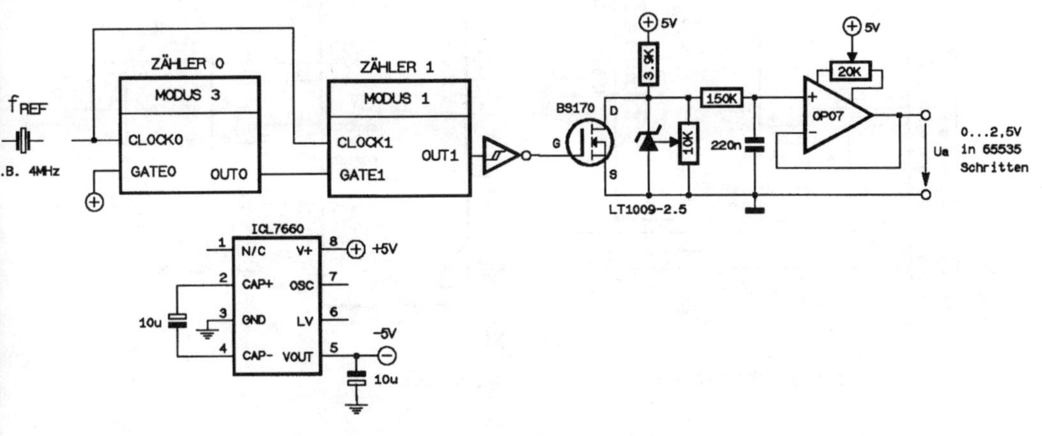

Abb. 2.43: 16-Bit-D/A-Wandler mit dem 8253

2.6.4.13 Frequenzsynthesizer

Der im folgenden vorgestellte Frequenzsynthesizer erzeugt ein Rechtecksignal, dessen Frequenz sich quarzgenau zwischen 1 Hz und 1 MHz einstellen läßt. Die Frequenzauswahl erfolgt zwischen 100 Hz und 999 kHz drei Stellen genau, zwischen 1 Hz und 100 Hz beträgt der Frequenzabstand 1 Hz. Alle Frequenzen lassen sich in Verbindung mit einem der Basismodule aus Kapitel 1 vom PC aus bequem einstellen. In *Abb. 2.44* ist die Schaltung des Frequenzsynthesizer-Moduls zu sehen.

Der Interfacebaustein 8243 steuert hier die acht Datenleitungen des 8253 an. Eine genaue Beschreibung zu diesem Baustein ist in Kapitel 2.4 zu finden. Die drei Zähler des 8253 arbeiten alle als programmierbare Frequenzteiler im Betriebsmodus 3. Die drei Frequenzteiler sind mit dem IC 74HC4046 verschaltet, das einen Phasenkomparator und einen spannungsgesteuerten Oszillator (VCO) enthält. Dieses IC bildet zusammen mit den programmierbaren Frequenzteilern einen Phasenregelkreis, auch PLL (Phase Lock Loop) genannt. Die Aufgabe des 74HC4046 besteht darin, zwei Frequenzen auf Phasen- und Frequenzgleichheit zu prüfen und ein Steuersignal für den spannungsgesteuerten Oszillator zu erzeugen. Zu die-

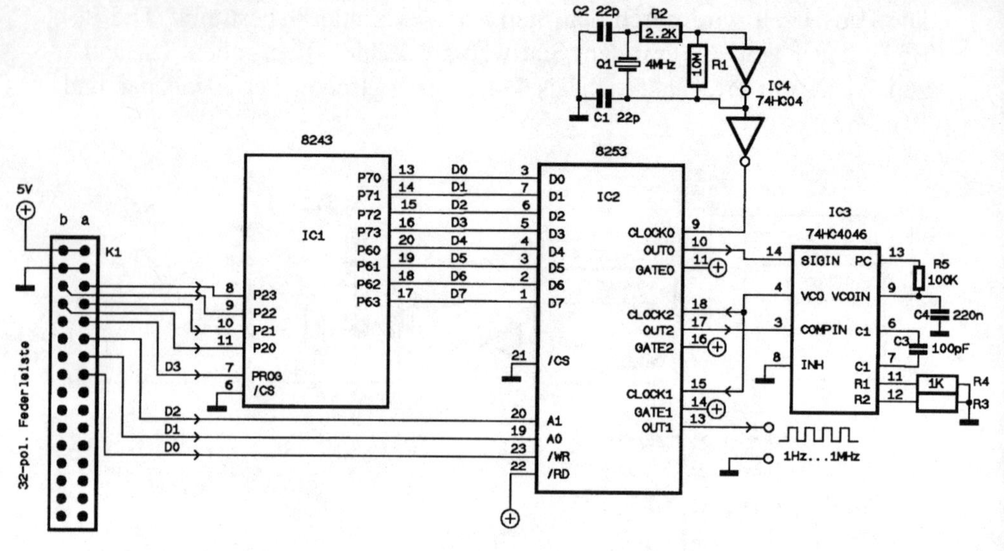

Abb. 2.44: Schaltbild des Frequenzsynthesizer-Moduls

sem Zweck hat der Phasenkomparator zwei Eingänge, die den Pins 14 und 3 zugeordnet sind. Am Eingang 1 des Phasenkomparators (Pin 14) steht die Referenzfrequenz f = 2 kHz an, die mit Zähler 0 erzeugt wird. Dazu muß bei einer Referenzfrequenz von 4 MHz der Startwert 2.000 gewählt werden.

Der Eingang 2 (Pin 3) ist über den programmierbaren Frequenzteiler des Zählers 2 mit dem Ausgang des spannungsgesteuerten Oszillator verbunden. Der Ausgang des Phasenkomparators regelt mit einer Gleichspannung den Oszillator so nach, daß die beiden Frequenzen an Pin 14 und an Pin 3 übereinstimmen. Da in der Rückkopplungsschleife ein Frequenzteiler mit dem Teilerverhältnis n:1 (n = 2...1000) geschaltet ist, beträgt die Oszillatorfrequenz an Pin 4 das n-fache der Referenzfrequenz an Pin 14. Mit anderen Worten, der Oszillator muß mit der n-fachen Frequenz des Referenzsignals schwingen. Ist beispielsweise ein Teilerverhältnis von 256 eingestellt, so beträgt die Oszillatorfrequenz an Pin 4 512 kHz. Das Ausgangssignal des VCO erfährt anschließend durch den programmierbaren Frequenzteiler des Zählers 1 eine zusätzliche Teilung, um die niedrigeren Dekaden zu erreichen. Der Teilungsfaktor kann zwischen 2 und 65.535 gewählt werden.

Der Bestückungsplan des Frequenzsynthesizermoduls ist in *Abb. 2.45* zu sehen.

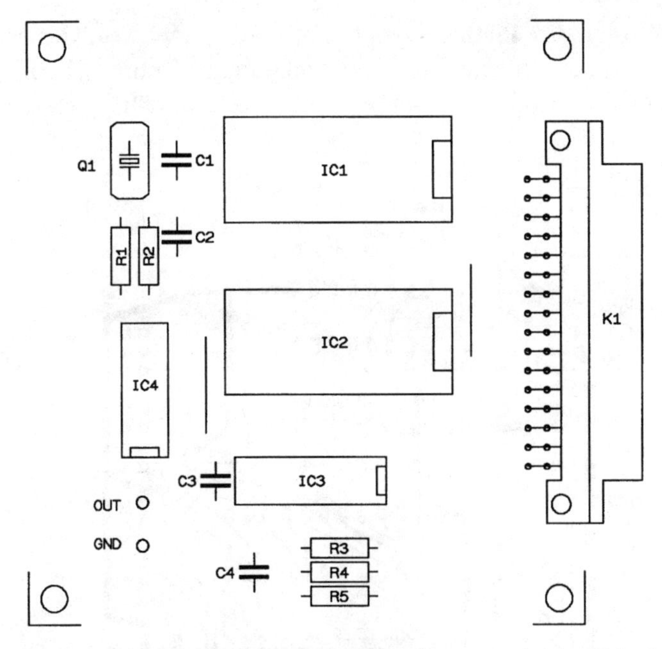

Abb. 2.45: Bestückungsplan des Frequenzsynthesizer-Moduls

Für den Aufbau der Schaltung ist folgende Stückliste maßgebend:

Halbleiter
IC1 = 82C43
IC2 = 82C53
IC3 = 74 HC4046
IC4 = 74HC04

Widerstände
R1 = 10 M
R2, R4 = 1 K
R3 = kann entfallen
R5 = 100 K

Kondensatoren
C1, C2 = 22 pF
C3 = 220 nF

Stecker
K1 = 32polige Federleiste

Sonstiges
Platine „FREQSYNT“ (Bezugsquelle im Anhang)

Abb. 2.46 zeigt das Platinenlayout. Falls der Leser von dieser Vorlage Gebrauch machen möchte, muß er unbedingt darauf achten, daß die Beschriftung der Lötseite beim Belichten seitenrichtig gelesen werden kann.

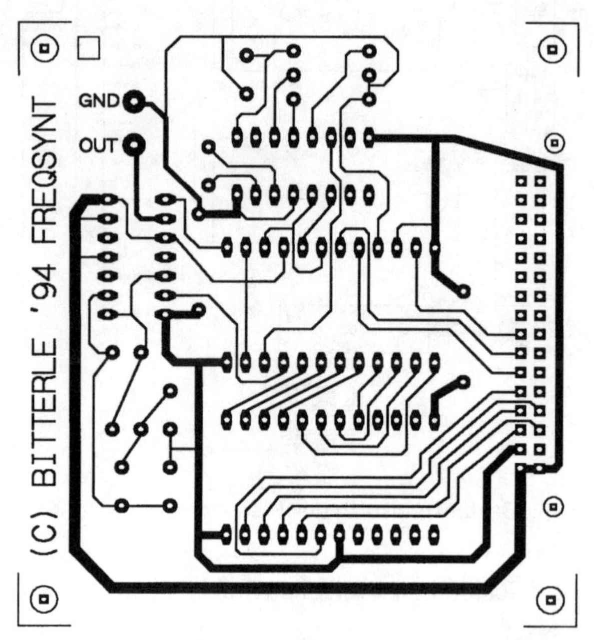

Abb: 2.46: Platinenlayout des Frequenzsynthesizer-Moduls

Die Software zur Ansteuerung des Frequenzsynthesizermoduls zeigt das nachfolgende Listing in QBasic. Auf eine Beschreibung wird hier verzichtet, da das Programm mit ausreichend Kommentar versehen ist.

```
'============================================================
'                                                           '
' Programm:   FRESYCOM                                      '
'                                                           '
' Funktion:   Mit diesem Programm lassen sich über die       '
'             serielle Schnittstelle Frequenzen von 1Hz bis '
'             1MHz quarzgenau einstellen. Von 100Hz bis     '
'             999kHz sind drei gültige Stellen für die      '
'             Frequenzauswahl maßgebend.                    '
              Die Frequenzeingabe wird folgendermaßen       '
              vorgenommen:'
'             1000K entspricht 1MHz                         '
'             234K     -„-      234kHz                      '
'             841      -"-      841Hz                       '
'             2.34K    -„-      2340Hz                      '
'             29       -"-      29Hz                        '
'             Durch wenige Änderungen läßt sich dieses      '
```

```
'           Programm auch an der Druckerschnittstelle      '
'           betreiben. Diese Version FRESYLPT finden Sie   '
'           auf der beiliegenden Diskette.                 '

' Hardware:  Es ist ein Basismodul aus Kapitel 1 sowie das '
'            Frequenz-Synthesizer-Modul erforderlich.      '
'                                                          '
'===========================================================

DECLARE SUB BYTE.TO.8253 (BYTE)
DECLARE SUB WRITE.DATA.TO.8253 (Zaehlernummer, Modus, start-
        wert)
        DIM SHARED outbyte
        outbyte = 255
        '
        '---------------- 9600 Baud an COM 2 ----------------
        '
        OPEN „com2:9600,N,8,1,CS,DS" FOR RANDOM AS #1
        '
Label1:
        COLOR 0, 15
        CLS
        a$ = „F R E Q U E N Z S Y N T H E S I Z E R"
        a = LEN(a$): b = (80 - a) / 2 - 1
        LOCATE 1, b: PRINT CHR$(201); STRING$(a + 2, CHR$(205));
        CHR$(187)
        LOCATE 2, b: PRINT CHR$(186)
        LOCATE 2, b + 2: PRINT a$
        LOCATE 2, a + b + 3: PRINT CHR$(186)
        LOCATE 3, b: PRINT CHR$(200); STRING$(a + 2, CHR$(205));
CHR$(188)
        PRINT
        '
        '-------- Beginn des eigentlichen Programms ---------
        '
        INPUT „Bitte geben Sie die Frequenz ein (z.B.
        23.6k):", freq$
        a = INSTR(freq$, „k")    ' a: an welcher Stelle ist
        ein „k" ?
        b = INSTR(freq$, „.")    ' b: an welcher Stelle ist
        ein „." ?
        '
        IF a = 0 THEN            ' kein „k"
        freq = VAL(LEFT$(freq$, LEN(freq$)))
        dekade = 3
        GOTO Label2
        END IF
        '
        IF b = 0 THEN            ' kein „." eingegeben z.B.
        123K
        freq = VAL(LEFT$(freq$, LEN(freq$) - 1))
        dekade = 0
        END IF
```

```
        '
        IF b = 2 THEN              ' „." an zweiter Stelle z.B.
        2.64k
        freq = VAL(LEFT$(freq$, LEN(freq$) - 1)) * 100
        dekade = 2
        END IF

        IF b = 3 THEN              ' „." an dritter Stelle z.B.
        45.8k
        freq = VAL(LEFT$(freq$, LEN(freq$) - 1)) * 10
        dekade = 1
        END IF
Label2:
        '
        '------- Ansteuerung des Zählerrbausteins 8253 ------
        '
        CALL WRITE.DATA.TO.8253(0, 3, 2000)
        CALL WRITE.DATA.TO.8253(1, 3, 2 * 10 ^ dekade)
        CALL WRITE.DATA.TO.8253(2, 3, freq)
        '
        INPUT „Nochmals"; a$
        IF a$ = „j" THEN GOTO Label1
        IF a$ = „n" THEN GOTO beenden
beenden:
        CLOSE 1

        END

SUB BYTE.TO.8253 (BYTE)
'============================================================
'                                                           '
' Unterprogramm: byte.to.8253                               '
'                                                           '
' Funktion:  Das Programm steuert die Leitungen             '
'            des 8243 so an, daß über die Ports 6 und 7 ein '
'            Datenbyte ausgegeben wird. Dieses Byte gelangt '
'            an die Datenleitungen D0 bis D7 des Zähler-    '
'            bausteins 8253.                                '
'                                                           '
'============================================================

    nibbel.low = BYTE AND &HF
    nibbel.high = (BYTE AND &HF0) / 16

    '-------- AUSGABE VON NIBBEL.LOW über Port 7  ----------
    Port = 7
    '
    '-------------  STEUERWORT AUSGEBEN --------------------
    '
    outbyte = (outbyte AND (&HF)) + Port * 16
    PRINT #1, CHR$(outbyte);
    '
    '--- PROGRAMMIERE STEUERWORT: PROG VON HIGH NACH LOW ---
```

```
        '
        outbyte = outbyte AND (255 - 8)
        PRINT #1, CHR$(outbyte);
        '
        '----- Auszugebende Datennibbel (4 BIT) anlegen --------
        outbyte = (outbyte AND &HF) + nibbel.low * 16
        PRINT #1, CHR$(outbyte);
        '
        '------------- PROG WIEDER AUF HIGH --------------------
        '
        outbyte = outbyte OR 8
        PRINT #1, CHR$(outbyte);

        '--------- AUSGABE VON NIBBEL.HIGH über Port 6  --------
        Port = 6
        '
        '-------------  STEUERWORT AUSGEBEN --------------------
        '
        outbyte = (outbyte AND (&HF)) + Port * 16
        PRINT #1, CHR$(outbyte);
        '
        '------ PROGRAMMIERE STEUERWORT: PROG VON HIGH NACH LOW
        '
        outbyte = outbyte AND (255 - 8)
        PRINT #1, CHR$(outbyte);
        '
        '----- Auszugebende Datennibbel (4 BIT) anlegen --------
        outbyte = (outbyte AND &HF) + nibbel.high * 16
        PRINT #1, CHR$(outbyte);
        '
        '------------- PROG WIEDER AUF HIGH --------------------
        '
        outbyte = outbyte OR 8
        PRINT #1, CHR$(outbyte);

END SUB

SUB WRITE.DATA.TO.8253 (Zaehlernummer, Modus, startwert)
        '
        '------------- ADRESSE ANLEGEN FÜR STEUERWORT ----------
        'D1 ENTSPRICHT DEM ADRESSENBIT A0
        'D2 ENTSPRICHT DEM ADRESSENBIT A1
        outbyte = outbyte OR (2 + 4)
        PRINT #1, CHR$(outbyte);
        '
        '------------- BILDUNG DES STEUERWORTES ----------------
        '
        steuerwort.8253 = 64 * Zaehlernummer + 48 + 2 * Modus + 0
        '
        '------------- STEUERWORT FÜR 8253 AUSGEBEN ------------
        '
        CALL BYTE.TO.8253(steuerwort.8253)
        '
```

```
    '--------- WRITE-SIGNAL /WR ERZEUGEN: LOW...HIGH -------
    '
    outbyte = outbyte AND (255 - 1)
    PRINT #1, CHR$(outbyte);
    outbyte = outbyte OR 1
    PRINT #1, CHR$(outbyte);
    '
    '---------- ADRESSE ANLEGEN FÜR ZÄHLERNUMMER -----------
    '
    outbyte = (outbyte AND (255 - 2 - 4)) + 2 * Zaehlernum-
    mer
    PRINT #1, CHR$(outbyte);
    '
    '========== DATENWORT (16 BIT) AN DEN 8253 SENDEN ======
    ' BEACHTE: TEILUNG IN LOWBYTE UND HIGHBYTE
    low.byte = startwert MOD 256
    high.byte = INT(startwert / 256)
    '
    '------------- SENDE LOWBYTE ---------------------------
    '
    CALL BYTE.TO.8253(low.byte)
    '
    '--------- WRITE-SIGNAL /WR ERZEUGEN: LOW...HIGH -------
    '
    outbyte = outbyte AND (255 - 1)
    PRINT #1, CHR$(outbyte);
    outbyte = outbyte OR 1
    PRINT #1, CHR$(outbyte);
    '
    '------------- SENDE HIGHBYTE ------------------------
    '
    CALL BYTE.TO.8253(high.byte)
    '
    '--------- WRITE-SIGNAL /WR ERZEUGEN: LOW...HIGH -------
    '
    outbyte = outbyte AND (255 - 1)
    PRINT #1, CHR$(outbyte);
    outbyte = outbyte OR 1
    PRINT #1, CHR$(outbyte);

END SUB
```

3 PC-gesteuerte Schaltungen mit A/D-Wandlern

Die von den Sensoren gemessenen physikalischen Größen können im Rechner nur als digitale Werte erfaßt und verarbeitet werden. Daher werden A/D-Wandler benötigt, die die analogen Meßwerte dem Rechner digitalisiert zur Verfügung stellen. Die folgenden Kapitel geben einen Überblick über verschiedene A/D-Wandler und zeigen auf, wie diese in der Praxis eingesetzt werden.

3.1 1-Kanal, 8 Bit, direkt an der seriellen Schnittstelle

Der 8-Bit-A/D-Wandler TLC 549 ist für einfache Anwendungen ein sehr interessanter Baustein. Er weist lediglich acht Anschlüsse auf und ist Dank des geringen Stromverbrauchs prädestiniert für den Einsatz an der RS232-Schnittstelle des PCs. Der TLC 549 enthält auf einem Chip den internen Systemtakt, Sample & Hold, 8-Bit A/D-Wandler, ein Datenregister und die entsprechende Steuerlogik. Zur Kommunikation mit anderen Bausteinen stehen zwei Anschlüsse zur Verfügung: I/O-CLOCK und DATA OUT. Diese Signale sind TTL-kompatibel und erleichtern die serielle Kommunikation mit anderen Teilnehmern.

Die folgenden technischen Daten zeichnen den TLC 549 aus:

- 8-Bit-Auflösung
- Differentielle Referenzspannungseingänge
- Wandlungszeit: 17 µs
- On-Chip Sample & Hold
- 4 MHz interner Systemtakt
- Spannungsversorgung 3 ... 6 Volt
- Stromverbrauch: 1,8 mA
- Preiswert (ca. DM 5,–)

Arbeitsweise

In *Abb. 3.2* ist das Impulsdiagramm zu sehen, aus dem sich die nachfolgend beschriebene Arbeitsweise ableiten läßt. Um eine Wandlung starten

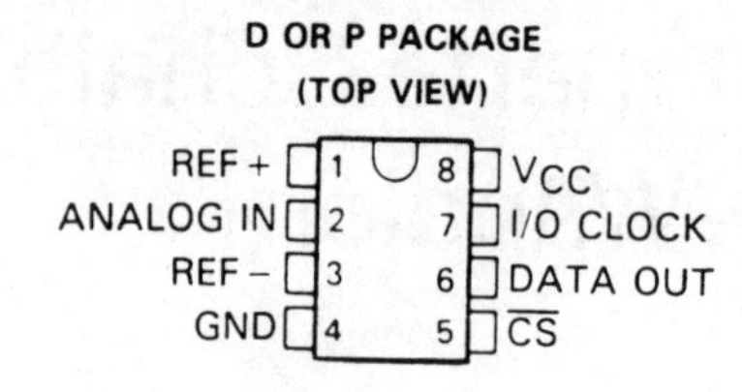

Abb. 3.1: Pinbelegung des TLC549

zu können, muß am Chip Select-Eingang Low-Pegel anliegen. Am Ausgang DATA OUT steht jetzt bereits das höherwertigste Datenbit D7 der vorhergehenden Wandlung an. Mit den fallenden Flanken der ersten vier Takte am I/O-CLOCK gelangen die Datenbits D6, D5, D4 und D3 an den Ausgang DATA OUT. Die nächste positive Taktflanke an I/O-CLOCK aktiviert die interne Sample & Hold – Funktion; das aktuell anstehende Analogsignal wird abgetastet und in ein digitales Bitmuster umgewandelt.

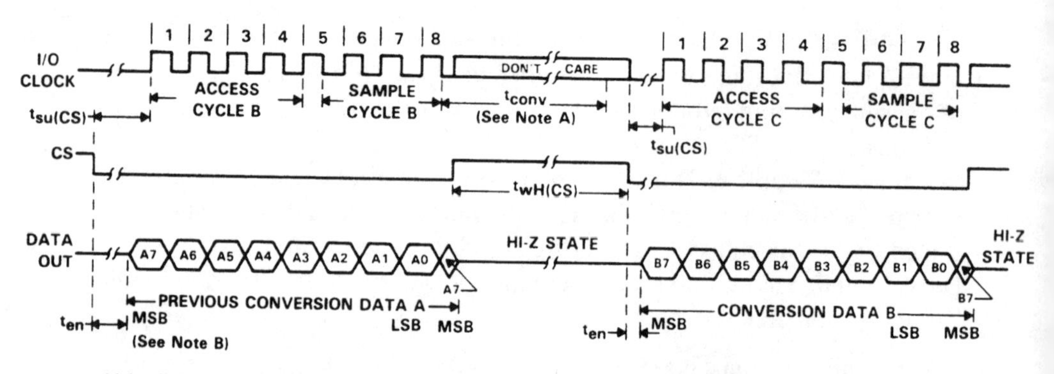

Abb. 3.2: Impulsdiagramm zur A/D-Wandlung mit dem TLC549

Drei weitere Takte am I/O-CLOCK sind nötig, um die restlichen drei Datenbits D2, D1, D0 der vorigen Wandlung zu generieren. Das letzte (achte) Taktsignal an I/O-CLOCK aktiviert mit der fallenden Flanke die Haltefunktion des internen Sample & Hold. Für die nächsten 17 µs muß der I/O-CLOCK auf Low-Pegel gehalten werden, um eine genaue A/D-Wandlung zu gewährleisten. Ist die Wandlung schließlich beendet, steht das höherwertigste Datenbit D7 am Ausgang DATA OUT an und kann vom anderen Teilnehmer gelesen werden. Mit den nun folgenden sieben Takten am I/O-CLOCK gelangen die restlichen Datenbits an den Ausgang DATA OUT und das Spiel beginnt von neuem.

Hardware

Der TLC549 läßt sich direkt an der seriellen Schnittstelle eines PCs betreiben. *Abb. 3.3* zeigt den Schaltplan des 8-Bit-A/D-Wandlers unter Verwendung des TLC549.

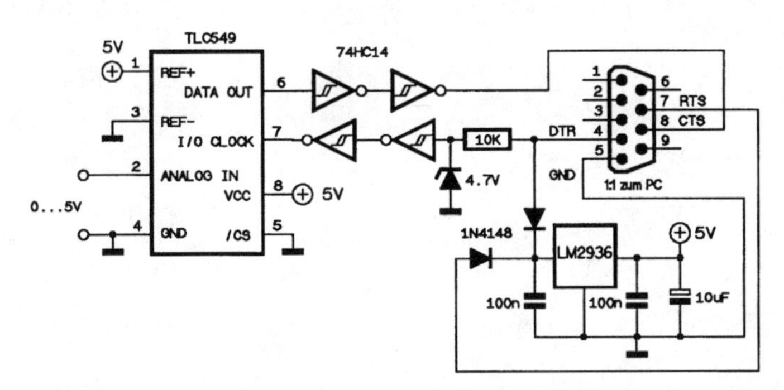

Abb. 3.3: 8-Bit A/D-Wandler direkt an der seriellen Schnittstelle des PCs

Die Spannungsversorgung von +5 Volt besorgt der LM2936, der einen extrem niedrigen Ruhestrom sowie eine geringe Drop-Spannung aufweist. Die Eingangsspannung liefern die Signale RTS und DTR, die +12 Volt mit einem Innenwiderstand von ca. 800 Ω abgeben. Das Signal RTS steuert ferner den I/O-CLOCK des TLC549 an. Die gewandelten Datenbits gelangen über den DATA OUT-Ausgang an den CTS-Eingang, dessen logischer Zustand der PC abfrägt.

Software

Zum Betrieb des TLC549 an der seriellen Schnittstelle des PCs sind in QBasic folgende Anweisungen erforderlich.

```
'=============================================================
'                                                            '
' Programm:      TLC549                                      '
'                                                            '
' Funktion:      Dieses Programm steuert den A/D-Wandler     '
'                TLC549 über die serielle Schnittstelle des  '
'                PCs an, und liest die am Wandler anliegende '
'                Spannung ein. (vgl. Schaltung in Abb. 3.3)  '
'                                                            '
'=============================================================
   COLOR 0, 15
   CLS
   basadr = &H2F8             ' Basisadresse COM2
```

```
    a$ = „8-Bit A/D-Wandler an der RS232-Schnittstelle "
    a = LEN(a$): b = (80 - a) / 2 - 1
    LOCATE 1, b: PRINT CHR$(201); STRING$(a + 2, CHR$(205));
    CHR$(187)
    LOCATE 2, b: PRINT CHR$(186)
    LOCATE 2, b + 2: PRINT a$
    LOCATE 2, a + b + 2: PRINT CHR$(186)
    LOCATE 3, b: PRINT CHR$(200); STRING$(a + 2, CHR$(205));
    CHR$(188)
    PRINT
    LOCATE 5, 20: PRINT „Die Spannung beträgt:"
    LOCATE 5, 55: PRINT „Volt"
    LOCATE 23, 1: PRINT „Bedienung:"
    LOCATE 23, 20: PRINT „ESC: Beenden "

    UREF = 5          ' Referenzspannung ist 5V

'
'------------------ DTR auf +12V, RTS auf -12V ------------
'
    OUT (basadr + 4), INP(basadr + 4) OR 1
    OUT (basadr + 4), INP(basadr + 4) AND (255 - 2)
'
    DO
    wertigkeit = 0
'----------------- Lese A7 --------------------------------
'
    CTS = (INP(basadr + 6) AND 16) / 16      'A7 liegt an CTS
    wertigkeit = CTS * 2 ^ 7
'
'----------------- Ergebnis abholen ----------------------
'
    FOR i = 6 TO 0 STEP -1
    OUT (basadr + 4), INP(basadr + 4) OR 2            'RTS=1
    OUT (basadr + 4), INP(basadr + 4) AND (255 - 2) 'RTS=0
    CTS = (INP(basadr + 6) AND 16) / 16
    wertigkeit = CTS * 2 ^ i + wertigkeit
    NEXT i

    OUT (basadr + 4), INP(basadr + 4) OR 2            'RTS=1
    OUT (basadr + 4), INP(basadr + 4) AND (255 - 2) 'RTS=0
'----------------- Wandlung läuft jetzt ! ----------------
'
'-------- Ergebnis der vorherigen Wandlung ausdrucken -------
'
    volt = wertigkeit * UREF / 256
    LOCATE 5, 45: PRINT USING „#.###"; volt

    IF INKEY$ = CHR$(27) THEN EXIT DO         'Abbruch mit ESC-
    Taste

    LOOP
    END
```

3.2 1-Kanal, 8 Bit mit ADC0804

3.2.1 Technische Daten und Arbeitsweise

Der ADC0804 von NSC ist ein preiswerter und schneller A/D-Wandler, der in vielen Applikationen eingesetzt werden kann. Im Gegensatz zum TLC549 verfügt er über parallele Datenausgänge, die zudem TTL-kompatibel sind. Über einen Steuereingang lassen sich die Ausgänge in den hochohmigen Zustand schalten, womit der ADC0804 an einem Datenbus betrieben werden kann. Ferner verfügt er über Steuereingänge zum Lesen und Schreiben. Der Analogausgang ist nicht auf Masse bezogen, sondern differentiell, das heißt, es wird die Spannungsdifferenz an den beiden Anschlüssen VIN+ und VIN- gewandelt. Erwähnenswert ist, daß bereits bei einer Spannungsversorgung von +5 V der Spannungsbereich des Analogeingangs bis an 5 V heran reicht.

Technische Daten

- 8-Bit-Datenbus
- Differentieller Analogeingang
- Alle Signale TTL-kompatibel
- On-Chip Taktgenerator
- 0 – 5 Volt Analogeingangsbereich bei 5-V-Versorgungsspannung
- Kein Nullabgleich erforderlich
- Stromaufnahme ca. 1,9 mA

Abb. 3.4 zeigt eine typische Beschaltung des ADC0804

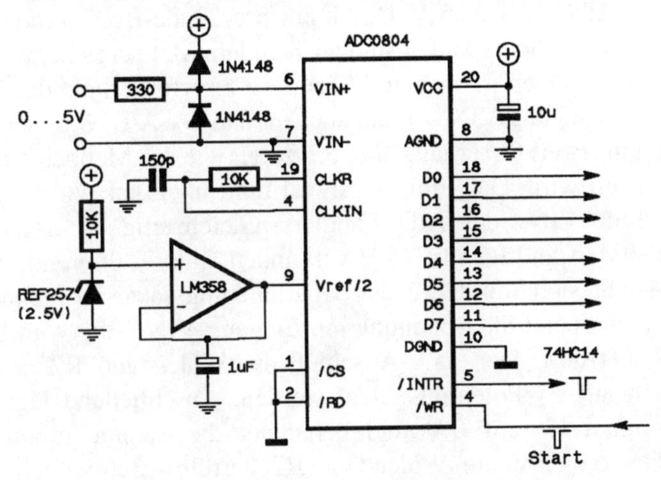

Abb. 3.4: Beschaltung des 8-Bit-A/D-Wandlers ADC0804

Anzumerken ist dabei, daß der analoge Eingangsspannungsbereich doppelt so groß ist, wie die Referenzspannung. Die Referenzspannung (hier 2,5 V) wird über einen Spannungsfolger dem ADC0804 zugeführt. Der Operationsverstärker ist zwingend erforderlich, da der Eingangswiderstand an Pin 9 mit 1,1 KΩ sehr niederohmig ausgeführt ist.

Mit dem 10 K-Widerstand und dem 150 pF-Kondensator wird an den CLK-Eingängen der interene Taktgenerator aktiviert. Mit den angegebenen Werten beträgt die interne Taktfrequenz ca. 640 KHz.

Eine Wandlung wird mit einem kurzen Low-Impuls am /WR-Eingang gestartet. Voraussetzung dafür ist ein Low-Pegel des /CS-Signals. Nach 100 µs Wandlungszeit geht der Ausgang /INTR auf Low und signalisiert dadurch das Ende der Wandlung. Daraufhin lassen sich über ein Low-Pegel am /RD-Eingang die Datenbits auslesen. Der Lesezugriff hat zu Folge, daß das /INTR-Signal auf High-Pegel zurückgesetzt wird. Ist wie in Abb. 3.4 der /RD-Eingang ständig auf Low geschaltet, so geht der Ausgang /INTR nach der Wandlung für die Dauer von 8 Taktperioden des internen Taktes auf Low. Bei 640 KHz Taktfrequenz sind dies 12,5 µs.

3.2.2 Realisierung verschiedener Meßbereiche

3.2.2.1 Meßbereich: –5 V ... +5 V

Bei einer Versorgungsspannung von +5 V beträgt der Eingangsspannungsbereich am ADC0804 0...5 V. Durch entsprechende Beschaltung des Analogeingangs mit Widerständen sind auch andere Meßbereiche möglich. Um negative Spannungen messen zu können, ist es erforderlich, das Eingangspotential am Eingang VIN+ so anzuheben, daß der A/D-Wandler als kleinster Spannungswert 0V erhält. *Abb. 3.5* zeigt, wie der Meßbereich –5 V bis +5 V realisiert wird. Das Eingangssignal führt über den Widerstand R1 an den Anschluß VIN+ des A/D-Wandlers. Gleichzeitig ist dieser Eingang über den Widerstand R2 mit +5 V verbunden. Die resultierende Spannung an VIN+ läßt sich mit Hilfe des Überlagerungssatzes berechnen. Dazu ermittelt man zuerst die Spannung am Eingang VIN+, die vom Eingangssignal U_e herrührt. Der +5 V-Anschluß am Widerstand R2 muß hierfür rechnerisch auf 0V-Potential gelegt werden. Anschließend legt man das Eingangssignal Ue auf 0 V und berechnet die Spannung am Eingang VIN+, die von +5 V am Widerstand R2 herrührt. Schließlich faßt man beide Anteile durch Addition zusammen.

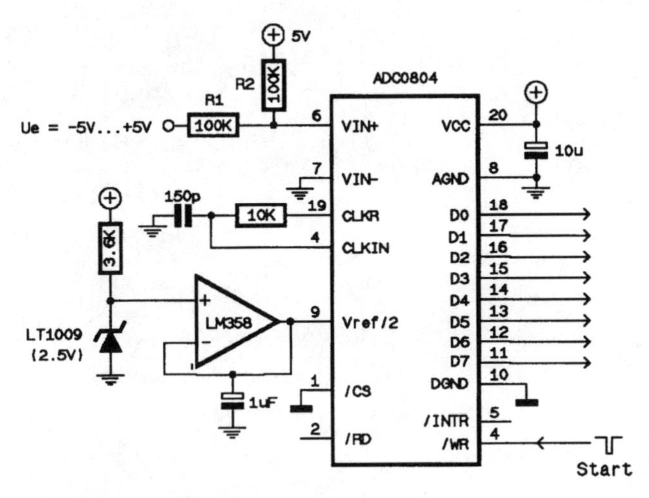

Abb. 3.5: Meßbereich –5V...+5V mit dem ADC0804

Die folgenden Gleichungen fassen die Berechnung nochmals zusammen.

1. Anteil, der von U_e herrührt $$VIN+ = U_e \cdot \frac{R2}{R1 + R2} = \frac{U_e}{2}$$

2. Anteil, der von +5 V herrührt $$VIN+ = 5\ V \cdot \frac{R1}{R1 + R2} = 2{,}5\ V$$

3. Addition der Anteile $$VIN+ = \frac{U_e}{2} + 2{,}5\ V$$

Zahlenbeispiel: $U_e = -5$ V ergibt VIN+ = 0 V
$U_e = 0$ V ergibt VIN+ = 2,5 V
$U_e = +5$ V ergibt VIN+ = +5 V

3.2.2.2 Meßbereich: –10 V...+10 V

Die Messung negativer Spannungen bis max. –5 V kann durch Potentialverschiebung mit einem einzigen Widerstand erreicht werden. Will man den negativen Bereich vergrößern, ist die Eingangsspannung auf einen Spannungsteiler zu führen. *Abb. 3.6* zeigt die Beschaltung des Eingangs VIN+ für den Meßbereich –10 V ... +10 V. Die Berechnung der Spannung, die an den A/D-Wandler gelangt, läßt sich wie im vorigen Beispiel mit dem Überlagerungssatz durchführen:

1. Anteil, der von U_e herrührt $$VIN+ = U_e \cdot \frac{R2 \parallel R3}{R1 + R2 \parallel R3} = \frac{U_e}{4}$$

2. Anteil, der von +5 V herrührt $$VIN + 5\,V \cdot \frac{R1 \parallel R3}{R1 \parallel R3 + R2} = 2{,}5\,V$$

3. Addition der Anteile $$VIN+ = \frac{U_e}{4} + 2{,}5\,V$$

Zahlenbeispiel: $U_e = -10$ V ergibt VIN+ = 0 V
$U_e = 0$ V ergibt VIN+ = 2,5 V
$U_e = +10$ V ergibt VIN+ = +5 V

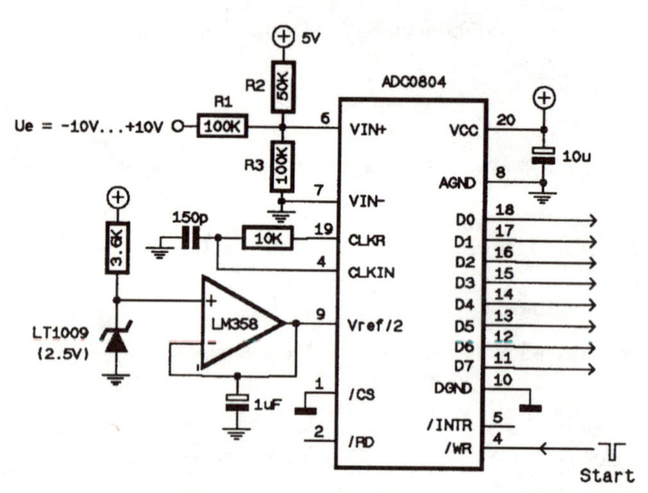

Abb. 3.6: Meßbereich –10 V ... +10 V mit dem ADC0804

3.2.2.3 Meßbereich: $-U_{e,max}$ ... $+U_{e,max}$

Im Folgenden soll die Aufgabe gelöst werden, einen beliebigen Eingangsspannungsbereich von $-U_{e,max}$ bis $+U_{e,max}$ auf eine Ausgangsspannung abzubilden, die ab 0 V beginnt und einen beliebigen maximalen Wert $U_{a,max}$ erreichen darf. Die Aufgabe läßt sich ohne einen Operationsverstärker oder einer negativen Hilfsspannung lediglich durch die Beschaltung dreier Widerstände wie in Abb. 3.7 lösen. Die Berechnung der Widerstandswerte erfolgt durch Anwendung des Überlagerungssatzes. Auf eine ausführliche Berechnung wird hier verzichtet, es soll lediglich das Ergebnis angeführt werden. Für das Widerstandsnetzwerk in *Abb. 3.7* gelten folgende Formeln:

$$\frac{R2}{R1} = \frac{U_H}{U_{e,max}} \quad \text{und} \quad \frac{R1}{R3} = \frac{2 \cdot U_{e,max}}{U_{a,\,max}} - \frac{U_{e,max}}{U_H} - 1$$

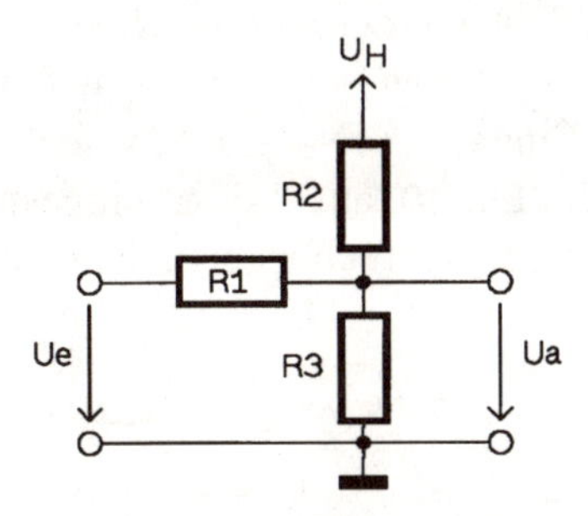

Abb. 3.7: Widerstandsnetzwerk zur Potentialverschiebung

Zwei Zahlenbeispiele sollen die Anwendung der Formeln verdeutlichen.

Beispiel 1: Der Eingangsspannungsbereich beträgt –10 V...+10 V, die Hilfsspannung weist den Wert U_H=5 V auf. Die Ausgangsspannung U_a der Widerstandskombination in Abb. 3.7 beträgt 0...5 V. Dieses Beispiel entspricht übrigens genau der Applikation in Abb. 3.6.

$$\frac{R2}{R1} = \frac{5\,V}{10\,V} = 0{,}5 \quad \text{und} \quad \frac{R1}{R3} = \frac{2 \cdot 10\,V}{5\,V} - \frac{10\,V}{5\,V} - 1 = 1$$

Das heißt, R1 und R3 müssen den selben Widerstandswert aufweisen. R2 muß halb so groß wie R1 gewählt werden.

Beispiel 2: Der Einganssspannungsbereich beträgt –25 V ... +25 V, die Hilfsspannung U_H = 2,5 V. Der Widerstand R2 kann dann direkt mit der Referenzspannung von 2,5 V verbunden werden. Die Ausgangsspannung U_a des Widerstandsnetzwerkes soll 0...2,5 V sein. Die Berechnung der Widerstände R1, R2, R3 sieht dann wie folgt aus:

$$\frac{R2}{R1} = \frac{2{,}5\,V}{25\,V} = 0{,}1 \quad \text{und} \quad \frac{R1}{R3} = \frac{2 \cdot 25\,V}{2{,}5\,V} - \frac{25\,V}{2{,}5\,V} - 1 = 9$$

Eine mögliche Wahl der Widerstände könnte wie folgt lauten: R1=180 K, R2=18 K, R3=20 K.

3.2.2.4 Meßbereich: 2V ... 5V

Der ADC0804 bietet einige interessante Anwendungen, die die differentiellen Spannungseingänge nutzen. Wie bereits erläutert, wandelt der ADC0804 die Differenz der beiden Spannungseingängen VIN+ und VIN– in digitale Werte um. Der Anschluß VIN– muß also nicht zwingend auf 0V-Potential (GND) gelegt werden. *Abb. 3.8* zeigt eine Applikation, bei der der Eingangsspannungsbereich erst ab 2V beginnt. Dies wird dadurch erreicht, daß man den Eingang VIN– auf +2V legt. Ferner muß der Referenzspannungsanschluß (Pin 9) auf 1,5 V eingestellt werden. Die Eingangsspannung am ADC0804 errechnet sich dann zu:

$$U_{ein} = \frac{\text{Eingangsbyte}}{256} \cdot 3\,V + 2\,V$$

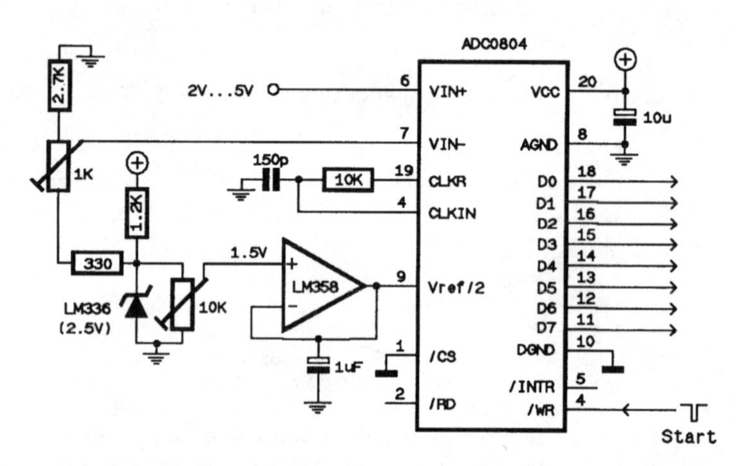

Abb. 3.8: Meßbereich 2V...5V mit dem ADC0804

3.2.2.5 Programmierbarer Meßbereich

Da die Referenzspannung beim ADC0804 extern eingestellt wird, besteht die Möglichkeit, den Meßbereich durch einen D/A-Wandler softwaremäßig vorzugeben (vgl. Abb. 2.9). Dadurch wird der Meßbereich programmierbar und genügt der Gleichung:

$$U_{ein} = 0 \ldots 2 \cdot U_{D/A}$$

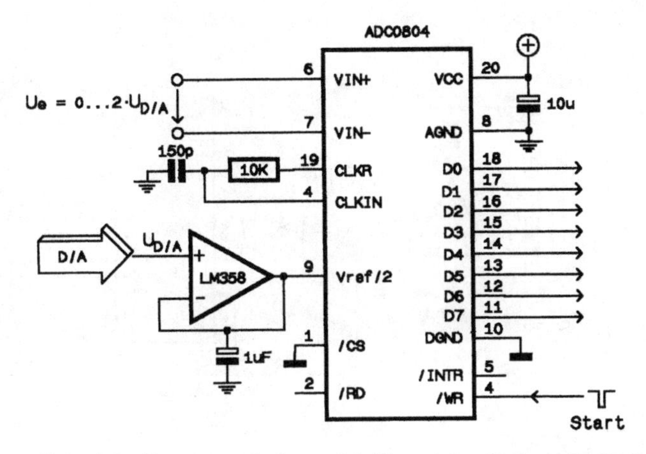

Abb. 3.9: Programmierbarer Meßbereich mit dem ADC0804

3.2.3 8-Bit A/D-Wandlermodul mit Meßbereichsumschaltung

Hardware

In Verbindung mit den Basismodulen aus Kapitel 1 kann der ADC0804 zum Aufbau eines 8-Bit-A/D-Wandlers mit Meßbereichsumschaltung herangezogen werden. Da jedes Basismodul über acht TTL-kompatible Ein- und Ausgänge verfügt, bereitet der Anschluß an den ADC0804 keine Probleme. *Abb. 3.10* zeigt den vollständigen Schaltplan des A/D-Wandlermoduls.

Über die 32polige Federleiste wird das Modul an ein beliebiges Basismodul aus Kapitel 1 angeschlossen. Die Datenausgänge D7 bis D0 gelangen über die Federleiste an die Eingänge des Basismoduls, die schließlich vom PC gelesen werden. Falls ein Basismodul für die serielle Schnittstelle (vgl. Kapitel 1.2) Anwendung findet, so ist zusätzlich ein Low-Impuls erforderlich, der die Aussendung der Daten an den PC einleitet. Dieser Low-Impuls wird mit der Ausgangsdatenleitung D0 des Basismoduls erzeugt.

Die noch freien Ausgangsdatenleitungen D7, D6, D5 gelangen an den achtfach Multiplexer 74HC4051. Dieser Baustein bildet zusammen mit dem Operationsverstärker OP07 und den Gegenkopplungswiderständen R3-R7 einen programmierbaren Verstärker. Abhängig davon, an welcher Stelle die Gegenkopplung am nichtinvertierenden Eingang des OP07 hergestellt wird, lassen sich verschiedene Verstärkungsfaktoren erzielen.

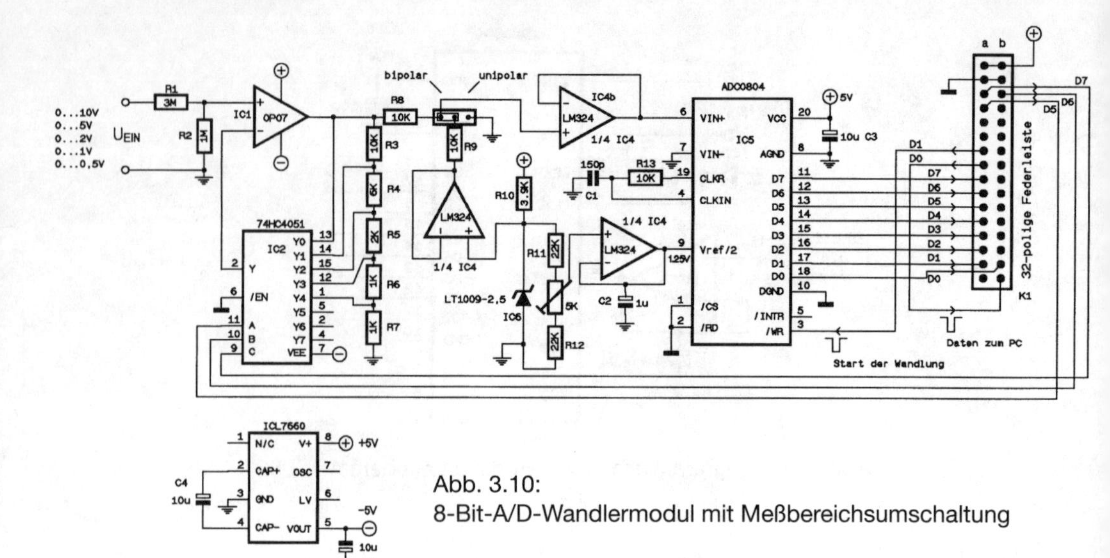

Abb. 3.10:
8-Bit-A/D-Wandlermodul mit Meßbereichsumschaltung

Die folgende Tabelle macht dies deutlich:

C	B	A	Verbindung	Verstärkungsfaktor
0	0	0	Y-Y0	1
0	0	1	Y-Y1	1 + R3 / (R4 + R5 + R6 + R7) = 2
0	1	0	Y-Y2	1 + (R3 + R4) / (R5 + R6 + R7) = 5
0	1	1	Y-Y3	1 + (R3 + R4 + R5) / (R6 + R7) = 10
1	0	0	Y-Y4	1 + (R3 + R4 + R5 + R6) / R7 = 20

Die Verstärkungsfaktoren sind so gewählt, daß bei jedem Meßbereich und maximaler Eingangsspannung der Ausgang des OP07 2,5 V aufweist. Die Ausgangsspannung des OP07 führt über den Widerstand R8 an den Spannungsfolger LM324 und dann an den Eingang des A/D-Wandlers. Mit den Jumpern an den beiden Widerständen R8/R9 kann man zwischen bipolarer oder unipolarer Messung wählen. Bei unipolarer Messung (nur positive Spannungswerte) gelangt die Ausgangsspannung des Operationsverstärkers unverändert an den ADC0804. Wird der Jumper auf bipolare Messung gesteckt, so erfährt die Ausgangsspannung des OP07 eine Potentialverschiebung um +2,5 V. Da aber die beiden Widerstände R8 und R9 die selben Werte aufweisen, muß die resultierende Spannung noch halbiert werden. Der Eingangsbereich von ± 2,5 V wird auf diese Weise auf 0 – 2,5 V abgebildet. *Abb. 3.11* zeigt den Bestückungsplan der Platine, in *Abb. 3.12* ist das Platinenlayout zu sehen.

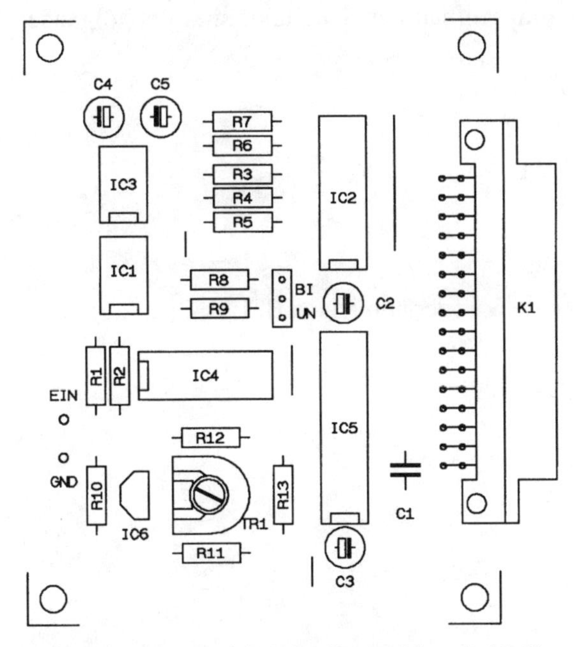

Abb. 3.11: Bestückungsplan des A/D-Wandlermoduls mit Meßbereichsumschaltung

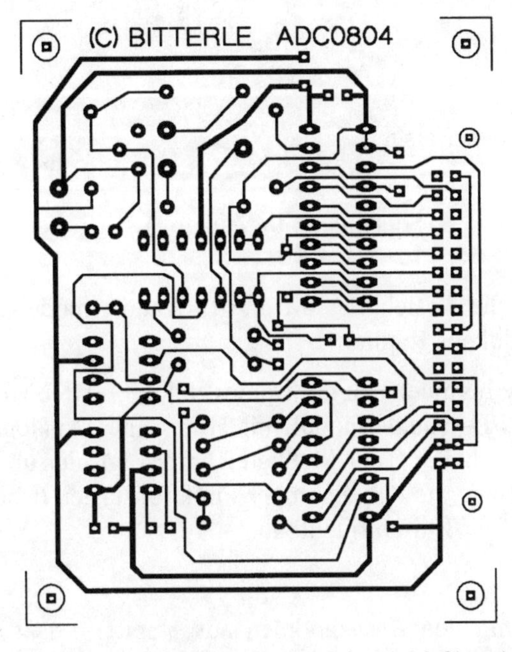

Abb. 3.12: Platinenlayout des A/D-Wandlermoduls mit Meßbereichsumschaltung

Die Bauteile zum Aufbau der Schaltung sind der folgenden Stückliste zu entnehmen.

Halbleiter:
IC1 = OP07
IC2 = 74HC4051
IC3 = ICL7660
IC4 = LM324
IC5 = ADC0804
IC6 = LT1009-2.5 V (oder ähnliche z.B. LM336Z-2,5)

Widerstände:
R1 = 3 M
R2 = 1 M
R3, R8, R9, R13 = 10 K
R4 = 6 K
R5 = 2 K
R6, R7 = 1 K
R10 = 3.9 K
R11, R12 = 27 K

Kondensatoren:
C1 = 150 pF
C2 = 1 uF
C3, C4, C5 = 10 uF

Stecker:
K1 = 32-polige Federleiste

Sonstiges:
Platine „ADC0804“ (Bezugsquelle im Anhang)
1 Jumper

Abb. 3.13 zeigt die Ansicht des 8-Bit-A/D-Wandlermoduls zusammen mit einem Basismodul aus Kapitel 1.

Auf der Diskette befindet sich die Demoversion 0804DEMO.EXE, das die Spannung am A/D-Wandlermodul mit Hilfe eines Analoganzeigers wiedergibt. Die Umschaltung der Meßbereiche erfolgt hier über Funktionstasten. Auch die Baudrate läßt sich über Funktionstasten bequem einstellen. Abb. 3.14 zeigt den Bildschirmaufbau.

Software

In Verbindung mit den Basismodulen aus Kapitel 1 läßt sich das A/D-Wandlermodul sowohl an der Druckerschnittstelle als auch an der seriellen

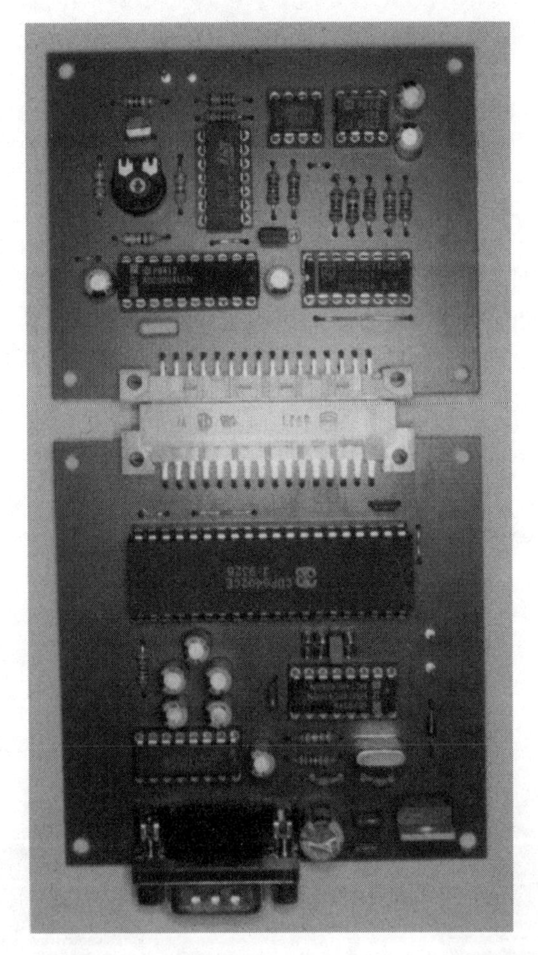

Abb. 3.13: 8-Bit-A/D-Wandlermoduls zusammen mit einem Basismodul aus Kapitel 1.

Schnittstelle eines PCs betreiben. Da das nachfolgende Listing ausführlich dokumentiert ist, wird an dieser Stelle auf eine Beschreibung verzichtet.

```
'=============================================================
'                                                            '
' Programm:   0804LPT                                        '
'
'
' Funktion:   Dieses Programm steuert das A/D-Wandlermodul    '
'             mit Meßbereichsumschaltung über die Drucker-    '
'             Schnittstelle des PCs an. (vgl. Abb. 3.5)       '
'             Die Version 0804COM für die serielle Schnitt-   '
```

```
'             stelle befindet sich auf der beiliegenden    '
'             Diskette.                                    '
'                                                          '
' Hardware:   Es ist das A/D-Wandlermodul nach Abb. 3.5    '
'             sowie das Basismodul aus Kapitel 1.2 erforder-'
'             lich.                                        '
'                                                          '
'============================================================

DECLARE SUB lese.lpt (inbyte)

    DIM SHARED outbyte, datreg, statreg, steureg

    '
    '---------- Es gelten folgende Steuersequenzen: ---------
    '
    '  Wertigkeiten        1   2   4   8   16  32  64  128
    '                      D0  D1  D2  D3  D4  D5  D6  D7
    ' Wandlung starten:    1   0/1 x   x   x   Meßbereich
    ' Meßbereich 10V   :   1   1   x   x   x   0   0   0
    ' Meßbereich 5V    :   1   1   x   x   x   1   0   0
    ' Meßbereich 2V        1   1   x   x   x   0   1   0
    ' Meßbereich 1V        1   1   x   x   x   1   1   0
    ' Meßbereich 0.5V      1   1   x   x   x   0   0   1
    ' Meßwert abholen      0/1 1   x   x   x   x   x   x
    '
    '
    '-------------- Initialisierung ------------------------
```

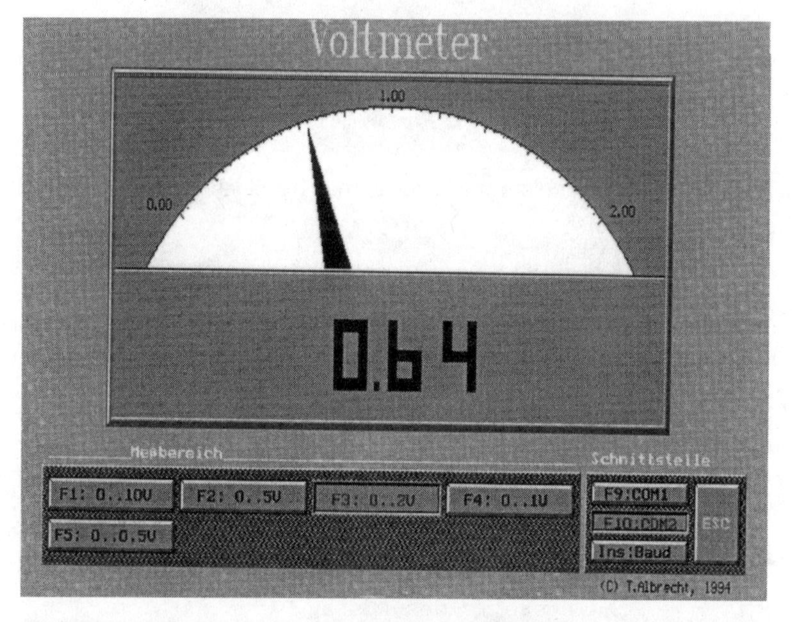

Abb. 3.14: Ansicht des Analoganzeigers im Programm 0804DEMO.EXE

```
'
basadr = &H378
datreg = basadr           'Datenregister
statreg = basadr + 1      'Statusregister
steureg = basadr + 2      'Steuerregister
'
'
CLS
PRINT „Welchen Meßbereich?...10V (1), 5V (2), 2V (3), 1V (4),
0.5V (5)"
INPUT A
IF A = 1 THEN mb = 3:  UMAX = 10          ' Meßbereich 10V
IF A = 2 THEN mb = 35: UMAX = 5           ' Meßbereich 5V
IF A = 3 THEN mb = 67: UMAX = 2           ' Meßbereich 2V
IF A = 4 THEN mb = 99: UMAX = 1           ' Meßbereich 1V
IF A = 5 THEN mb = 131: UMAX = .5         ' Meßbereich 0.5V

DO
'
'------------- Wandlung starten -----------------------
'
OUT datreg, mb - 2
OUT datreg, mb + 2
FOR I = 1 TO 10: NEXT   ' Mindestens 100us warten
'
'------------- Meßwert holen --------------------------
'
OUT datreg, mb - 1
OUT datreg, mb + 1
CALL lese.lpt(inbyte)

umess = INT(inbyte / 256 * UMAX * 1000) / 1000
PRINT „Die Spannung beträgt: "; umess; „ Volt"

IF INKEY$ = CHR$(27) THEN EXIT DO         'Abbruch mit ESC-
Taste

LOOP
END

SUB lese.lpt (inbyte)
'=============================================================
'
'
' Unterprogramm: lese.lpt
'
'
'
' Funktion:  Dieses Unterprogramm liest über die Drucker-    '
'            schnittstelle ein Byte ein. Das Ergebnis steht '
'            in der Variablen inbyte.                        '
'                                                            '
'=============================================================
```

```
    '
    '-------------------- Daten einlesen --------------------
    '
    OUT steureg, 0            'init=0
    inbyte1 = INP(statreg)    'einlesen von D0, D1, D2, und D3
    OUT steureg, 4            'init=1
    inbyte2 = INP(statreg)    'einlesen von D4, D5, D6, und D7
    '
    '------------ Ordnen der eingelesenen Datenbits ---------
    '
    'inbyte1:        Statusregister Bit 4 (SLCT)      ist D0
    '                Statusregister Bit 5 (PE)        ist D1
    '                Statusregister Bit 6 (ACK)       ist D2
    '                Statusregister Bit 5 (BUSY)      ist /D3
    'inbyte2:        Statusregister Bit 4 (SLCT)      ist D4
    '                Statusregister Bit 7 (PE)        ist D5
    '                Statusregister Bit 6 (ACK)       ist D6
    '                Statusregister Bit 5 (BUSY)      ist /D7
    '
    inbyte = (((inbyte1 XOR 128) AND &HF0) / 16) +
    ((inbyte2 XOR 128) AND &HF0)

END SUB
```

3.3 8-Kanal, 8 Bit mit ADC0809

Der A/D-Wandler ADC0809 ähnelt sehr stark dem ADC0804 aus Kapitel 3.2. Der wesentliche Unterschied liegt in der erweiterten Anzahl an Eingangskanälen. Insgesamt stehen dem Anwender acht Kanäle, die völlig unabhängig voneinander arbeiten, zur Verfügung. Anzumerken ist dabei, daß die Spannungen gegen 0 V-Potential gemessen werden. Besonders erwähnenswert ist die niedrige Stromaufnahme von typ. 300 µA. Die Wandlungszeit beträgt 100 µs. Der ADC0809 kann mit folgenden technischen Daten aufwarten:

- Kein Null-Abgleich erforderlich
- 8-Kanal-Multiplexer mit Adressierlogik
- 0 bis 5 V Analogeingangsbereich bei +5-V-Versorgungsspannung
- Alle Signale TTL-kompatibel
- Auflösung: 8 Bit
- Wandlungszeit: 100 µs
- Stromaufnahme: Typ. 0,3 mA

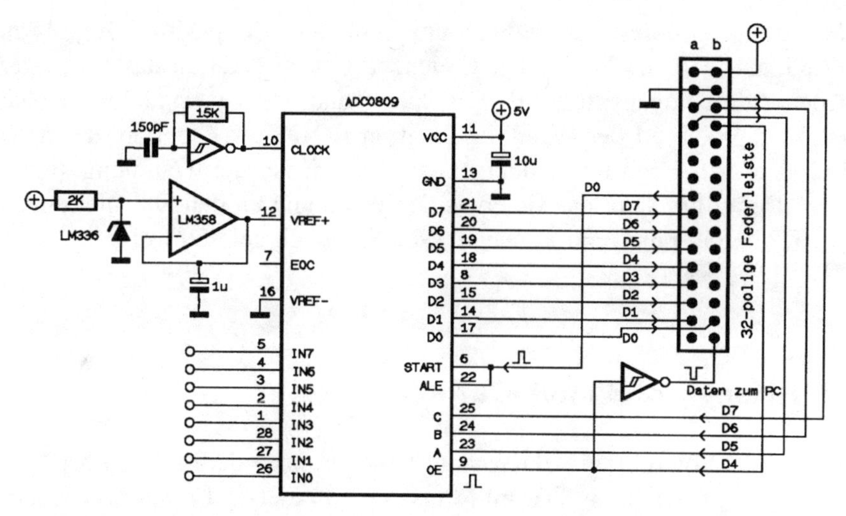

Abb. 3.15: 8-Kanal, 8 Bit A/D-Wandlermodul mit dem ADC0809

Abb. 3.15 zeigt eine typische Beschaltung des ADC0809. Diese Schaltung weist als Schnittstelle die 32-polige Federleiste auf, über die sich jedes Basismodul aus Kapitel 1 anschließen läßt. Auf diese Weise kann man den A/D-Wandler ADC0809 vom PC aus über die Druckerschnittstelle oder über die RS232-Schnittstelle ansteuern. Das Taktsignal für den A/D-Wandler muß extern erzeugt werden und ist dem Anschluß CLOCK zuzuführen. Die Referenzspannung gelangt über einen Spannungsfolger an den Anschluß VREF+, der einen Eingangswiderstand von ca. 2,5 KΩ aufweist. Die acht analogen Eingangskanäle sind an die Anschlüsse IN0 bis IN7 heranzuführen. Welcher der Kanäle gewandelt werden soll, bestimmt das Bitmuster an den Adreßeingängen A, B, C. Es gilt dabei folgende Zuordnung:

C	B	A	aktiver Eingangskanal
0	0	0	IN0
0	0	1	IN1
0	1	0	IN2
0	1	1	IN3
1	0	0	IN4
1	0	1	IN5
1	1	0	IN6
1	1	1	IN7

Die Arbeitsweise des ADC0809 ist unkompliziert. Ein positiver Impuls an START aktiviert die Wandlung. Gleichzeitig wird dadurch das Bitmuster an den Adreßeingängen A, B, C gelatcht und der zu wandelnde Kanal bestimmt. Während der Wandlung liegt an EOC Low-Pegel an, der nach ca. 100 µs auf High-Pegel übergeht und das Ende der Wandlung signalisiert. Daraufhin steht das Ergebnis der Wandlung an den Datenleitungen D0...D7 bereit. Für OE=1 können diese schließlich gelesen werden.

3.4 1-Kanal, 12 Bit mit ICL7109

Alle bisher aufgeführten A/D-Wandler arbeiten nach dem Prinzip der sukzessiven Approximation. Der im folgenden eingesetzte 12-Bit-A/D-Wandler ICL7109 hingegen ist nach dem Dual-Slope-Verfahren konzipiert. Hierbei wird für eine feste Zeit t ein Kondensator über einen Widerstand mit der Spannung U_x aufgeladen. Nach Ablauf der Zeit t wird die Referenzspannung mit entgegengesetztem Vorzeichen integriert und ein Zähler gestartet. Daraufhin verkleinert sich der Ausgang des Integrators, bis ein Komparator den Nulldurchgang feststellt und den Zählerstand stoppt. Der Zählerstand ist dann direkt proportional der Eingangsspannung Ux. Für die Genauigkeit der Umsetzung ist lediglich die Taktfrequenz sowie die Referenzspannung verantwortlich. Da sich dies mit recht einfachen Mitteln realisieren läßt, erreicht man beim Dual-Slope-Verfahren eine hohe Genauigkeit. Einen weiterern Vorteil stellt die gute Brummunterdrückung dar. Durch die Integration der Spannung fällt die überlagerte Brummspannung weg, falls die Zeit t als ein ganzzahliges Vielfaches der Periode der Netzfrequenz gewählt wird.

Der ICL7109 ist ein 12-Bit-A/D-Wandler mit TTL-kompatiblen Tristate-Ausgängen. Zusätzlich zu den 12 Datenbits stehen ein Polaritäts- und Überlaufbit zur Verfügung. Hohe Genauigkeit bei geringem Preis machen dieses IC interessant.

Technische Daten:

- ❑ 12-Bit-Auflösung
- ❑ Differentielle Eingänge für Spannung und Referenz
- ❑ Stromaufnahme: ca. 1,5 mA
- ❑ Polaritätsbit
- ❑ Überlaufbit
- ❑ ±5-V-Versorgungsspannung

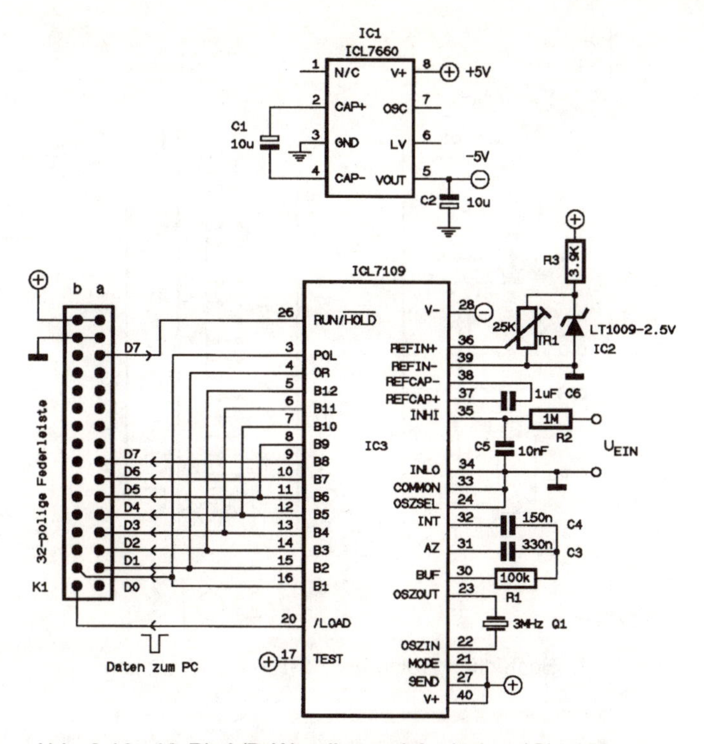

Abb. 3.16: 12-Bit A/D-Wandlermodul mit dem ICL7109

Abb. 3.16 zeigt die Beschaltung des ICL7109. Der A/D-Wandler wird hier im Handshake-modus betrieben, in dem der MODE-Anschluß (Pin 21) auf +5 V gelegt wird. Die Kommunikation mit einem Basismodul für die serielle Schnittstelle aus Kapitel 1 ist denkbar einfach. Zuerst ist der Anschluß RUN/HOLD auf High zu legen. Daraufhin führt der Baustein eine Wandlung nach der anderen durch. Zu welchem Zeitpunkt gültige Daten bereitstehen, signalisiert das Signal /LOAD. Die Daten werden in zwei Bytes übertragen. Zuerst folgt das höherwertige MSB mit Polaritätsbit POL, Überlaufbit OR und den Datenbits B12...B9, danach das niederwertigere LSB mit den verbleibenden Datenbits B8...B1. Der Low-Impuls am LOAD-Ausgang startet die Aussendung des momentan gültigen Datenbytes an den PC. Dort ist lediglich noch eine Auswertung der Datenbits erforderlich.

Der Bestückungsplan des 12-Bit-A/D-Wandlermoduls ist in *Abb. 3.17* zu erkennen, die Platinenvorlage zeigt *Abb. 3.18*.

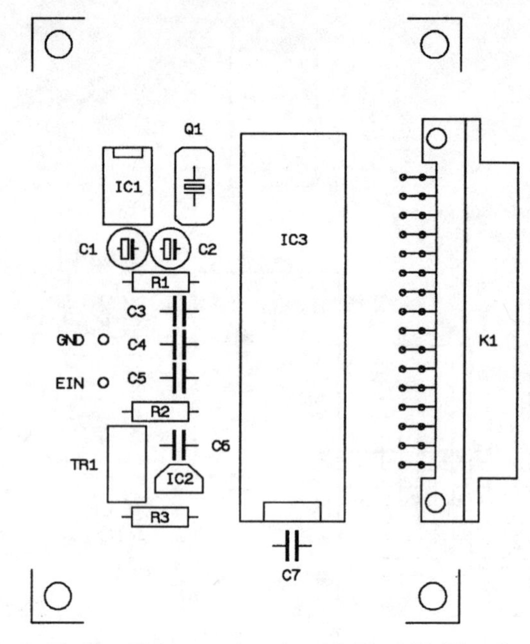

Abb. 3.17: Bestückungsplan des 12-Bit-A/D-Wandlermoduls

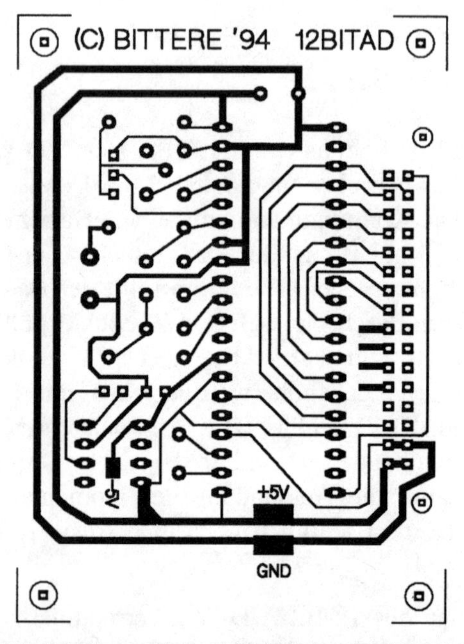

Abb. 3.18: Platinenvorlage des 12-Bit-A/D-Wandlermoduls

Das folgende Listing des Programms 7109COM.BAS zeigt, wie die Hardware in QBasic angesprochen wird.

```
'=============================================================
'                                                            '
' Programm:  7109COM                                         '
'                                                            '
' Funktion:  Mit diesem Programm läßt sich über die          '
'            serielle Schnittstelle des PC das 12-Bit        '
'            A/D-Wandlermodul in Abb. 3.16 ansteuern. Der    '
'            gewandelte Spannungswert wird ständig auf dem   '
'            Bildschirm ausgegeben.                          '
'                                                            '
' Hardware:  Es ist ein Basismodul aus Kapitel 1 sowie das   '
'            12-Bit A/D-Wandlermodul erforderlich.           '
'                                                            '
'=============================================================

DECLARE SUB lese.com (inbyte)
        CLS
        UREF = .5    'UREF = 0.5 Volt
'
'------------------ Öffnen von COM2 mit 9600 Baud -----------
'
        OPEN „com2:9600,N,8,1,CS,DS" FOR RANDOM AS #1
'
'------------------ RUN/HOLD auf High -----------------------
'
        PRINT #1, CHR$(128);
'
'-------- Beginn der Endlosschleife für die A/D-Wandlung ----
'
        DO
'
'------------- HighByte einlesen: POL, OR, B12-B9 -----------
'------------- und Datenbits selektieren --------------------
        CALL lese.com(inbyte)
        wertigkeit = 0
        FOR i = 2 TO 5
        Bit = (inbyte AND 2 ^ i) / 2 ^ i
        wertigkeit = wertigkeit + Bit * 2 ^ (13 - i)
        NEXT
        POL = (inbyte AND 2 ^ 0) / 2 ^ 0         'Polarität
        OVR = (inbyte AND 2 ^ 1) / 2 ^ 1         'Überlauf
'
'------------------ LowByte einlesen: B8-B1 -----------------
'
        CALL lese.com(inbyte)
        wertigkeit = wertigkeit + inbyte
        u = INT(10000 * wertigkeit * 2 * UREF / 4096) / 10000
        IF OVR = 1 THEN PRINT „Überlauf"
```

```
        IF POL = 1 AND OVR = 0 THEN PRINT
        „Die Spannung beträgt:  +"; u; „ Volt"
        IF POL = 0 AND OVR = 0 THEN PRINT
        „Die Spannung beträgt:  -"; u; „ Volt"

        IF INKEY$ = CHR$(27) THEN EXIT DO
       'Abbruch mit ESC-Taste
        LOOP

        PRINT #1, CHR$(0);
        CLOSE 1
        END

SUB lese.com (inbyte)
'=============================================================
'                                                            '
'Unterprogramm: lese.com                                     '
'                                                            '
'Funktion:  Dieses Unterprogramm liest über die serielle     '
'           Schnittstelle ein Byte ein. Falls die Daten-     '
'           übertragung gestört sein sollte, wird ein        '
'           Meldetext eingeblendet und das Programm beendet.'
'                                                            '
'=============================================================
        i = 0
        DO
        i = i + 1
        '
        '-------- Falls Byte vorhanden ist loc(1) >= 1 ------
        '
        IF LOC(1) >= 1 THEN
        in$ = INPUT$(1, #1)
        inbyte = ASC(in$)
        GOTO beenden
        END IF
        '
        '---------- Neuer Versuch Daten einzulesen ----------
        '
        LOOP UNTIL i = 1000         ' Maximal 1000 Versuche
        '
        '---------- Kein Byte empfangen !! ------------------
        '
        CLS
        PRINT „Datenübertragung ist gestört !!!!"
        PRINT
        PRINT „Es wird kein Zeichen empfangen !!!!"
        PRINT
        PRINT „Bitte prüfen Sie: Schnittstellenverbindung,
        Hardware ..."
        END
beenden:

END SUB
```

3.5 8-Kanal, 12 Bit direkt an der seriellen Schnittstelle

Der Baustein MAX186 von Maxim ist ein 8-Kanal, 12-Bit-A/D-Wandler der neuesten Generation. Was noch vor ein paar Jahren mit erheblichem Schaltungsaufwand verbunden war, integriert der MAX186 auf einem Chip. Neben einem 8-Kanal Multiplexer, Track & Hold und einem seriellen Interface enthält er auch eine Spannungsreferenz sowie einen internen Takt. Als Spannungsversorgung sind +5 V oder ±5 V möglich. Die acht Analogeingänge können softwaremäßig für bipolare oder unipolare Anwendungen als auch aus Masse bezogen oder differentiell konfiguriert werden. In Verbindung mit der RS232-Schnittstelle ist das IC besonders interessant, da der geringe Stromverbrauch von 1,5 mA es erlaubt, die Spannungsversorgung aus den Steuerleitungen der Schnittstelle zu entnehmen.

Für den Aufbau eines 8-Kanal 12-Bit A/D-Wandlers an der seriellen Schnittstelle des PCs sind nur wenige zusätzliche Bauelemente erforderlich.

Folgende technische Daten zeichnen den MAX186 aus:

- Acht auf Masse bezogene Eingänge (single ended) oder vier differentielle Eingänge
- 12 Bit Auflösung
- +5-V- oder ±5-V-Spannungsversorgung
- Geringe Stromaufnahme: 1,5 mA
- Interner Track & Hold
- Interne Referenzspannung von 4,096 V
- Softwaremäßig einstellbar: Unipolare oder bipolare Eingänge
- Maximale Wandlungszeit: 10 µs

Abb. 3.19 zeigt die Pinbelegung des 20poligen ICs.

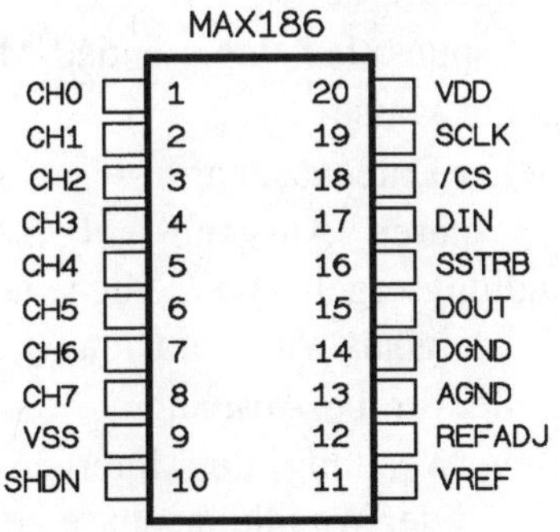

MAX186

Signal	Pin	Pin	Signal
CH0	1	20	VDD
CH1	2	19	SCLK
CH2	3	18	/CS
CH3	4	17	DIN
CH4	5	16	SSTRB
CH5	6	15	DOUT
CH6	7	14	DGND
CH7	8	13	AGND
VSS	9	12	REFADJ
/SHDN	10	11	VREF

Abb. 3.19: Pinbelegung des MAX186

Es folgt die Funktionsbeschreibung der einzelnen Pins:

Pin	Name	Funktion
1	CH0	Analogeingänge (CH0 entspricht Kanal 0 usw.)
2	CH1	
3	CH2	
4	CH3	
5	CH4	
6	CH5	
7	CH6	
8	CH7	
9	VSS	Negative Versorgungsspannung Anzuschließen an –5 V ±5 % oder an AGND
10	/SHDN	SHUT DOWN Führt dieser Eingang Low-Pegel, sind sämtliche Funktionen des ICs außer Betrieb. Der Versorgungsstrom beträgt dann lediglich 10 µA. Für Standardanwendungen sollte der Pin nirgends angeschlossen werden. In dieser Betriebsart ist dann ein 4,7-µF-Kondensator an den Anschluß VREF anzuschließen.
11	VREF	Referenzspannung für die A/D-Wandlung Dieser Anschluß sollte über einen 4,7-µF-Kondensator auf Masse gelegt werden. Gleichzeitig ist VREF der Referenzspannungseingang bei Verwendung einer externen Referenz.
12	REFADJ	Über diesen Eingang kann ein Abgleich der internen Referenzspannung durchgeführt werden. Der Einstellbereich beträgt ±1,5 %.
13	AGND	Analoge Masse Bezugspunkt bei single-ended-Messungen
14	DGND	Digitale Masse
15	DOUT	Serieller Datenausgang Über diesen Ausgang gelangen die Datenbits des Wandlungsergebnisses. Mit jeder fallenden Flanke des SCLK-Signals wird ein Bit ausgegeben.
16	SSTRB	Serieller Strobe-Ausgang Bei Verwendung des internen Taktes geht SSTRB während der Wandlungsphase auf Low-pegel. Ist CS=1, dann ist der Ausgang hochohmig.

17	DIN	Serieller Dateneingang Über diesen Eingang wird mit der fallenden Flanke an SCLK ein Steuerbyte in den MAX186 getaktet.
18	/CS	Chip Select Das Steuerbyte kann nur für CS=0 eingelesen werden. Führt CS High-Pegel, ist DOUT hochohmig.
19	SCLK	Serieller Takteingang SCLK ist der Takteingang für die serielle Eingabe des Steuerbytes und für das serielle Auslesen des Wandlungsergebnisses.
20	VDD	Positive Versorgungsspannung: +5 V ±5 %

Datenübertragung

Das Timing bei der Datenübertragung zwischen dem MAX186 und einem anderen Baustein zeigt *Abb. 3.20.*

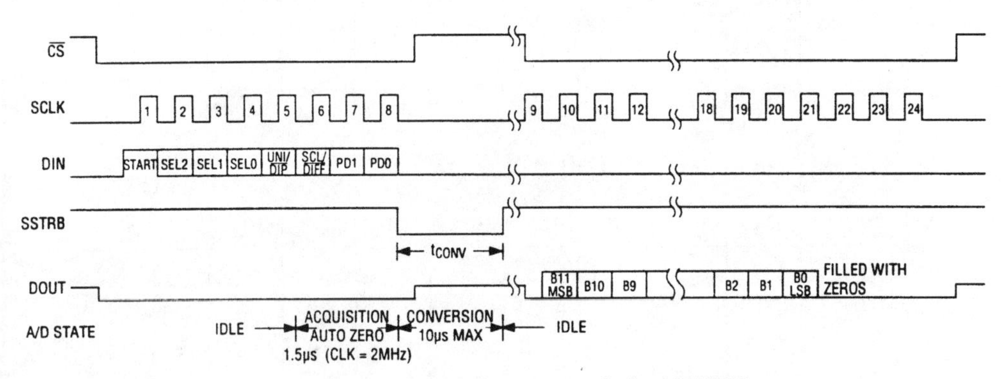

Abb. 3.20: Timing der seriellen Datenübertragung beim MAX186

Diese Betriebsart nutzt für die A/D-Wandlung den internen Takt. Für die Datenübertragung sind lediglich drei Steuerleitungen erforderlich: SCLK, DIN und DOUT. Eine vollständige Datenübertragung läßt sich in drei Phasen unterteilen. Als erstes wird ein Steuerbyte in den MAX186 getaktet, das die genaue Betriebsart der A/D-Wandlung festlegt. Daraufhin beginnt die eigentliche Umsetzung des analogen Eingangssignals in digitale Werte. Nach Beendigung der Wandlung kann das Ergebnis seriell ausgelesen werden. Aus Abb. 3.20 geht hervor, daß jedes einzelne Bit des Steuerbytes mit der positiven Flanke des SCLK-Signals in MAX186 übertragen wird. Bit 7 ist das Startbit, das immer High-Pegel aufweist. Mit den drei darauffolgenden Bits SEL2, SEL1, SEL0 wird der zu wandelnde Analogeingang ausgewählt. Das nächste Bit legt die unipolare (Bit=1) oder bipolare (Bit=0)

Messung fest. Mit Bit 2 kann der Anwender auf Masse bezogen messen (SGL/DIFF=1) oder aber die Differenz zwischen zwei Analogeingängen wandeln (SGL/DIFF=0). Die beiden letzten Bits sind für den Betriebsmodus „interner Takt“ mit PD1 = 1 und PD0 = 0 zu belegen.

Die folgende Tabelle zeigt die Zuordnung der Steuerbits SEL2, SEL1 und SEL0 zum angewählten Analogeingang.

Unipolare Messung: SGL/DIFF=1

SEL2	SEL1	SEL0	CH0	CH1	CH2	CH3	CH4	CH5	CH6	CH7	AGND
0	0	0	+								–
1	0	0		+							–
0	0	1			+						–
1	0	1				+					–
0	1	0					+				–
1	1	0						+			–
0	1	1							+		–
1	1	1								+	–

Bipolare Messung: SGL/DIFF=0

SEL2	SEL1	SEL0	CH0	CH1	CH2	CH3	CH4	CH5	CH6	CH7
0	0	0	+	–						
0	0	1			+	–				
0	1	0					+	–		
0	1	1							+	–
1	0	0	–	+						
1	0	1			–	+				
1	1	0					–	+		
1	1	1							–	+

Nach Einschreiben des Steuerbytes geht SSTRB auf Low, was den Beginn der A/D-Wandlung signalisiert. Nach ca. 10 µs ist die Wandlung beendet und SSTRB nimmt wieder High-Pegel an. Daraufhin lassen sich die einzelnen Datenbits des Wandlungsergebnisses mit jeder negativen Flanke des SCLK-Signals am Ausgang DOUT auslesen. Mit der ersten fallenden Flanke erscheint Bit 11 (Wertigkeit = 2^{11} = 2048) dann Bit 10 usw., bis schließlich das niederwertigste Bit 0 (Wertigkeit = 2^{0} = 1) am Ausgang erscheint. Schließlich sind noch vier Bits auszutakten, deren Wert für das Ergebnis der Wandlung völlig unerheblich ist.

Hardware

Abb. 3.21 zeigt die Schaltung des 8-Kanal 12-Bit-A/D-Wandlers zum Betrieb an der RS232-Schnittstelle des PCs.

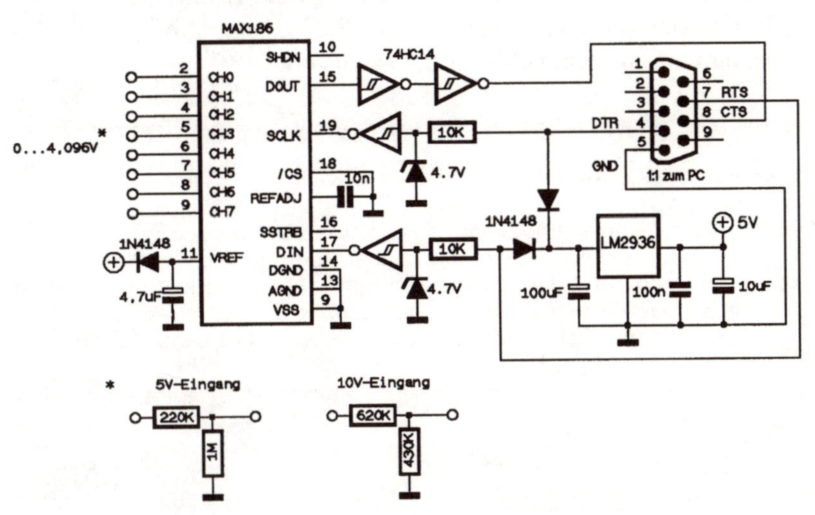

Abb. 3.21: 8-Kanal 12-Bit A/D-Wandler mit dem MAX186

Das Kernstück der Schaltung bildet der A/D-Wandler MAX186. Die Versorgungsspannung von 5 V generiert der LM2936. Dieses IC zeichnet sich vor allem durch zwei technische Features aus. Zum einem weist der Spannungsregler einen extrem niedrigen Ruhestrom von einigen zig µA auf, zum anderen darf die Eingangsspannung bis 5,2 V betragen, um noch stabilisierte 5 V am Ausgang bereit stellen zu können. Die Eingangsspannung erhält der LM2936 von den beiden Signalen DTR und RTS, die über die Dioden 1N4148 den 100 µF-Kondensator aufladen. Durch diese Beschaltung wird die erforderliche Eingangsspannung am LM2936 auch dann garantiert, wenn beispielsweise DTR kurzzeitig auf Low-Pegel geht.

Die Steuersignale DTR und RTS werden aber nicht nur zur Spannungsversorgung herangezogen, sondern sie bilden noch die Datenbits DIN und den Lese- bzw. Schreibtakt SCLK. Die Spannungsanpassung zwischen den ±12-V-Pegel von DTR und RTS auf TTL-Pegel erledigt eine Zenerdiode mit vorgeschaltetem Widerstand. Über den Eingang CTS werden die am Ausgang DOUT anstehenden Datenbits vom PC gelesen.

Software

Bei der Programmierung des 8-Kanal, 12-Bit-A/D-Wandlers ist vor allem die Invertierung der Signale DTR und RTS zu beachten. Das Ansprechen dieser Signale sowie das Abfragen des logischen Pegels von CTS wurde ausführlich in Kapitel 1.2 beschrieben. Es folgt das Listing des Programms MAX186.BAS, das die Hardware in Abb. 3.21 anspricht und die gemessenen Spannungen auf dem Bildschirm visualisiert.

```
'=============================================================
'                                                            '
' Programm:  MAX186                                          '
'                                                            '
' Funktion:  Dieses Programm steuert die Schaltung in Abb.   '
'            3.21 über die serielle Schnittstelle des PCs    '
'            so an, daß die Spannung aller acht Kanäle       '
'            gemessen und auf dem Bildschirm angezeigt wer-  '
'            den. Die Auflösung pro Kanal beträgt 12 Bit.    '
'                                                            '
'=============================================================
      COLOR 0, 15
      CLS
      '
      basadr = &H2F8           ' Basisadresse COM2
      '
      a$ = „8-Kanal 12-Bit A/D-Wandler an der RS232-Schnitt-
      stelle"
      a = LEN(a$): b = (80 - a) / 2 - 1
      LOCATE 1, b: PRINT CHR$(201);
      STRING$(a + 2, CHR$(205)); CHR$(187)
      LOCATE 2, b: PRINT CHR$(186)
      LOCATE 2, b + 2: PRINT a$
      LOCATE 2, a + b + 2: PRINT CHR$(186)
      LOCATE 3, b: PRINT CHR$(200);
      STRING$(a + 2, CHR$(205)); CHR$(188)
      PRINT
      LOCATE 5, 20: PRINT „Spannung an Kanal 0:"
      LOCATE 7, 20: PRINT „Spannung an Kanal 1:"
      LOCATE 9, 20: PRINT „Spannung an Kanal 2:"
      LOCATE 11, 20: PRINT „Spannung an Kanal 3:"
      LOCATE 13, 20: PRINT „Spannung an Kanal 4:"
      LOCATE 15, 20: PRINT „Spannung an Kanal 5:"
      LOCATE 17, 20: PRINT „Spannung an Kanal 6:"
      LOCATE 19, 20: PRINT „Spannung an Kanal 7:"
      LOCATE 23, 1: PRINT „Bedienung:"
      LOCATE 23, 20: PRINT „ESC: Beenden "
      FOR i = 0 TO 7: LOCATE 5 + 2 * i, 55: PRINT „Volt":
      NEXT
'
'----------------- DTR und RTS auf +12V -------------------
'
```

```
    OUT (basadr + 4), INP(basadr + 4) OR 3
'
    CH = 0
'------------ Endlossschleife beginnt: ---------------------
'------------ alle 8 Kanäle werden nacheinander gewandelt ---
'
    DO
    HELP = 4 * CH MOD 7
    IF CH = 7 THEN HELP = 7
    steuerbyte = 142 + 16 * HELP    ' unipolar, single ended
                                    ' interner clock
'
'------------------ Steuerwort seriell zum MAX186 -----------
'------------------ DIN = /RTS und SCLK = /DTR -------------
'
    FOR i = 7 TO 0 STEP -1
    DIN = (steuerbyte AND 2 ^ i) / 2 ^ i
    IF DIN = 0 THEN OUT (basadr + 4), INP(basadr + 4) OR 2
    IF DIN = 1 THEN OUT (basadr + 4), INP(basadr + 4) AND (255
    - 2)
'
'------------------ SCLK-Impuls erzeugen --------------------
'
    OUT (basadr + 4), INP(basadr + 4) AND (255 - 1) '
    SCLK=1
    OUT (basadr + 4), INP(basadr + 4) OR 1          '
    SCLK=0
    NEXT
'
'------------------ Wandlung läuft jetzt --------------------
'
    FOR i = 1 TO 5: NEXT    ' mindestens 10 us abwarten
'
'------------------ Ergebnis abholen ------------------------
'
    wertigkeit = 0
    FOR i = 11 TO 0 STEP -1
    OUT (basadr + 4), INP(basadr + 4) AND (255 - 1)
    ' SCLK=1
    OUT (basadr + 4), INP(basadr + 4) OR 1
    ' SCLK=0
    CTS = (INP(basadr + 6) AND 16) / 16
    wertigkeit = wertigkeit + CTS * 2 ^ i
    NEXT
'
    FOR i = 1 TO 4
    OUT (basadr + 4), INP(basadr + 4) AND (255 - 1)
    ' SCLK=1
    OUT (basadr + 4), INP(basadr + 4) OR 1
    ' SCLK=0
    NEXT
'
'------------------ Berechnung der Ausgangsspannung ---------
```

```
'
    volt = wertigkeit * 4.096 / 4096
    LOCATE 5 + (2 * CH), 45: PRINT USING „#.###"; volt
    IF INKEY$ = CHR$(27) THEN EXIT DO
    CH = CH + 1: IF CH = 8 THEN CH = 0

    LOOP
    END
```

Abb. 3.22 zeigt den Bildschirmaufbau nach Start des Programms MAX186.BAS.

```
8-Kanal 12-Bit A/D-Wandler an der RS232-Schnittstelle

        Spannung an Kanal 0:     3.089     Volt
        Spannung an Kanal 1:     2.673     Volt
        Spannung an Kanal 2:     0.742     Volt
        Spannung an Kanal 3:     1.079     Volt
        Spannung an Kanal 4:     1.399     Volt
        Spannung an Kanal 5:     4.095     Volt
        Spannung an Kanal 6:     4.095     Volt
        Spannung an Kanal 7:     2.068     Volt

Bedienung:          ESC: Beenden
```

Abb. 3.22: Bildschirmaufbau nach Start des Programms MAX186.BAS

3.6 Anwendungen mit A/D-Wandlern

3.6.1 Strommessung

Die Messung eines Stromes erfolgt durch Anwendung des Ohmschen Gesetzes, in dem man über einen Widerstand den Spannungsabfall mißt, den der durchfließende Strom verursacht. *Abb. 3.23* zeigt eine Schaltung, die ein Operationsverstärker sowie vier Widerstände erfordert. Mit der angegebenen Formel für die Ausgangsspannung läßt sich der Strom I wie folgt berechnen:

$$I = \frac{R1 \cdot U_{AUS}}{R2 \cdot R}$$

Bei der Anwendung der Formel sollte beachtet werden, daß die Widerstände R1, R2 paarweise exakt identisch sind. Die Paarungstoleranz der Widerstände sollte besser als 0,5 % sein. Ein besonderer Vorteil der Schaltung ist, daß das Gleichtaktpotential am Widerstand R größer als die Versorgungsspannung des Operationsverstärkers sein kann. Es gilt lediglich die Einschränkung, daß die Spannung an den Eingängen des Operationsverstärkers im Gleichtaktbereich des Verstärkers liegen.

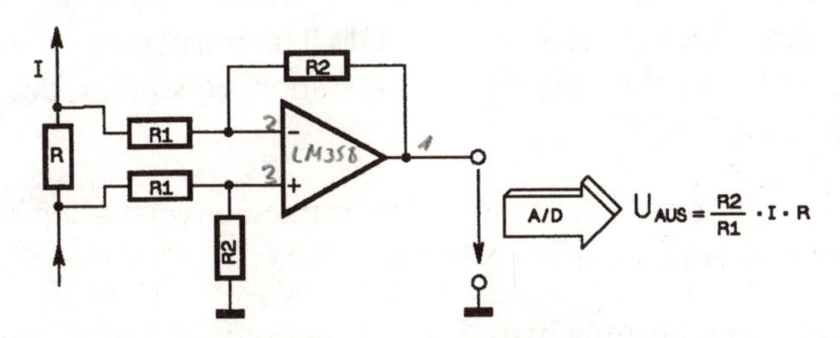

Abb. 3.23: Schaltung zur Strommessung

3.6.2 Spannungsdifferenzmessung

In vielen meßtechnischen Anwendungen ist es erforderlich, sehr kleine Spannungsdifferenzen zu messen. Als Beispiel lassen sich Dehnungsmeßstreifen anführen, die bei maximaler Belastung nur 20…30 mV abgeben. Dieses Signal ist aber nicht auf Masse bezogen, sondern ihm ist eine Gleichtaktspannung von einigen Volt überlagert. Zur Messung solcher Signale eignet sich der Instrumentenverstärker in *Abb. 3.24.*

Kennzeichnend für Instrumentenverstärker sind ihre hohe Eingangsimpedanz und Gleichtaktunterdrückung sowie die präzise einstellbaren Verstärkungsfaktoren. Diese Eigenschaften machen sie ideal zur exakten Verstärkung kleiner Signale, die einem hohen Gleichtaktsignal überlagert sind.

Die beiden Eingangsstufen in Abb. 3.24 verfügen über einen gemeinsamen Gegenkopplungswiderstand R1. Diese Tatsache verleiht den Eingängen der beiden Operationsverstärker ihr Differenzverhalten.

Die Eingangsspannungen U1 und U2 werden über die Gegenkopplungen der beiden Operationsverstärker auf beiden Seiten von R1 übertragen, so daß hier ein Spannungswert ansteht, der der Differenz der Eingangsspannung entspricht. Diese Spannung treibt einen gemeinsamen Strom durch R1, der wiederum eine verstärkte Differenzspannung am Ausgang zur Folge hat.

Der wesentliche Vorteil dieser Schaltung besteht darin, daß man durch Variation eines einzigen Widerstandes (R1) die Differenzverstärkung einstellen kann.

Gleichtaktspannungen, also Spannungen, die an beiden Eingängen gleichzeitig anliegen, liefern kein Signal an R1 und werden somit auch nicht verstärkt. Sie erscheinen allerdings mit der Verstärkung eins an den Ausgängen der beiden Operationsverstärker. Die Unterdrückung dieser Gleichtaktkomponente übernimmt der letzte Operationsverstärker, der als Subtrahierer wirkt.

Zusammenfassend lassen sich für den Instrumentenverstärker in Abb. 3.24 folgende Vorteile aufzählen:

- ❑ Sehr hohe Eingangsimpedanz

  Im Unterschied zum einfachen Subtrahierer sind Eingangs- und Rückkopplungskreis getrennt. Die Signalquelle wird nur mit dem Eingangsstrom des Instrumentenverstärkers belastet. Der Eingangswiderstand kann somit im Bereich von 10^{12} Ω liegen.

- ❑ Geringes Rauschen

  Beim einfachen Subtrahierer werden voneinander unabhängige Rauschquellen wirksam:

  a) thermisches Rauschen der Eingangswiderstände,

  b) das eigentliche Eingangsrauschen,

  c) das Eingangsstromrauschen des Verstärkers.

  Die Rauschanteile a) und c) werden bei Verwendung eines Instrumentenverstärkers reduziert bzw. eliminiert.

- ❑ Geringe Verstärkungs-Nichtlinearität

  Die Leerlaufverstärkung des Instrumentenverstärkers liegt genügend weit über der Schleifenverstärkung von z.B. 1000, so daß Verstärkungs-Nichtlinearitäten von 0,05 % und besser erreicht werden.

- ❑ Einfache Verstärkungseinstellung

  Der Verstärkungsfaktor läßt sich lediglich durch Variieren des Widerstandes R1 bestimmen.

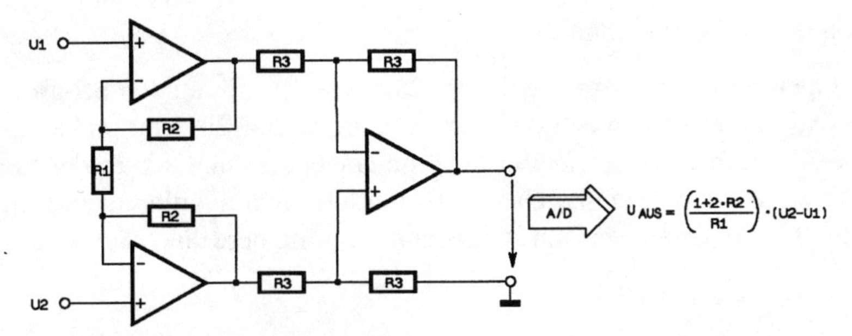

Abb. 3.24: Instrumentenverstärker

3.6.3 Widerstandsmessung

Zum Messen von Widerständen ist ein genauer Konstantstrom erforderlich, der durch den zu messenden Widerstand fließen soll. Über den Spannungsabfall läßt sich dann der gesuchte Widerstandswert errechnen. *Abb. 3.25* zeigt eine einfache und doch interessante Schaltung zur Widerstandsmessung. Kernstück der Schaltung ist ein Operationsverstärker, dessen Ausgangssignal einen MOS-Feldeffekttransistor ansteuert.

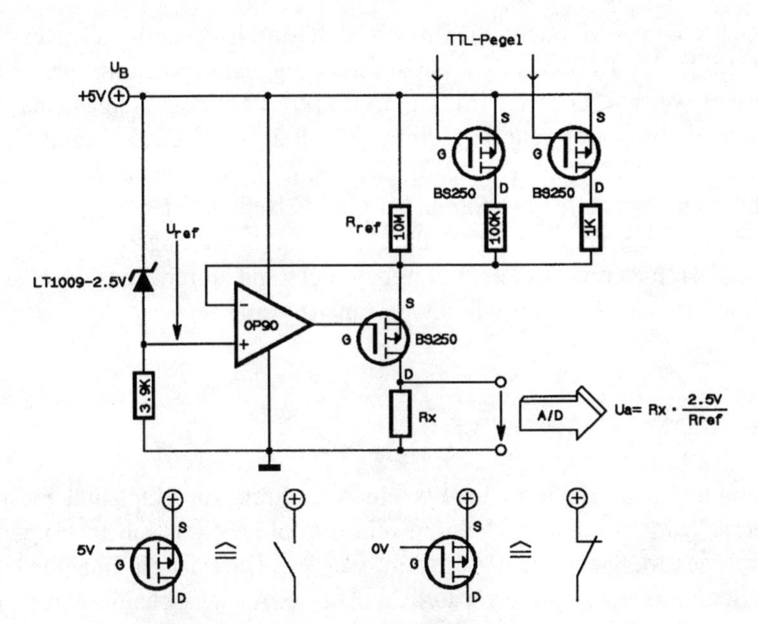

Abb. 3.25: Schaltung zur Widerstandsmessung

Wie arbeitet die Schaltung?

Der Operationsverstärker regelt über die Gate-Spannung den Strom I_{SD} so aus, daß am invertierenden und nichtinvertierenden Eingang praktisch dieselbe Spannung ansteht. Dieser Wert unterscheidet sich erst in der fünften Stelle hinter dem Komma. Die Spannung am nichtinvertierenden Eingang ist durch eine Referenzspannung vorgegeben und berechnet sich zu:

$$U+ = U_B - U_{REF} = U-$$

Aus dieser Gleichung läßt sich ableiten, daß die Spannung am Referenzwiderstand der Referenzspannung entspricht. Durch den Widerstand R_{REF} fließt somit ein konstanter Strom mit dem Wert $I = U_{REF} / R_{REF}$. Dieser Strom fließt über den BS250 auch durch den zumessenden Widerstand R_x. Die Größe dieses Widerstandes ist dabei unerheblich. Es ist lediglich zu beachten, daß der Spannungsabfall an R_x nicht größer werden kann, als $U_B - U_{REF}$.

Die Spannung an R_x kann schließlich über einen A/D-Wandler vom PC erfaßt werden. Der unbekannte Widerstandswert errechnet sich nach folgender Gleichung:

$$R_x = \frac{R_{REF} \cdot U_a}{U_{REF}}$$

Unterschiedliche Meßbereiche lassen sich durch Ändern des Referenzwiderstandes gewinnen. Für die Umschaltung kann ebenfalls der BS250 eingesetzt werden. Dieser wird am GATE mit TTL-Pegel angesteuert. Die Funktionsweise entspricht der eines Schalters. Liegen 5 V am GATE-Eingang, so sperrt der Transistor, was einem geöffneten Schalter entspricht. Legt man ein Low-Signal an GATE, schaltet der Transistor ohne nennenswerten Spannungsabfall durch. In der Schaltung nach Abb. 3.25 errechnet sich der wirksame Referenzwiderstand durch Parallelschaltung der Drain-Widerstände der leitenden Transistoren.

3.6.4 Kapazitätsmessung

In Kapitel 2.6.4.10 wurde bereits ein Verfahren zur Kapazitätsmessung erläutert. Während diese Schaltung rein digital arbeitet, soll im folgenden ein analoges Meßverfahren vorgestellt werden. Dazu ist ein linearer Kapazitäts-Spannungswandler erforderlich. Eine einfache Schaltung für einen derartigen Wandler zeigt *Abb. 3.26*.

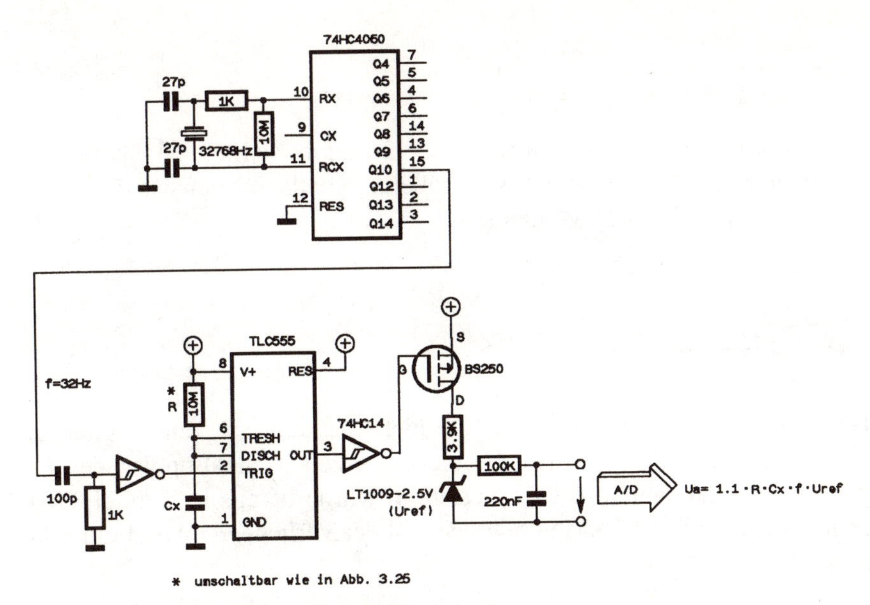

Abb. 3.26: Schaltung zur Kapazitätsmessung

Der zu messende Kondensator C_x wird zusammen mit einem Meßwiderstand R als Zeitkonstante einer monostabilen Kippstufe (TLC555) verwendet. Mit jedem negativen Triggerimpuls an Pin 2 des TLC555 geht der Ausgang OUT für die Dauer $T = 1{,}1 \cdot R \cdot C_x$ auf High-Pegel. Da sich die Impulszeit mit der Frequenz des Triggersignals (hier f = 32Hz) wiederholt, entsteht durch Integration der Ausgangsimpulse eine Gleichspannung, die der Kapazität C_x proportional ist. Die Formel zur Berechnung der Ausgangsspannung kann Abb. 3.26 entnommen werden. Für die Genauigkeit der Messung sind mehrere Größen maßgebend. Der Referenzwiderstand R kann je nach Genauigkeitsklasse mit 0,1...1 % sehr genau gewählt werden. Die Frequenz des Triggersignals wird von einem Quarz abgeleitet und verursacht einen völlig vernachläßigbaren Fehler. Als letzte Größe geht die Referenzspannung in die Genauigkeitsbetrachtung mit ein. Der angegebene Typ LT1009-2,5 weist eine Genauigkeit von 0,2 % auf. Zusammenfassend läßt sich sagen, daß mit der Schaltung in Abb. 3.26 trotz des relativ einfachen Aufbaues recht genaue Ergebnisse erzielt werden können.

Unterschiedliche Kapazitätsmeßbereiche lassen sich durch die Umschaltung des Widerstandes R gewinnen (vgl. Abb. 3.25).

Die Impulszeit des TLC555 sollte nicht länger als 2/3 der Periodendauer des Triggersignals sein. Damit läßt sich die maximal zumessende Kapazität wie folgt abschätzen.

$$C_x \leq \frac{2}{3} \cdot \frac{1}{f \cdot 1{,}1 \cdot R}$$

Mit den angegebenen Werten in Abb. 3.26 ergibt sich ein Meßbereich bis maximal 2 nF. Für die Messung größerer Kondensatoren ist der Widerstand R entsprechend zu verkleinern.

3.6.5 Frequenzmessung

Das übliche Meßverfahren zur Frequenzmessung ist rein digital und besteht darin, für eine genau definierte Torzeit T die Impulse des Eingangssignals zu zählen. Dieses Verfahren wurde bereits in Kapitel 2.6.4.3 angewandt. Eine andere Meßmethode soll der vorliegende Abschnitt erläutern.

Dabei wird eine analoge Ausgangsspannung erzeugt, die der Eingangsfrequenz proportional ist. Der dazu erforderliche Umsetzer ist schon im vorigen Kapitel zum Einsatz gekommen. *Abb. 3.27* zeigt die Schaltung zur analogen Frequenzmessung.

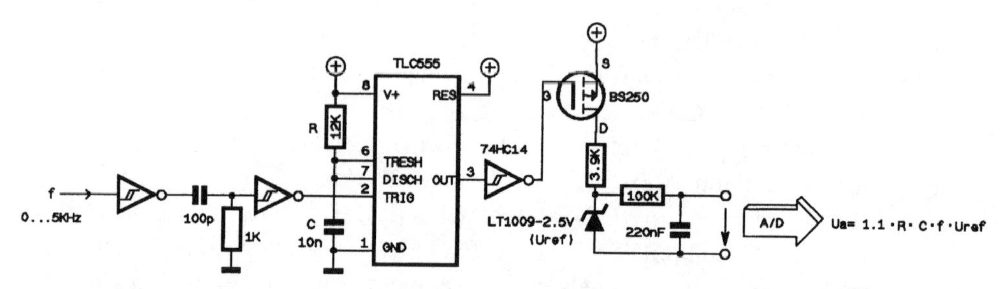

Abb. 3.27: Schaltung zur analogen Frequenzmessung

Das Eingangssignal gelangt nach einer Impulsformung an den Pin 2 des TLC555. Dieser erzeugt eine feste Impulszeit von T = 1,1 · R · C. Die Impulsfolge wird durch die Frequenz des Eingangssignals bestimmt. Ist die Frequenz klein, so ist der Gleichspannungsanteil der Ausgangsspannung U_a ebenfalls klein. Für höhere Frequenzen steigt der prozentuale Anteil der Pulszeit und die Ausgangsspannung steigt an. Die Schaltung entspricht einem Puls/Pausenmodulator, dessen Puls/Pausenverhältnis durch die Frequenz des Eingangssignals bestimmt wird. Für die Dimensionierung des Widerstandes R und des Kondensators C ist folgende Regel maßgebend: Die kleinste Periodendauer des Eingangssignals muß gut 150 % der Impulszeit T gewählt werden. Mit dieser Überlegung läßt sich die maximale Frequenz des Eingangssignals wie folgt berechnen:

$$f_{max} = \frac{2}{3} \cdot \frac{1}{1{,}1 \cdot R \cdot C}$$

3.6.6 Temperaturmessung

Als einfache Temperatursensoren eignen sich Bipolartransistoren, die aufgrund des inneren Aufbaus stark temperaturabhängig sind. Die Basis-Emitterspannung sinkt um ca. 2 mV/K. Betreibt man ein als Diode geschalteter Transistor mit konstantem Strom, so beträgt die Basis-Emitterspannung bei 0 °C ca. 600 mV und bei 100 °C ca. 400 mV. *Abb. 3.28* zeigt eine Schaltung, die dem negativen Temperaturkoeffizienten eines Bipolartransistors zur Temperaturmessung ausnutzt.

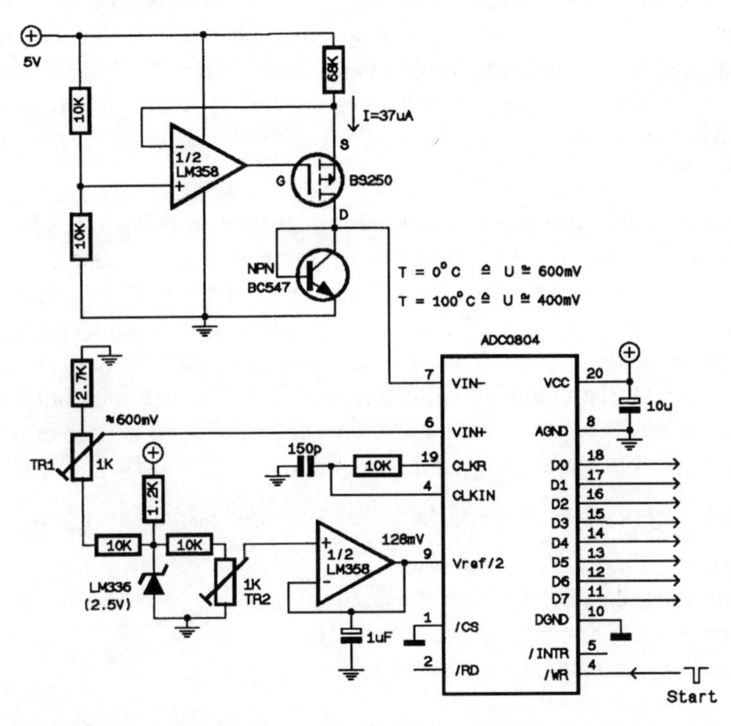

Abb. 3.28: Schaltung zur einfachen Temperaturmessung

Die erforderliche Konstantstromquelle wird mit Hilfe des LM358 und des MOS-Feldeffekttransistors BS250 realisiert. Da die Spannung am nichtinvertierenden und invertierenden Eingang des Operationsverstärkers dieselben Werte aufweisen muß, beträgt der Spannungsabfall am 68 K-Widerstand ca. 2,5 V. Der Spannungsabfall hat einen Strom von 37 µA zur Folge, der über den BS250 durch den Bipolartransistor fließt. Der genaue Wert spielt keine Rolle, sondern es ist lediglich darauf zu achten, daß der Strom kleiner 100 µA gewählt werden sollte. Nur dann ist eine Eigenerwärmumg des Sensors auszuschließen. Der Sensorausgang liegt am Eingang VIN- des ADC0804. Eine Offset-Spannung von ca. 600 mV wird auf den Eingang VIN+ gegeben. Das Meßsystem reagiert auf die Spannungsdifferenz, die bei 0 °C Sensortemperatur 0 V beträgt. Wählt man als Referenzspannung 128 mV, so beträgt der Meßbereich des A/D-Wandlers 256 mV, was einer Sensortemperatur von 128 °C entspricht. Bei dieser Einstellung entspricht die Änderung eines Bits einer Temperaturänderung von 0,5 °C.

Die Eichung des Thermometers ist nicht ganz unproblematisch. Nach dem Verlöten des Bipolartransistors sollten die Lötstellen mit gut isolierendem Lack abgedeckt werden. Anschließend gibt man Eiswürfel oder besser zerstoßenes Eis in kaltes Wasser, das dann als 0 °C-Referenz dient. Nachdem man den Sensor eingetaucht hat, gleicht man mit Hilfe des Trimmers TR1 die digitalen Werte des A/D-Wandlers auf den Wert 0 ab. Jetzt kommt der Sensor in leicht kochendes Wasser, das als 100 °C-Normal herangezogen wird. Mit TR2 wird jetzt auf den Wert 100 abgeglichen. Damit ist die Eichung beendet.

Eine genauere Temperaturmessung kann natürlich mit speziellen Sensoren vorgenommen werden. Ein Vertreter dieser Bausteine ist der LM35 von NSC. Der LM35 ist ein Präzisions-Temperatursensor, dessen Ausgangsspannung dirket proportional zur Sensortemperatur in Grad Celsius ist. Er benötigt keinerlei externe Komponenten zur Kalibrierung und verfügt im Raumtemperaturbereich eine Genauigkeit von 1/4 °C. Er kann bei symmetrischer als auch unsymmetrischer Versorgungsspannung betrieben werden. Der Versorgungsstrom beträgt lediglich 60 µA.

Folgende technische Daten machen dieses IC interessant.

- ❑ Direkt in Grad Celsius kalibriert
- ❑ 10 mV pro Grad Celsius als Ausgangssignal
- ❑ Garantierte Genauigkeit: 0,5 Grad Celsius
- ❑ Versorgungsspannung 4...30 Volt
- ❑ Stromaufnahme 60 µA
- ❑ Nichtlinearität: typ. 1/4 Grad Celsius

Abb. 3.29 zeigt eine Schaltung mit dem LM35 als Temperatursensor. Die Schaltung ähnelt der in Abb. 3.28, wobei die Eichung entfällt und die Referenzspannung auf 0,64 V einzustellen ist. Damit beträgt der Meßbereich 0 – 128 °C mit einer Auflösung von 0,5 °C.

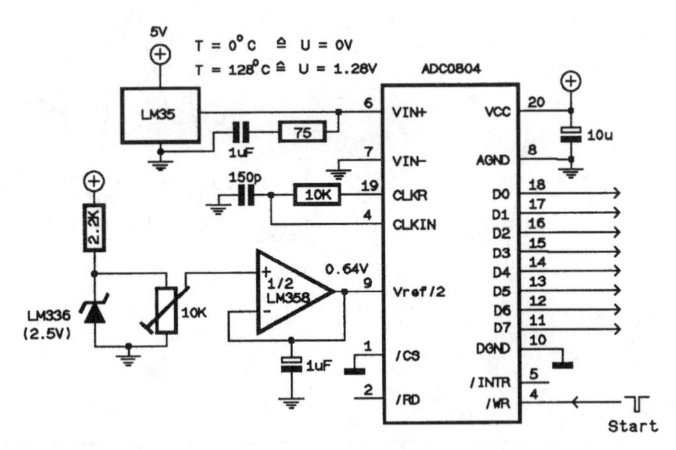

Abb. 3.29: Schaltung zur Temperaturmessung mit dem LM35

3.6.7 y(t)-Schreiber

Alle bisher vorgestellten Schaltungen erfassen über A/D-Wandler unterschiedliche Prozeßgrößen und geben die digitalen Werte an den PC weiter. Nun liegt es am Anwender, wie er die Meßwerte visualisieren und auswerten möchte. Eine Möglichkeit, Signale darzustellen, bietet ein y(t)-Schreiber. Er zeichnet Signale während eines bestimmten Zeitraumes auf und stellt die Amplitude über der Zeitachse dar. Eine typische Anwendung wäre zum Beispiel, die Raumtemperatur während eines Tages darzustellen. Das nachfolgende Programm YTSCHCOM.BAS stellt einen solchen y(t)-Schreiber in einfachster Form dar. Durch aufwendigere Programmierung kann man das Programm natürlich komfortabler gestalten und mit zusätzlichen Features versehen. Das Programm soll in erster Linie einen Einstieg darstellen und aufzeigen, welche Befehle in QBasic zur Visualisierung benötigt werden. Es gibt eine Reihe leistungsfähiger Grafik-Befehle, mit denen sich Meßwerte eindrucksvoll darstellen lassen. Der interessierte Leser sei dazu auf das Literaturverzeichnis im Anhang verwiesen. *Abb. 3.30* zeigt den Bildschirmaufbau des Programms nach Aufzeichnung eines Signals.

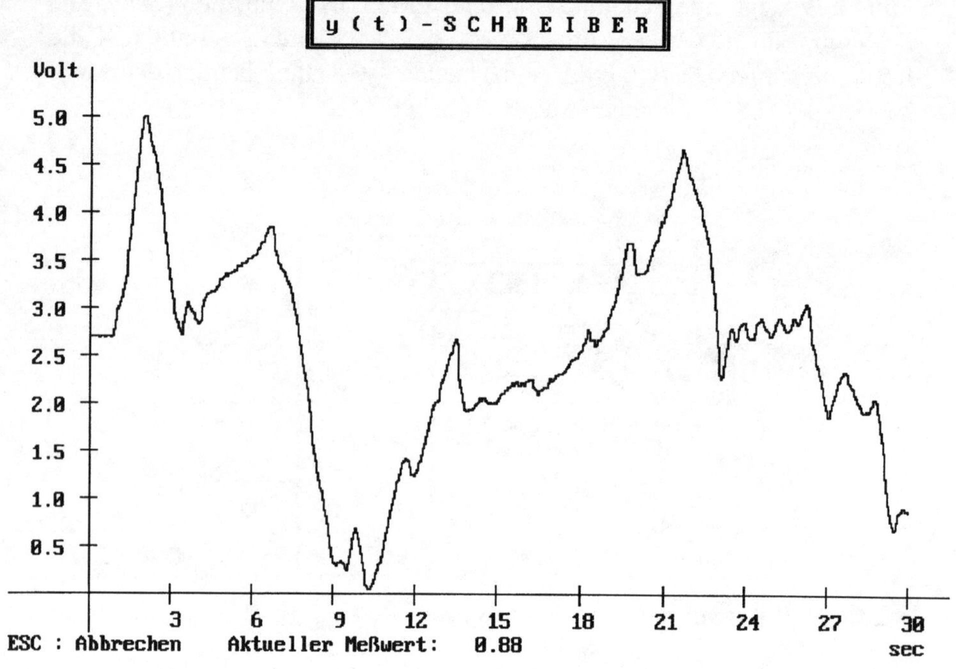

Abb. 3.30: y(t)-Schreiber

Das dazugehörende Listing lautet:

```
'=============================================================
'                                                            '
' Programm:   YTSCHCOM                                       '
'                                                            '
' Funktion:   Dieses Programm steuert das A/D-Wandlermodul   '
'             mit Meßbereichsumschaltung über die serielle   '
'             Schnittstelle des PCs an (vgl. Abb. 3.5) und   '
'             zeichnet die Meßwerte in einer y(t)-Grafik auf.'
'             Die Abtastzeit kann > 0.1s beliebig gewählt    '
'             werden.                                        '
'                                                            '
' Hardware:   Es ist das A/D-Wandlermodul nach Abb. 3.5      '
'             sowie ein Basismodul aus Kapitel 1.2 erforder- '
'             lich.                                          '
'                                                            '
'=============================================================

DECLARE SUB lese.com (inbyte)
        SCREEN 12
        '
```

```
'---------- Es gelten folgende Steuersequenzen: -----
'
'  Wertigkeiten        1   2   4   8   16  32  64  128
'                      D0  D1  D2  D3  D4  D5  D6  D7
' Wandlung starten:    1   0/1 x   x   x   Meßbereich
' Meßbereich 10V  :    1   1   x   x   x   0   0   0
' Meßbereich 5V   :    1   1   x   x   x   1   0   0
' Meßbereich 2V        1   1   x   x   x   0   1   0
' Meßbereich 1V        1   1   x   x   x   1   1   0
' Meßbereich 0.5V      1   1   x   x   x   0   0   1
' Meßwert abholen      0/1 1   x   x   x   x   x   x
'
'------ Öffnen der Schnittstelle: 9600 Baud an COM2 -
'
OPEN „com2:9600,N,8,1,CS,DS" FOR RANDOM AS #1
'
PRINT „Welchen Meßbereich?...
10V (1), 5V (2), 2V (3), 1V (4), 0.5V (5)"
INPUT a
IF a = 1 THEN mb = 3:  umax = 10       ' Meßbereich 10V
IF a = 2 THEN mb = 35: umax = 5        ' Meßbereich 5V
IF a = 3 THEN mb = 67: umax = 2        ' Meßbereich 2V
IF a = 4 THEN mb = 99: umax = 1        ' Meßbereich 1V
IF a = 5 THEN mb = 131: umax = .5      ' Meßbereich 0.5V

PRINT „Abtastzeit eingeben:"
PRINT „Eingabebeispiel: 0.1   für 0,1 sec"
PRINT „                 1.5   für 1,5 sec"
PRINT „                 25    für 25 sec"
INPUT Abtastzeit
CLS
a$ = „y ( t ) - S C H R E I B E R"
a = LEN(a$): b = (80 - a) / 2 - 1
LOCATE 1, b: PRINT CHR$(201);
STRING$(a + 2, CHR$(205)); CHR$(187)
LOCATE 2, b: PRINT CHR$(186)
LOCATE 2, b + 2: PRINT a$
LOCATE 2, a + b + 4: PRINT CHR$(186)
LOCATE 3, b: PRINT CHR$(200);
STRING$(a + 2, CHR$(205)); CHR$(188)
'
'------------ Definition von Variablen -------------
'
xmax = 600          ' Anzahl der max. Meßwerte in
                      x-Richtung
ymax = 255          ' Entspricht der max. Amplitude
y1 = .02 * ymax     ' Für die Striche der Skalierung
x1 = .01 * xmax     '   -„-
xneg = .1 * xmax    ' Länge der negativen Achsen-
                      abschnitte
yneg = .1 * ymax    '   -„-
'
'------------ Festlegung des Koordinatensystems -----
```

```
'
WINDOW (-xneg, -2.3 * yneg)-
(1.05 * xmax, 1.15 * 1.1 * ymax)
'
'------------ Zeichnen der Achsen ------------------
'
LINE (-xneg, 0)-(1.1 * xmax, 0)
LINE (0, -yneg)-(0, 1.1 * ymax)
'
'------------ skalieren und beziffern ---------------
'
FOR i = 1 TO 10
LINE (-x1, i * ymax / 10)-(x1, i * ymax / 10)
LINE (i * xmax / 10, -y1)-(i * xmax / 10, y1)
LOCATE 26 - 2 * i, 1
PRINT USING „###.#"; umax / 10 * i
LOCATE 4, 3: PRINT „Volt"
LOCATE 27, 11 + 7 * (i - 1)
PRINT USING „#####"; i * xmax / 10 * Abtastzeit;
NEXT i
LOCATE 28, 20: PRINT „Aktueller Meßwert:"
LOCATE 28, 76: PRINT „sec"
LOCATE 28, 1: PRINT „ESC : Abbrechen"
'
'-------- Schleife für das Einlesen der Meßwerte ----
'
FOR i = 0 TO xmax
oldtime = TIMER                ' oldtime = Zeitpunkt t
newtime = oldtime + Abtastzeit ' newtime = t + ab-
                                         tastzeit
flag = 0
'
'------------ Beginn der Zeitschleife ---------------
'
DO
curtime = TIMER                ' curtime = aktuelle
                                         Zeit
IF curtime >= newtime THEN EXIT DO
IF flag = 0 THEN
'
'------------- Messung starten ----------------------
'
PRINT #1, CHR$(mb - 2);
PRINT #1, CHR$(mb + 2);
'
'--------------- Meßwert holen ----------------------
'
PRINT #1, CHR$(mb - 1);
PRINT #1, CHR$(mb + 1);
CALL lese.com(new.value)
LOCATE 28, 40: PRINT USING „##.##"; new.value / 256 *
                             umax
new.value = new.value / 256 * ymax
```

```
      '
      '------ Meßwert ins Koordinatensystem einzeichnen ---
      '
      LINE (i, old.value)-(i, new.value)
      old.value = new.value
      flag = 1
      END IF

      IF INKEY$ = CHR$(27) THEN EXIT FOR   ' Abbruchmöglich-
                                             keit
      LOOP                                 ' mit ESC-Taste

      NEXT i

      CLOSE 1
      END


SUB lese.com (inbyte)
'==============================================================
'                                                             '
' Unterprogramm: lese.com                                     '
'                                                             '
' Funktion:      Dieses Unterprogramm liest über die          '
'                serielle Schnittstelle ein Byte ein. Falls   '
'                die Datenübertragung gestört sein sollte,    '
'                wird ein Meldetext eingeblendet und das      '
'                Programm beendet.                            '
'                                                             '
'==============================================================
       i = 0
       DO
       i = i + 1
       '
       '-------- Falls Byte vorhanden ist loc(1) >= 1 ------
       '
       IF LOC(1) >= 1 THEN
       in$ = INPUT$(1, #1)
       inbyte = ASC(in$)
       GOTO beenden
       END IF
       '
       '----------- Neuer Versuch Daten einzulesen ---------
       '
       LOOP UNTIL i = 1000        ' Maximal 1000 Versuche
       '
       '------------- Kein Byte empfangen !! --------------
       '
       CLS
       PRINT „Datenübertragung ist gestört !!!!"
       PRINT
       PRINT „Es wird kein Zeichen empfangen !!!!"
       PRINT
```

```
        PRINT „Bitte prüfen Sie:
        Schnittstellenverbindung, Hardware ..."
        END
beenden:

END SUB
```

4 PC-gesteuerte Schaltungen mit D/A-Wandlern

Um mit dem PC einen Meßablauf zu steuern, einen Sollwert vorzugeben oder ihn als digitalen Regler einzusetzen, braucht man auch die Möglichkeit, analoge Größen wie Strom oder Spannung ausgeben zu können.

Dazu leisten sogenannte Digital/Analog-Wandler praktische Dienste. Der D/A-Wandler erzeugt aus 2^n möglichen digitalen Werten 2^n verschiedene Ausgangsspannungen, die von einer definierten Referenzspannung abgeleitet werden. Die Referenzspannungsquelle kann sich entweder im Wandler selbst befinden, oder man muß eine externe Referenzspannung anlegen. D/A-Wandler sind mit Strom- oder Spannungsausgängen verfügbar.

Die Auflösung wird als Breite des Digitalwerts angegeben, welcher umgesetzt wird. Ein n-Bit D/A-Wandler kann demnach 2^n verschiedene Ausgangswerte erzeugen.

Nimmt man industrieübliche 10 V als Aussteuerbereich, so ergibt sich als kleinster Spannungssprung:

n	Auflösung	kleinste Spannung
8	1/256	39,1 mV
10	1/1024	9,76 mV
12	1/4096	2,44 mV
16	1/65536	0,152 mV

4.1 Arbeitsweise von D/A-Wandlern

Das am häufigste angewandte Verfahren bei D/A-Wandlern beruht auf dem R-2R-Widerstandsnetzwerk (*Abb. 4.1*). Die besondere Anordnung der Widerstände weist gegenüber anderen Verfahren entscheidene Vorteile auf. Das Kernstück eines solchen Widerstandsnetzwerkes stellt ein belasteter Spannungsteiler dar. Dieser weist die Eigenschaft auf, daß jeder Knotenpunkt mit dem Widerstand R belastet wird. Daraus läßt sich eine wichtige

Eigenschaft ableiten. An jedem Knotenpunkt teilt sich der zum knotenfließende Strom im Verhältnis 1:1 auf. Damit fließt durch den Widerstand für das höchste Bit der Strom $I = U_{REF} / 2R$, durch den nächsten $I = U_{REF} / 2R \cdot 0{,}5$ usw. Die Wechselschalter bestimmen, ob der Strom auf Masse oder auf den Summationspunkt der Schaltung fließt. High-Pegel legt den Schalter so, daß der Strom auf den Summationspunkt fließt und damit einen Beitrag zum Gesamtstrom liefert.

Der Gesamtstrom am Ausgang OUT1 berechnet sich dann zu (n=Wertigkeit des anliegenden Datenbytes):

$$I = \frac{U_{REF} \cdot n}{256 \cdot R}$$

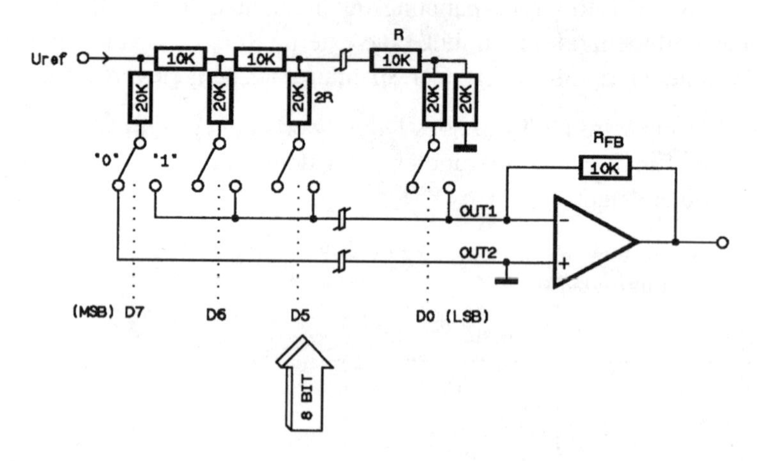

Ersatzschaltbild:

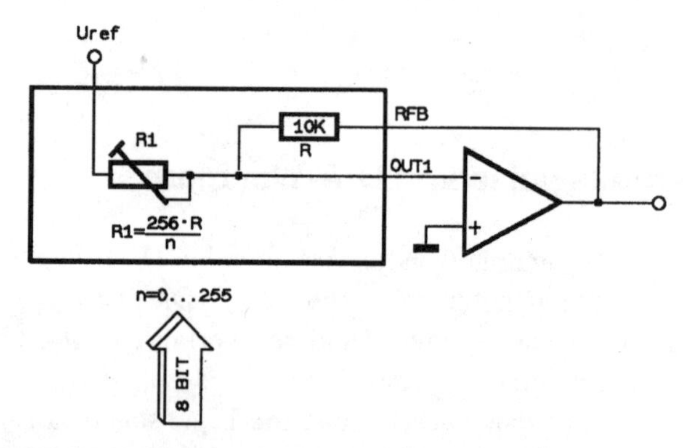

Abb. 4.1: R-2R-Widerstandsnetzwerk bei D/A-Wandlern

Verbindet man den Anschluß OUT1 mit dem nichtinvertierenden Eingang eines Operationsverstärkers, in dessen Rückkopplungsweg der Widerstand R geschaltet ist, berechnet sich die Ausgangsspannung zu:

$$U_a = -I \cdot R = -\frac{U_{REF} \cdot n}{256}$$

Der Widerstand R im Rückkopplungsweg ist bei den D/A-Wandlern bereits im Chip enthalten. Der Operationsverstärker hingegen ist nur bei sehr wenigen D/A-Wandlern integriert und muß dann extern beschaltet werden.

Die Anordnung in Abb. 4.1 ist gut geeignet für die Herstellung integrierter Schaltungen. Dabei ist der absolute Wert des Widerstandes R unerheblich und kann sehr stark schwanken. Für die Genauigkeitsbetrachtung spielt lediglich die Paarungstoleranz eine Rolle. Dies läßt sich mit heutigem Verfahren sehr genau realisieren.

4.2 8-Bit-D/A-Wandler AD7524

Der D/A-Wandler AD7524 arbeitet nach dem im vorigen Kapitel beschriebenen Prinzip. Der Widerstandswert R des Netzwerkes beträgt ca.10 kΩ. *Abb. 4.2* zeigt die Pinbelegung und eine typische Beschaltung des Wandlers.

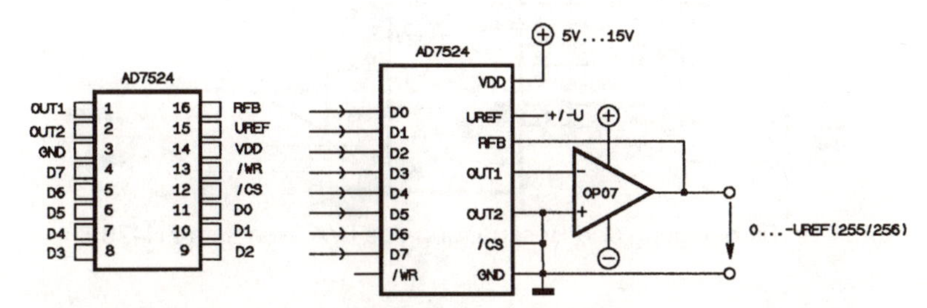

Abb. 4.2: Pinbelegung und Beschaltung des D/A-Wandlers AD7524

Die Ausgänge OUT1 und OUT2 stellen den Summationspunkt der Ströme dar. Der Stromverbrauch des AD7524 beträgt Dank der CMOS-Technik lediglich 1 mA bei 5-V-Versorgungsspannung. Die Versorgungsspannung an VDD kann zwischen 5 V und 15 V gewählt werden. Alle Eingänge sind

TTL-kompatibel. Die Anschlüsse CS (Chip Select) und WR (Write) müssen beim Einschreiben eines Datenbytes Low-Pegel aufweisen. Geht danach WR wieder auf High, bleibt das Datenbyte im D/A-Wandler gespeichert.

Für Anwendungen mit dem AD7524 ist besonders interessant, daß am Referenzspannungsanschluß sowohl positive als auch negative Spannungen zulässig sind. Diese Spannung kann auch eine Wechselspannung sein, die innerhalb der Grenzwerte ihre Amplitude ändert.

4.3 8-Bit D/A-Wandler ZN426

Der D/A-Wandler ZN426 ist ein sehr preiswerter Baustein und verfügt über eine interne Referenzspannung von 2,55 V. Die Arbeitsweise beruht auch auf dem R-2R-Widerstandsnetzwerks, jedoch mit vertauschtem Eingang und Ausgang. Ausgehend von Abb. 4.1 ist der Anschluß OUT1 beim ZN426 mit dem Referenzspannungseingang verbunden, der Anschluß UREF entspricht dem Analogausgang. Auf diese Weise entfällt der Verstärker zur Summation. Nachteilig an diesem Verfahren ist zum einen die ungleichmäßige Belastung der Referenzspannung und zum anderen der hohe Spannungshub an den Schaltern.

Abb. 4.3 zeigt die Pinbelegung und die Beschaltung des ZN426.

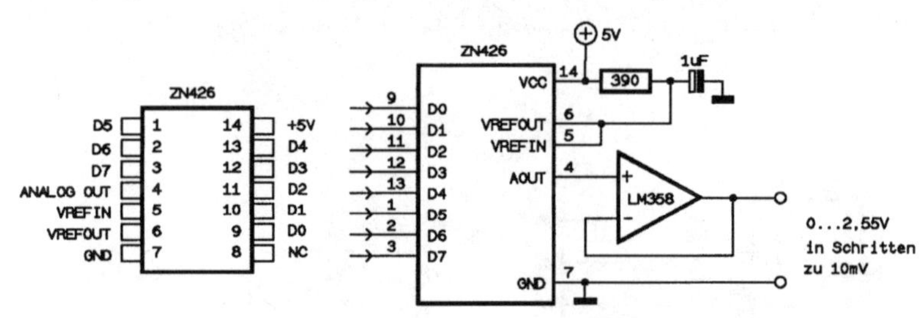

Abb. 4.3: Pinbelegung und Beschaltung des D/A-Wandlers ZN426

Im Unterschied zum AD7524 darf die externe Referenzspannung nur positive Werte zwischen 0 und 3 V annehmen. Auch die zusätzlichen Steuereingänge CS und WR zur Anbindung an Bussysteme fehlen völlig. Der ZN426 ist für einfache Applikationen die richtige Wahl.

Das Verfahren mit vertauschtem Eingang und Ausgang kann übrigens auch beim AD7524 angewandt werden.

Technische Daten des ZN426:

- ❑ TTL- und 5-V-CMOS-kompatibel
- ❑ Einfachversorgungsspannung +5 V
- ❑ Nur zusätzliche Kapazität und Widerstand erforderlich
- ❑ Stromaufnahme: 9 mA (max)

4.4 12-Bit-D/A-Wandler AD7545

Abb. 4.4 zeigt die Pinbelegung des AD7545.

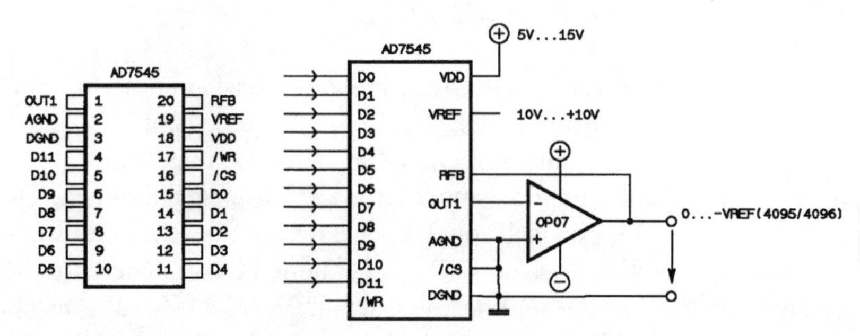

Abb. 4.4: Pinbelegung und Beschaltung des D/A-Wandlers AD7545

Die Arbeitsweise ist völlig identisch zum AD7524 aus Kapitel 4.2. Der einzige Unterschied besteht in der erweiterten Anzahl an Datenbits. Mit 12 Bit lassen sich immerhin 4095 Spannungsstufen einstellen, während bei 8 Bit nur 255 möglich sind. Die Datenleitungen sind direkt am Baustein zugänglich. Bei der Pinbelegung fällt auf, daß der D/A-Wandler zwei Masseanschlüsse aufweist, eine analoge Masse (AGND) und eine digitale Masse (DGND). Dies ist für die Gestaltung des Layouts von großer Bedeutung. Will man Spannungen im mV-Bereich noch genau verarbeiten, ist eine peinlichst genaue Masseführung unerläßlich. Das Bezugspotential für die D/A-Wandlung ist AGND. Die Anschlüsse AGND und DGND sollten nur an einem Punkt der Schaltung zusammengeführt werden. Die geeigneste Stelle ist direkt an der Stromversorgung. Im Idealfall steht eine für den Digitalteil und eine getrennte für den Analogteil zur Verfügung.

Technische Daten des AD7545:

- ❑ Auflösung 12-Bit
- ❑ Spannungsversorgung +5 V … +15 V

- Stromaufnahme: 2 mA (max)
- Eingangswiderstand an VREF: 11 kΩ (typ)
- Einschwingzeit: 2 µs
- Preis ca. DM 15,–

4.5 Anwendungen mit D/A-Wandlern

4.5.1 12-Bit-D/A-Wandlermodul

Das Kapitel 1 enthält die Schaltungen mehrerer Basismodule, die an der seriellen Schnittstelle sowie an der Druckerschnittstelle acht TTL Ein- und Ausgänge zur Verfügung stellen. Zur Ansteuerung eines 12-Bit-D/A-Wandlers fehlen den Basismodulen vier Ausgangsleitungen. Durch den Einsatz des 8243, der in Kapitel 2.4 ausführlich beschrieben ist, wird dieses Problem völlig aus dem Weg geräumt. Jetzt stehen 16 TTL-Ausgänge zur Verfügung, die wie folgt genutzt werden. Zwölf Ausgangsleitungen führen direkt an die Datenleitungen des D/A-Wandlers. Ein Ausgang steuert den Eingang WR an, über den der D/A-Wandler die anstehenden Daten abspeichert. Dazu ist ein Low-Pegel an diesem Pin erforderlich.

Die Referenzspannung gelangt über einen Spannungsfolger an den Anschluß VREF. Bei der Referenzspannungsquelle in *Abb. 4.5* fiel die Wahl auf den hochgenauen LT1009-2,5V, der eine Grundgenauigkeit von 0,2 % aufweist. Die Ausgangsspannung des D/A-Wandlers wird über einen Operationsverstärker, der als invertierender Verstärker arbeitet, erzeugt. Dafür notwendig ist eine negative Spannungsversorgung, die der ICL7660 liefert. Bei der Ansteuerung des D/A-Wandler Moduls ist darauf zu achten, daß zuerst WR auf High-Pegel zu legen ist. Erst danach können die 12 Bits über die Ports 4, 5 und 6 an den D/A-Wandler gelegt werden. Mit einem kurzen Low-Impuls an WR werden die Daten im AD7545 gespeichert und halten die entsprechende Ausgangsspannung. Wird der Anschluß WR ständig auf Low-Pegel gelegt, so entstehen beim Einschreiben der Daten am Ausgang des D/A-Wandlers Spannungssprünge . Dies rührt daher, daß die Ports 4, 5 und 6 nicht gleichzeitig beschrieben werden können.

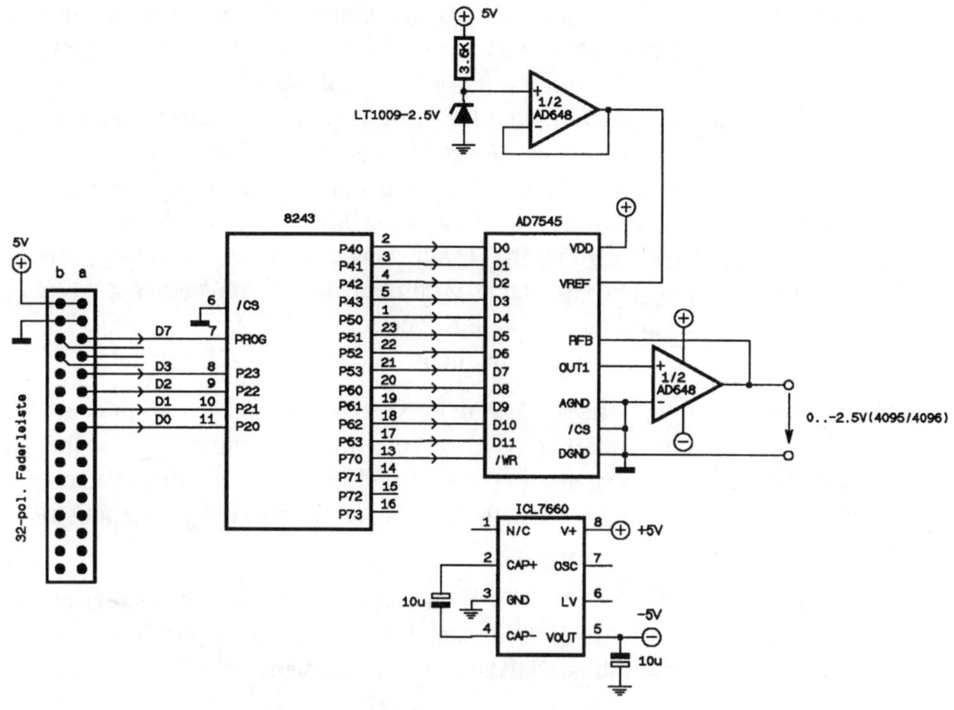

Abb. 4.5: Schaltplan des 12-Bit-D/A-Wandlermoduls

4.5.2 PC-gesteuerte Sirene

Abb. 4.6 zeigt eine einfache Sirene, die sich vom PC aus ansteuern läßt.

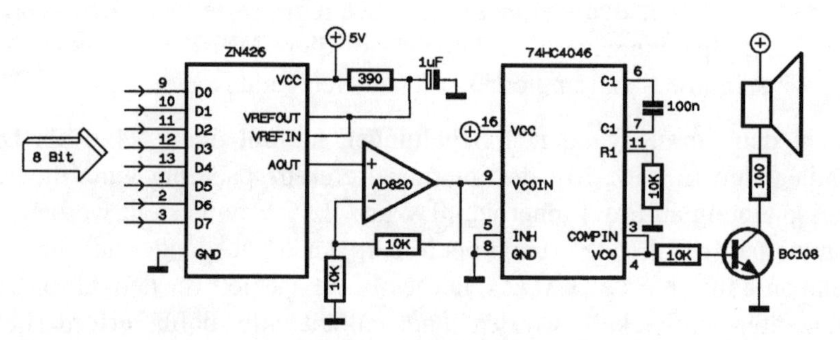

Abb. 4.6: PC-gesteuerte Sirene

Kernstück der Schaltung ist neben dem D/A-Wandler der PLL-Baustein 74HC4046. Dieses IC kam bereits beim Frequenzsynthesizer in Kapitel

2.6.4.13 zum Einsatz. Es enthält im wesentlichen einen Phasenvergleicher und einen spannungsgesteuerten Oszillator (VCO). Der VCO ist vermutlich einer der vielseitigsten und preiswertesten auf dem Markt. Er erzeugt eine saubere Rechteckspannung und läßt sich über eine Gleichspannung in einem weiten Bereich abstimmen. In der PC-gesteuerten Sirene interessiert nur der VCO. Die Oszillatorfrequenz wird von einem Kondensator zwischen den Anschlüssen 6 und 7, durch einen Widerstand (kleinster zulässiger Wert: 10 kΩ) von Pin 11 auf Masse und der Spannung am Anschluß 9 bestimmt. Die Spannung wird über den D/A-Wandler ZN426 vom PC vorgegeben und kann beliebige Verläufe annehmen. Dementsprechend lassen sich auch die unterschiedlichsten Geräuscheffekte erzielen.

Die Ausgangsspannung des D/A-Wandlers erfährt eine Verstärkung um zwei. Der Operationsverstärker AD820 weist die besondere Eigenschaft auf, daß die Ausgangsspannung bis an 0 V und bis an die positive Versorgungsspannung heranreicht. Weitere technische Daten sind in Kapitel 6 aufgeführt.

Das Rechtecksignal des VCOs gelangt an einen Transistor, der einen Lautsprecher ansteuert. Der 100-Ω-Widerstand kann auch als Poti ausgeführt sein. Dann läßt sich die Lautstärke der Sirene einstellen.

4.5.3 Programmierbares Netzgerät

Ein D/A-Wandler eignet sich in Verbindung mit dem Spannungsregler-IC LM723 auch zum Aufbau eines Netzgerätes. Die stabilisierte Ausgangsspannung läßt sich dann vom PC aus bequem einstellen. Sogar vorprogrammierte Spannungsverläufe können auf diese Weise realisiert werden. *Abb. 4.7* zeigt die Schaltung eines solchen Netzgerätes.

Wie in den vorangegangenen Schaltungen kommt der ZN426 als D/A-Wandler zum Einsatz. Mit der internen Referenzspannung kann die Ausgangsspannung an Pin 4 innerhalb 0 V und 2,55 V eingestellt werden. Der Spannungsfolger LM358 entkoppelt den Analogausgang und führt das Signal an den Pin 5 des LM723. Dieses IC ist speziell für den Aufbau von Netzgeräten entwickelt worden und enthält alle dafür erforderlichen Komponenten. Die maximale zulässige Spannung an V+ in Bezug zu V– beträgt 42 V. Diese Angabe ist sehr wichtig, falls man Ausgangsspannungen bis zu 25 V stabilisieren möchte. Bei einem Transformator mit einer Sekundärspannung von 25 V liegen am Gleichrichter im unbelasteten

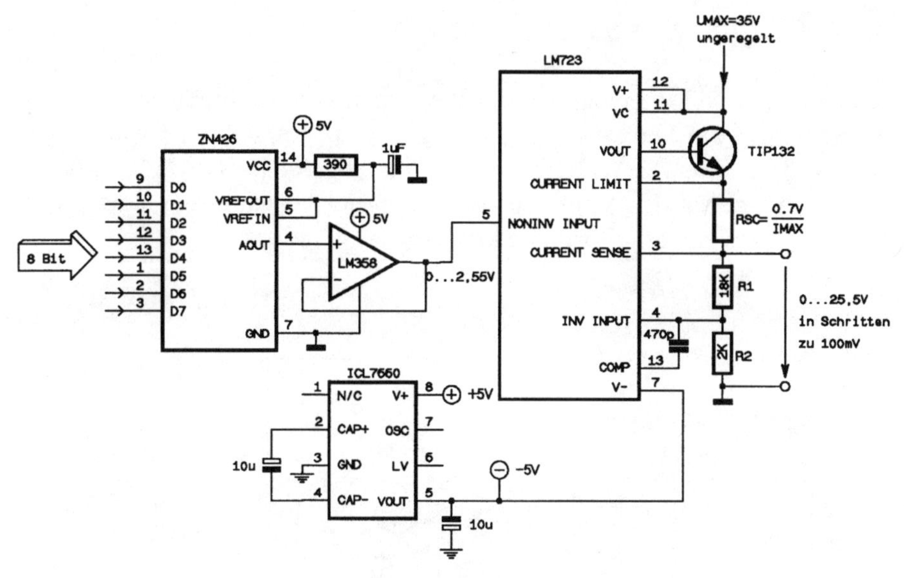

Abb. 4.7: Programmierbares Netzgerät

Zustand ca. $\sqrt{2} \cdot 25\ V \cong 35\ V$ an. Dies ist bei der Dimensionierung von Netzteilen unbedingt zu berücksichtigen.

Der LM723 enthält einen Differenzverstärker mit den Eingängen NONINV INPUT (nichtinvertierender Eingang) und INV INPUT (invertierender Eingang). Das IC regelt die Ausgangsspannung an V_{OUT} so aus, daß die Spannungswerte an den beiden Eingängen des Differenzverstärkers dieselben Werte aufweisen. Da das Widerstandverhältnis R1/R2=9:1 ist, beträgt die Ausgangsspannung an Pin 3 genau das zehnfache der Spannung an Pin 5. Auf diese Weise erreicht man eine Ausgangsspannung des Netzgerätes von 0…25,5 V. Ein Bit entspricht dann einer Spannungsänderung von 100 mV. Der Darlington-Transistor hat die Aufgabe, den Ausgangsstrom des LM723 zu verstärken. Der Widerstand RSC bestimmt den maximal zulässigen Strom, der dem Netzgerät entnommen werden darf. Bei einem Spannungsabfall von 0,7 V an RSC spricht eine interne Überwachungsschaltung an, die den Strom dementsprechend begrenzt. Interessant ist auch die Beschaltung des Anschluß V– an Pin 7. Dadurch, daß dieser Anschluß auf negativem Potential liegt (ca. –5 V), läßt sich die Ausgangsspannung von 0 V an einstellen. Verzichtet man auf den Spannungswandler ICL7660 und legt V– direkt auf Masse (0 V), dann beginnt die einstellbare Ausgangsspannung erst ab 2 V.

4.5.4 Programmierbare Stromquelle

Stromquellen sollen einem Verbraucher einen Strom einprägen, der von der Spannung am Verbraucher unabhängig ist. In Kapitel 3.6.3 wurde dieses Prinzip bereits zur Widerstandsmessung eingesetzt. *Abb. 4.8* zeigt eine Schaltung, in der der Konstantstrom über die Ausgangsspannung eines D/A-Wandlers eingestellt werden kann.

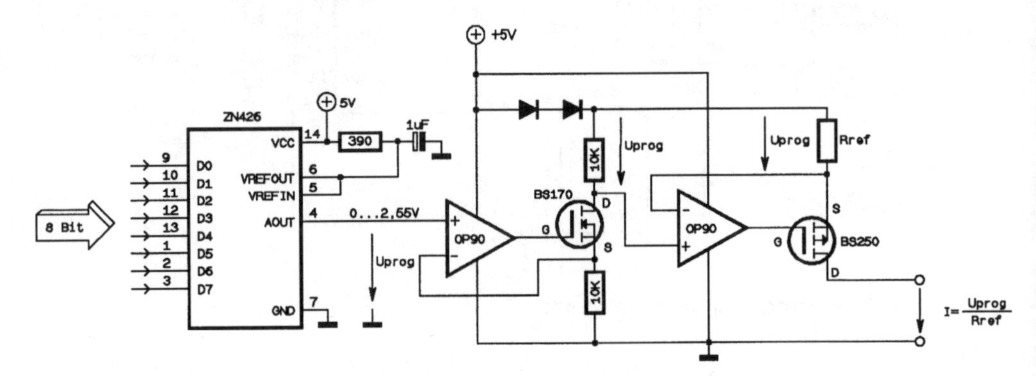

Abb. 4.8: Programmierbare Stromquelle

Wie arbeitet die Schaltung?

Am nichtinvertierenden Eingang des ersten Operationsverstärkers liegt die Ausgangsspannung U_{prog} des D/A-Wandlers. Diese ist identisch zu der Spannung am invertierenden Eingang und entspricht dem Spannungsabfall des 10 K-Widerstandes am Anschluß S des BS170. Da am Anschluß D ein Widerstand mit dem selben Wert geschaltet ist, beträgt der Spannungsabfall hier ebenfalls U_{prog}. Dies bedeutet wiederum, daß die Spannung an R_{ref} ebenfalls diesem Wert entsprechen muß. Die beiden Operationsverstärker und der BS170 erfüllen die Aufgabe, das Potential U_{prog}, das am D/A-Wandler auf Masse bezogen ist, so zu verschieben, daß an R_{ref} die Spannung U_{prog} abfällt. Daraus läßt sich schließlich der Konstantstrom durch den BS250 berechnen (vgl. Abb. 4.8).

Eine besondere Bedeutung kommt den beiden Dioden zu. Diese sind für die Funktion der Schaltung sehr wichtig. Dazu sind folgende Überlegungen notwendig. Die Ausgangsspannung des D/A-Wandlers betrage 40 mV. Dies bedeutet, daß sich am nichtinvertierenden Eingang des zweiten Operationsverstärkers eine Spannung von $5\ V - 2 \cdot U_{Diode} - 40\ mV \approx 3{,}6\ V$ einstellt. Dies ist noch nichts Ungewöhnliches. Aber ohne die Dioden würde diese Spannung exakt den Wert 4,96 V aufweisen, der außerhalb des Eingangsbereichs des Operationsverstärkers liegt.

4.5.5 Programmierbare Verstärkungseinstellung

Abb. 4.9 zeigt eine interessante Anwendung des CMOS D/A-Wandlers AD7524.

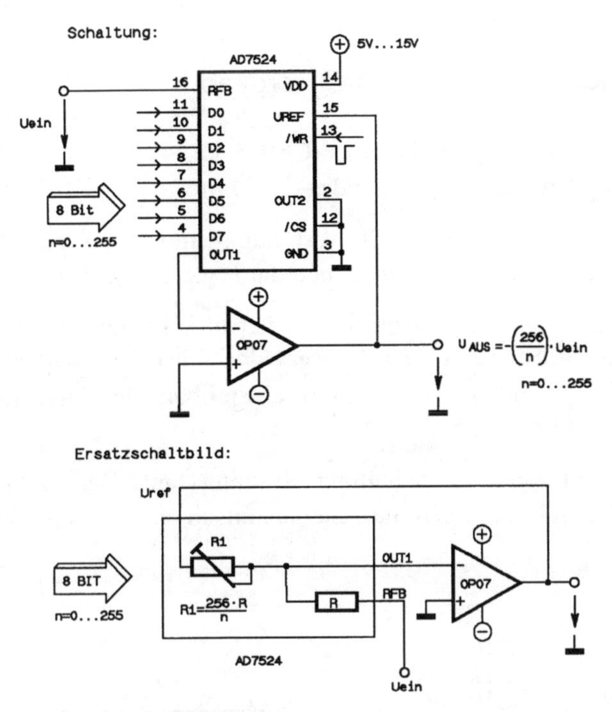

Abb. 4.9: Programmierbare Verstärkungseinstellung

In dieser Anwendung lassen sich über den D/A-Wandler 255 verschiedene Verstärkungsfaktoren einstellen. Die Beschaltung des D/A-Wandlers ist ungewöhnlich, da die Eingangsspannung dem Anschluß RFB zugeführt wird. Anhand des Ersatzschaltbildes wird die Funktionsweise der Schaltung deutlich. Die Schaltung entspricht einem invertierenden Verstärker, dessen Rückkopplungswiderstand R1 über den D/A-Wandler einstellbar ist. Der Eingangswiderstand entspricht dem Wert des Widerstandes R, der beim AD7524 ca. 10 kΩ beträgt.

Die Formel zur Berechnung der Verstärkung lautet:

$$v = -\frac{256}{n}$$

N entspricht der Wertigkeit des Datenbytes am AD7524 und liegt zwischen 0 und 255. Schließt man die Verstärkung unendlich (n=0) aus, beträgt der maximal einstellbare Verstärkungsfaktor v=256. Der kleinste einstellbare Wert ist v=256/255=1,0039.

4.5.6 Programmierbares Integrierglied

Eine weitere Anwendung, die einen CMOS D/A-Wandler als einstellbaren Widerstand nutzt, zeigt der folgende Abschnitt.

Dabei stellt der D/A-Wandler in Verbindung mit einem nachgeschalteten Operationsverstärker ein Integrierglied dar (vgl. *Abb. 4.10*).

Im Rückkopplungsweg des Operationsverstärkers liegt ein Kondensator, der mit dem Strom $I = U_e / R1$ aufgeladen wird. Der Widerstand R1 ist über den D/A-Wandler in 255 Stufen einstellbar. Der Anschluß RFB am AD7524 bleibt hier unbeschaltet.

Einen Nachteil weist die Schaltung allerdings auf. Der exakte Wert des Widerstandes R1 läßt sich nur meßtechnisch ermitteln und kann dem

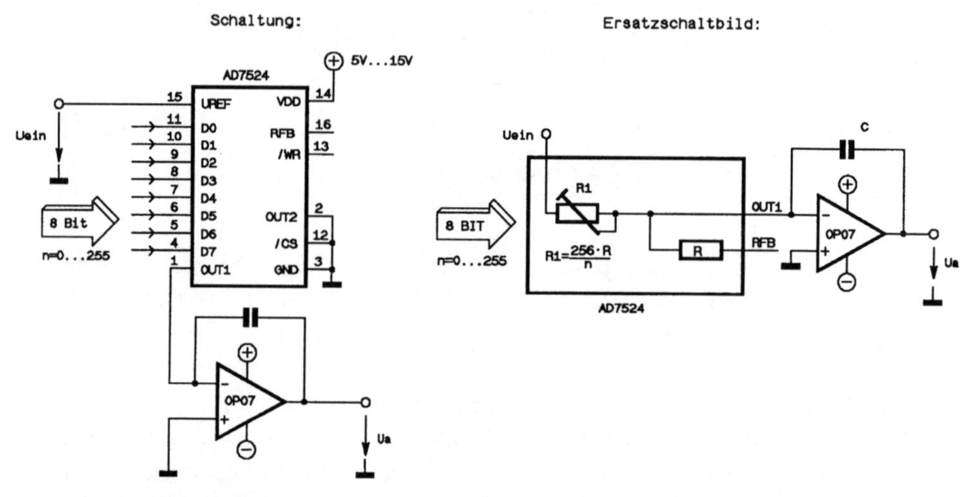

Abb. 4.10: Programmierbares Integrierglied

Datenblatt nur näherungsweise entnommen werden. Dies rührt daher, daß bei dem R-2R-Widerstandnetzwerk zur D/A-Wandlung nicht der exakte Wert des Widerstandes R von Bedeutung ist, sondern das Verhältnis 2R zu R exakt zwei betragen muß. Trotzdem läßt sich die Schaltung in Abb. 4.10 sehr gut in Filterschaltungen einsetzen. Damit kann man die Grenzfrequenz eines aktiven Filters mit dem D/A-Wandler variieren. Denkt man beispielsweise an das Gitarrenstimmgerät in Abb. 2.37, so ließe sich die Resonanzfrequenz des Bandpasses vom PC aus einstellen. Der Widerstand R2 müßte dann durch den D/A-Wandler ersetzt werden.

4.5.7 Programmierbarer Funktionsgenerator

Abb. 4.11 zeigt die Schaltung eines Funktionsgenerators, der zwei Ausgangsspannungen liefert: ein Rechteck- und Dreiecksignal. Die Frequenz dieser Signale läßt sich über den D/A-Wandler AD7524 einstellen.

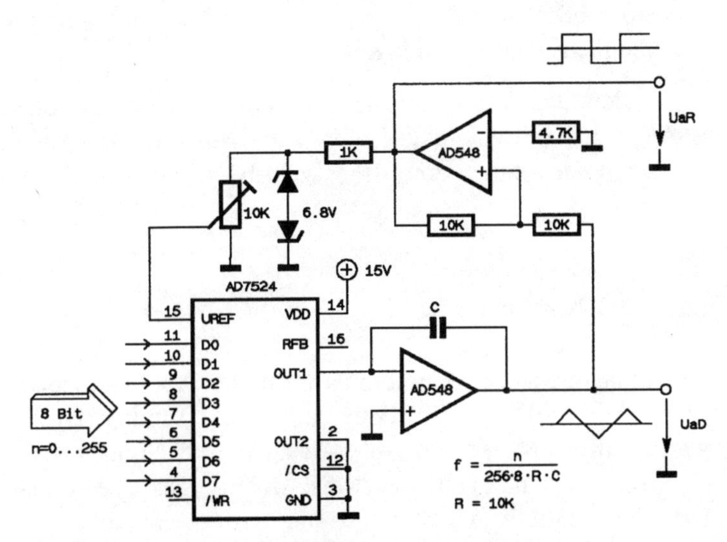

Abb. 4.11: Programmierbarer Funktionsgenerator

Diese Anwendung ist sehr ungewöhnlich. Es ist vor allem die Frage zu klären, wie sich mit einem D/A-Wandler die Frequenz der Ausgangssignale einstellen läßt.

Der Lösung kommt man sehr nahe, wenn man die Schaltung in Abb. 4.10 heranzieht. Das dort beschriebene Integrierglied ist beim programmierbaren Funktionsgenerator von zentraler Bedeutung. Wie bereits erläutert, stellt der D/A-Wandler dort einen einstellbaren Widerstand dar, über den der Kondensator C aufgeladen wird. Da der Ausgang OUT1 virtuell auf Massepotential liegt, entspricht die Ausgangsspannung U_{aD} genau der Spannung am Kondensator mit verändertem Vorzeichen.

Die Dreiecksspannung gelangt an den zweiten Operationsverstärker, der hier als Komparator arbeitet. Erreicht die Spannung den Wert der Schwellenspannung des Komparators, so kippt dessen Ausgangssignal vom momentan anstehenden Maximalwert auf den anderen Extremwert mit entgegengesetztem Vorzeichen. Die Spannungsumkehrung hat zur Folge, daß auch die Eingangsspannung an U_{REF} sich umkehrt. Der Kondensator C wird daraufhin mit entgegengesetztem Vorzeichen geladen. Es entsteht eine Dreiecksspannung. Am Ausgang des Operationsverstärkers, der als Komparator arbeitet, erhält man eine rechteckförmige Ausgangsspannung.

Der D/A-Wandler steuert in dieser Schaltung den Konstantstrom, der den Kondensator C auflädt. Je größer die Wertigkeit des anliegenden Datenbytes ist, desto größer ist dieser Strom. Damit erhöht sich auch die Frequenz der beiden Ausgangsspannungen.

Bei der Wahl des Operationsverstärkers ist darauf zu achten, daß dieser eine hohe Anstiegsgeschwindigkeit (Slew Rate) aufweist. Bei einem Wert von 1 V/µs dauert der Anstieg von –10 V auf +10 V immerhin 20 µs.

4.5.8 Das MSR-Board

Alle in den vorangegangenen Kapiteln vorgestellten Applikationen enthielten entweder einen A/D-Wandler oder einen D/A-Wandler. Die Anwendungen waren auf das Messen oder die Ausgabe eines Signals beschränkt. *Abb. 4.12* zeigt den Analogteil des MSR-Boards, das über einen A/D-Kanal und einen D/A-Kanal verfügt und damit weitere, interessante Anwendungen in der Meß-, Steuer- und Regeltechnik eröffnet. Um nur einige zu nennen: Kennlinienaufnahme, Test von Übertragungsgliedern und digitale Regler. Die folgenden Abschnitte zeigen diese Möglichkeiten anhand praxisnaher Beispiele auf.

4.5.8.1 Beschreibung

Die bestückte Platine des MSR-Boards ist in *Abb. 4.13* zu sehen. Die Platine enthält zusätzlich die Bauteile des Basismoduls aus Kapitel 1.2.6 zur Ankopplung an die serielle Schnittstelle des PCs. Über den PC lassen sich dann mit dem MSR-Board Spannungen ausgeben und messen. Aus dem Analogteil des MSR-Boards (vgl. Abb. 4.12) ist ersichtlich, daß die Signale D0OUT bis D7OUT die acht digitalen Ausgangssignale des UART CDP 6402 darstellen, während D0IN bis D7IN die Eingangsbits sind. Eine ausführliche Beschreibung des CDP 6402 mit der Ankopplung an die serielle Schnittstelle des PCs kann bei Bedarf in Kapitel 1 nachgelesen werden.

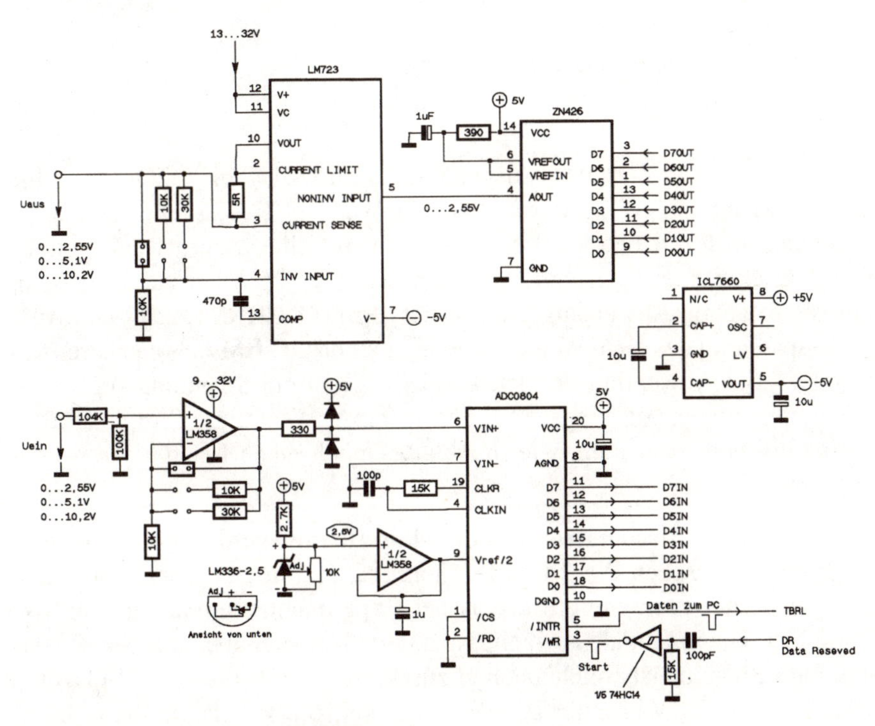

Abb. 4.12: Analogteil des MSR-Boards

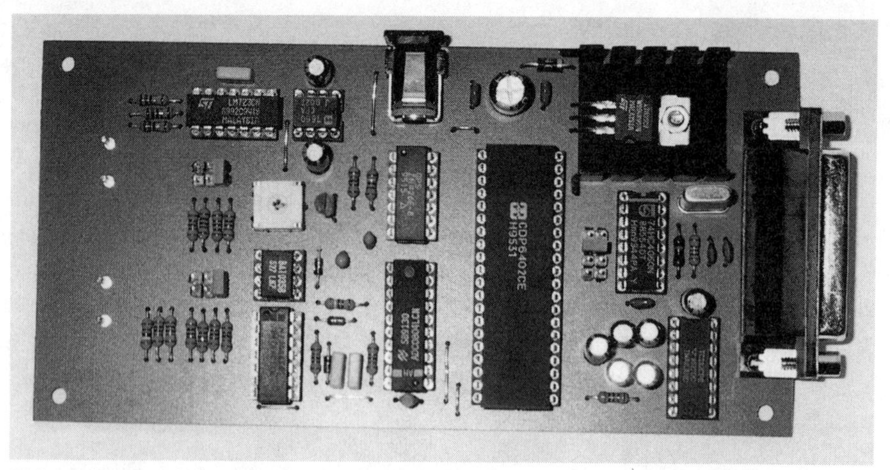

Abb. 4.13: Bestückte Platine des MSR-Boards

Die Wandlung der digitalen Ausgangssignale D0OUT bis D7OUT in eine analoge Spannung erfolgt durch den D/A-Wandler ZN426. Die Ausgangsspannung an Pin 4 beträgt 0 bis 2,55 Volt mit einer Schrittweite von 10 mV. Um eine Spannung von beispielsweise U=1,25 V auszugeben ist in QBasic folgende Anweisung erforderlich: Print#1 CHR$ (125);. Die Ausgangsspannung des D/A-Wandlers gelangt an das IC LM723, das bereits in Kapitel 4.5.3 Anwendung findet. Der LM723 ist ein Spannungsregler mit einem maximalen Ausgangsstrom von 150 mA. Wem diese Stromstärke zu gering erscheint, der kann wie in *Abb. 4.7* noch einen Leistungstransistor ergänzen.

Der maximale Ausgangsstrom des MSR-Boards wird durch den 5 Ω Widerstand zwischen Pin 2 und Pin 3 auf ca. 120 mA begrenzt. Der Ausgang ist ferner kurzschlußfest, was bei Experimentieraufbauten sehr von Vorteil ist. Die maximale Ausgangsspannung läßt sich über Jumper einstellen. Drei Spannungsbereiche stehen zur Verfügung: 0 bis 2,55 V (1 Bit = 10 mV), 0 bis 5,1 V (1 Bit = 20 mV) und 0 bis 10,2 V (1 Bit = 40 mV).

Für den A/D-Kanal wird der ADC 0804 eingesetzt, der in Kapitel 3.2 ausführlich beschrieben ist.

Der Analogeingang des MSR-Boards gelangt zunächst auf einen Spannungsteiler und an den Operationsverstärkers LM358. Die Beschaltung in *Abb. 4.12* ermöglicht über Jumper verschiedene Eingangsspannungsbereiche anzuwählen. Es stehen drei Bereiche zur Verfügung: 0 bis 2,55 V (1 Bit = 10 mV), 0 bis 5,1 V (1 Bit = 20 mV) und 0 bis 10,2 V (1 Bit = 40 mV).

Die Referenzspannung für den ADC 0804 wird der Referenzspannungsquelle LM336 entnommen, die über den 10K-Trimmpoti exakt auf 2,5 V abgeglichen werden kann.

Die acht Datenleitungen des A/D-Wandlers führen an die Eingänge D0IN bis D7IN des CDP6402, von wo aus sie über die serielle Schnittstelle an den PC gesendet werden.

Interessant ist die Art und Weise, wie die Wandlung gestartet wird und wie die Daten an den PC gesendet werden.

Jedesmal wenn der PC zur Ausgabe einer Spannung an den D/A-Wandler ein Datenbyte sendet, wird das Signal DR high. Das Signal DR gelangt an eine Triggerschaltung, die den Low-high-Übergang in einen kurzen negativen Impuls umwandelt. Dieser Impuls startet die A/D-Wandlung. Steht das Ergebnis der Wandlung fest, geht INTR kurzzeitig auf low. INTR ist gleichzeitig mit dem TBRL-Signal des CDP6402 verbunden (vgl. Kapitel 1.2.4). Der Low-Impuls bewirkt die Aussendung der acht Datenbits des A/D-Wandlers an den PC.

Mit anderen Worten:

Mit jedem Datenbyte, das der PC an den D/A-Wandler zur Spannungsausgabe sendet, erhält er automatisch ein Antwortbyte, das das Ergebnis der A/D-Wandlung enthält, zurück.

Hier nochmals die technischen Daten des MSR-Boards:

- 1 D/A-Kanal, Auflösung 8 Bit
- Drei Ausgangsspannungsbereiche über Jumper wählbar:
  0 bis 2,55 V, 0 bis 5,1 V und 0 bis 10,2 V
- Maximaler Ausgangsstrom ca. 120mA
- Ausgang kurzschlußfest
- 1 A/D-Kanal, Auflösung 8 Bit
- Drei Eingangsspannungsbereiche über Jumper wählbar:
  0 bis 2,55 V,0 bis 5,1 V und 0 bis 10,2 V
- Maximal 1000 Messungen/sec bei einer Baudrate von 19200

4.5.8.2 Anwendung: Kennlinienaufnahme

Eine interessante Anwendung des MSR-Boards ist die Kennlinienaufnahme von Bauteilen oder Schaltungen. Dabei legt man an das Meßobjekt unterschiedliche Spannungen und mißt jeweils die Ausgangsspannung. Mit dem Programm KENLINIE läßt sich das Ergebnis als xy-Grafik auf dem Bildschirm darstellen. Einige Leser haben diese Aufgabe sicherlich schon während der Ausbildung in Praktikas durchgeführt. Anhand der notierten Werte konnte man anschließend die Kennlinie des Meßobjektes aufzeichnen. Das MSR-Board führt dies in Verbindung mit dem PC automatisch aus.

Abb. 4.14 zeigt beispielsweise die Kennlinie des Schmitttrigger 74LS14, die mit dem MSR-Board aufgenommen wurde.

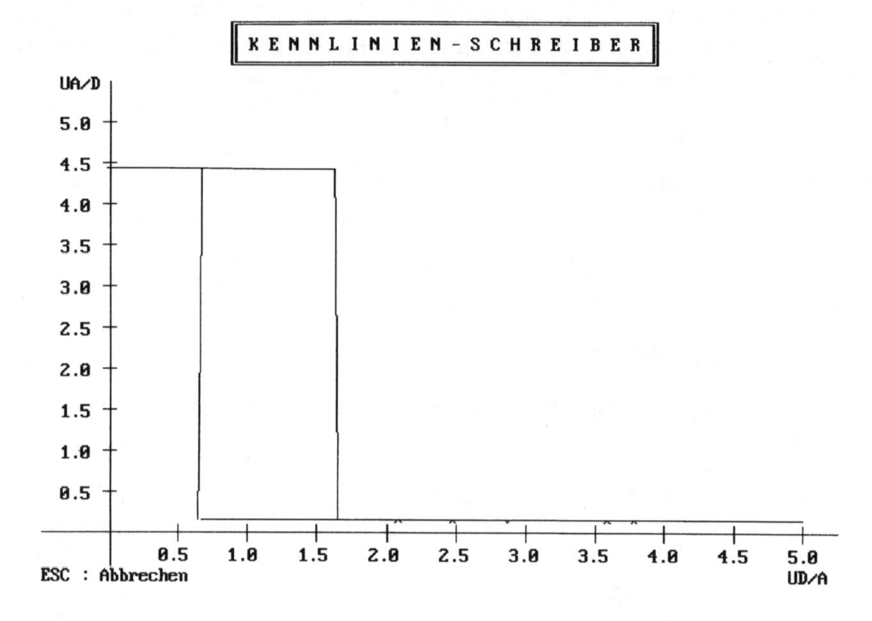

Abb. 4.14: Kennlinie des Schmittriggers 74LS14 (Aufgenommen mit dem MSR-Board)

Die erforderliche Software zeigt das folgende Listing:

```
'=============================================================='
'                                                              '
' Programm:  KENNLINIE                                         '
'                                                              '
' Funktion:  Mit diesem Programm können Kennlinienmessungen    '
'            durchgeführt werden. Die x-Achse der Grafik       '
'            entspricht dem D/A-Kanal, die y-Achse dem         '
'            gemessenen Wert am A/D-Kanal.                     '
'                                                              '
' Hardware:  Es ist das MSR-BOARD nach Abb. 4.13 erforderlich. '
'                                                              '
'=============================================================='

DECLARE SUB lese.com (inbyte)
    SCREEN 12
    '
    '
    '----- Öffnen der Schnittstelle: 9600 Baud an COM2 ----
    '
    OPEN „com2:9600,N,8,1,CS,DS" FOR RANDOM AS #1
    '
    INPUT „ Skalenendwert y-Achse:", yend
    INPUT „ Einheit der y-Achse:", y.einheit$
    INPUT „ Spannungsendwert des D/A-Kanals:", xend
    CLS
    A$ = „K E N N L I N I E N - S C H R E I B E R"
    A = LEN(A$): b = (80 - A) / 2 - 1
    LOCATE 1, b: PRINT CHR$(201); STRING$(A + 2, CHR$(205)); CHR$(187)
    LOCATE 2, b: PRINT CHR$(186)
    LOCATE 2, b + 2: PRINT A$
    LOCATE 2, A + b + 4: PRINT CHR$(186)
    LOCATE 3, b: PRINT CHR$(200); STRING$(A + 2, CHR$(205)); CHR$(188)
    '
    '--------- Definition von Variablen -----------
    '
    xmax = 255            ' Anzahl der max. Meßwerte in x-Richtung
    ymax = 255            ' Entspricht der max. Amplitude
    y1 = .02 * ymax       ' Für die Striche der Skaliering
    x1 = .01 * xmax       '   -"-
    xneg = .1 * xmax      ' Länge der negativen Achsenabschnitte
    yneg = .1 * ymax      '   -"-
    '
    '--------- Festlegung des Koordinatensystems ------
    '
    WINDOW (-xneg, -2.3 * yneg)-(1.05 * xmax, 1.15 * 1.1 * ymax)
    '
    '--------- Zeichnen der Achsen -----------
    '
    LINE (-xneg, 0)-(1.1 * xmax, 0)
    LINE (0, -yneg)-(0, 1.1 * ymax)
    '
    '--------- skalieren und beziffern -----------
```

```
    '
    FOR i = 1 TO 10
    LINE (-x1, i * ymax / 10)-(x1, i * ymax / 10)
    LINE (i * xmax / 10, -y1)-(i * xmax / 10, y1)
    LOCATE 26 - 2 * i, 1
    PRINT USING „###.#"; yend / 10 * i
    LOCATE 4, 3: PRINT y.einheit$
    LOCATE 27, 11 + 7 * (i - 1)
    PRINT USING „###.#"; xend / 10 * i;
    NEXT i
    LOCATE 28, 76: PRINT „UD/A"
    LOCATE 28, 1: PRINT „ESC : Abbrechen"
    '
    '
    '-------- Wert ausgeben ----------------
    '
    FOR i = 0 TO xmax
    PRINT #1, CHR$(i);
    '
    '-------- Meßwert holen ----------------
    '
    CALL lese.com(new.value)
    '
    '-------- Meßwert ins Koordinatensystem einzeichnen --
    '
    new.value = new.value / 256 * ymax
    IF i = 0 THEN
    LINE (i-1, old.value)-(i, new.value)
    ELSE
    LINE (i - 1, old.value)-(i, new.value)
    END IF
    old.value = new.value
    IF INKEY$ = CHR$(27) THEN EXIT FOR       ' Abbruchmöglichkeit
    NEXT
                                              ' mit ESC-Taste
    FOR i = xmax TO 0 STEP -1
    PRINT #1, CHR$(i);
    '
    '-------- Meßwert holen ----------------
    '
    CALL lese.com(new.value)
    '
    '-------- Meßwert ins Koordinatensystem einzeichnen --
    '
    new.value = new.value / 256 * ymax
    LINE (i - 1, old.value)-(i, new.value)
    old.value = new.value
    IF INKEY$ = CHR$(27) THEN EXIT FOR       ' Abbruchmöglichkeit
    NEXT                                     ' mit ESC-Taste

    CLOSE 1
    END
SUB lese.com (inbyte)
... gleiches Unterprogramm wie in Kapitel 2.4.3
END SUB
```

4.5.8.3 Anwendung: Übertragungsverhalten von Übertragungsgliedern

Übertragungsglieder spielen in der Regelungstechnik eine zentrale Rolle. Da die gerätetechnische Darstellung einer Regelung im allgemeinen recht kompliziert ist, bedient man sich einfacherer Mittel, zum Beispiel dem Blockschaltbild. Es stellt die Wirkungszusammenhänge des Regelsystems übersichtlich in einem mathematischen Modell dar. Das Modell besteht aus Übertragungsgliedern, die die funktionale Beziehung zwischen den Größen symbolisieren. Zur Kennzeichnung der Eigenschaften von Übertragungsgliedern gibt es verschiedene Möglichkeiten. Beispielsweise kann das Übertragungsglied durch die Reaktion auf eine sprungförmige Änderung des Eingangssignals typisiert werden. Als Ergebnis erhält man die sogenannte Sprungantwort des Übertragungsgliedes.

Abb. 4.15 zeigt die Sprungantwort eines Verzögerungsgliedes 2. Ordnung (PT2-Glied). In *Abb. 4.16* ist der dazugehörige Meßaufbau zu sehen.

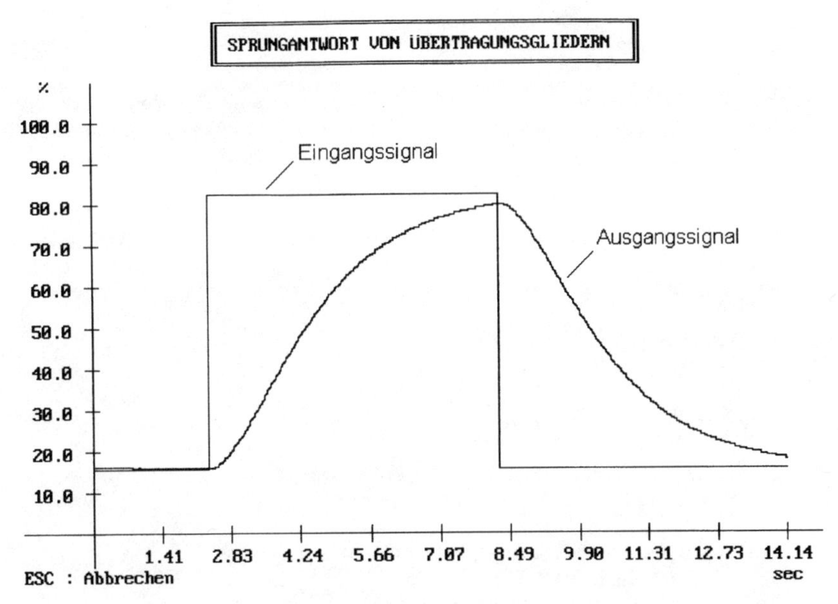

Abb. 4.15: Sprungantwort eines PT2-Gliedes (Aufgenommen mit dem MSR-Board)

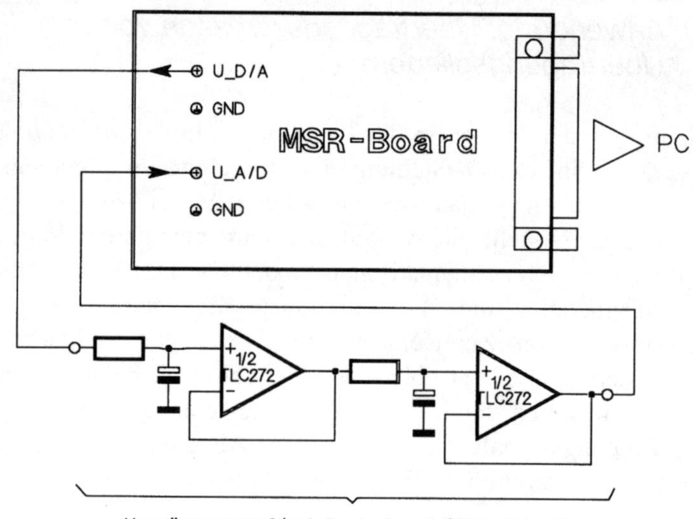

Abb. 4.16: Typischer Meßaufbau mit dem MSR-Board

Die dazugehörige Software sieht wie folgt aus:

```
'=====================================================================
'                                                                    '
' Programm:      SPRANTW                                             '
'                                                                    '
' Funktion:      Dieses Programm dient zur Ansteuerung des MSRBOARD. '
'                Am D/A-Ausgang erscheint eine Rechteckspannung.     '
'                In Verbindung mit dem Analogeingang läßt sich die   '
'                Sprungantwort von Übertragungsgliedern bestimmen.   '
'                                                                    '
' Hardware:      Es ist das MSR-BOARD nach Abb. 4.13 erforderlich.   '
'                                                                    '
'=====================================================================

DECLARE SUB lese.com (inbyte)
      SCREEN 12
      '
      '----- Öffnen der Schnittstelle: 9600 Baud an COM2 ----
      '
      OPEN „com2:9600,N,8,1,CS,DS" FOR RANDOM AS #1
      '
      CLS
      A$ = „SPRUNGANTWORT VON ÜBERTRAGUNGSGLIEDERN „
      A = LEN(A$): b = (80 - A) / 2 - 1
      LOCATE 1, b: PRINT CHR$(201); STRING$(A + 2, CHR$(205)); CHR$(187)
      LOCATE 2, b: PRINT CHR$(186)
```

```
        LOCATE 2, b + 2: PRINT A$
        LOCATE 2, A + b + 4: PRINT CHR$(186)
        LOCATE 3, b: PRINT CHR$(200); STRING$(A + 2, CHR$(205));
CHR$(188)
        '
        '--------- Definition von Variablen ----------
        '
        xmax = 600               ' Anzahl der max. Meßwerte in x-Rich-
tung
        ymax = 100               ' Entspricht der max. Amplitude
        y1 = .02 * ymax          ' Für die Striche der Skaliering
        x1 = .01 * xmax          '   -"-
        xneg = .1 * xmax         ' Länge der negativen Achsenabschnit-
te
        yneg = .1 * ymax         '   -"-
        '
        '--------- Festlegung des Koordinatensystems ------
        '
        WINDOW (-xneg, -2.3 * yneg)-(1.05 * xmax, 1.15 * 1.1 * ymax)
        '
        '--------- Zeichnen der Achsen -------------
        '
        LINE (-xneg, 0)-(1.1 * xmax, 0)
        LINE (0, -yneg)-(0, 1.1 * ymax)
        '
        '--------- skalieren und beziffern -----------
        '
        FOR i = 1 TO 10
        LINE (-x1, i * ymax / 10)-(x1, i * ymax / 10)
        LINE (i * xmax / 10, -y1)-(i * xmax / 10, y1)
        LOCATE 26 - 2 * i, 1
        PRINT USING „###.#"; ymax / 10 * i
        LOCATE 4, 3: PRINT „%"
        LOCATE 27, 11 + 7 * (i - 1)
        NEXT i
        LOCATE 28, 76: PRINT „sec"
        LOCATE 28, 1: PRINT „ESC : Abbrechen"
        '

        '--------- Schleife für das Einlesen der Meßwerte ---
        '
        time1 = TIMER
        FOR i = 0 TO xmax
        IF i <= 100 THEN yneu = 40
        IF i > 100 AND i < 350 THEN yneu = 210
        IF i >= 350 THEN yneu = 40
        '
        PRINT #1, CHR$(yneu);   'Wert ausgeben über D/A-Kanal
        CALL lese.com(istneu)   'Wert einlesen über A/D-Kanal
        '
        '-------- Verzögerungsschleife -----------
        FOR g = 1 TO 200: NEXT
```

```
    '-------- Meßwert ins Koordinatensystem einzeichnen --
    ' Normierung:
    istneu = istneu / 255 * ymax
    yneu = yneu / 255 * ymax

    LINE (i - 1, istalt)-(i, istneu)
    LINE (i - 1, yalt)-(i, yneu)
    istalt = istneu
    yalt = yneu

    IF INKEY$ = CHR$(27) THEN EXIT FOR       ' Abbruchmöglichkeit
                                             ' mit ESC-Taste
    NEXT i
    time2 = TIMER
    FOR i = 1 TO 10
    LOCATE 27, 12 + 7 * (i - 1)
    PRINT USING „##.##"; i * xmax / 10 * (time2 - time1) / 1000;
    NEXT i

    CLOSE 1
    END

SUB lese.com (inbyte)
... wie in Kapitel 2.4.3
END SUB
```

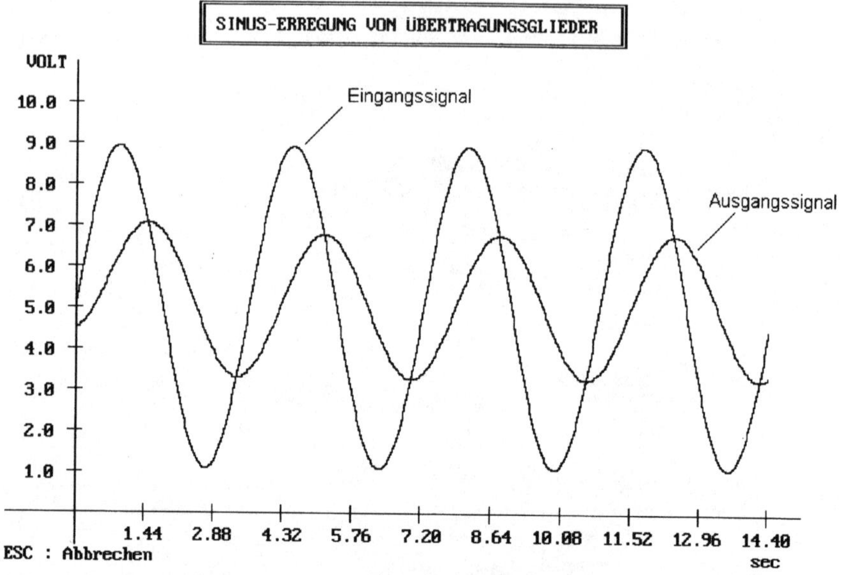

Abb. 4.17: Ein- und Ausgangssignal bei sinusförmiger Erregung eines PT1-Gliedes (Aufgenommen mit dem MSR-Board)

Anstelle der Sprungantwort kann man zur Charakterisierung von Übertragungsglieder auch die Reaktion auf ein sinusförmiges Eingangssignal verwenden. Bei linearen Übertragungsgliedern ist auch das Ausgangssignal sinusförmig. Es unterscheidet sich vom Eingangssignal durch zwei Parameter: die Amplitude und die Phasenverschiebung.

Abb. 4.17 zeigt beispielsweise das Ein- und Ausgangssignal eines Verzögerungsgliedes 1. Ordnung (PT1-Glied).

Das dazugehörige Programm SINUSSIM.BAS findet der Leser auf Diskette.

4.5.8.4 Anwendung: Digitale Regler

Das MSR-Board ist ebenfalls geeignet, digitale Regelkreise zu realisieren. Den Sollwert gibt der Anwender über den PC vor. Das MSR-Board erfaßt den Istwert und der PC berechnet zum einen die Differenz zwischen Soll- und Istwert, die Regeldifferenz, und zum einen errechnet er das Ausgangs-

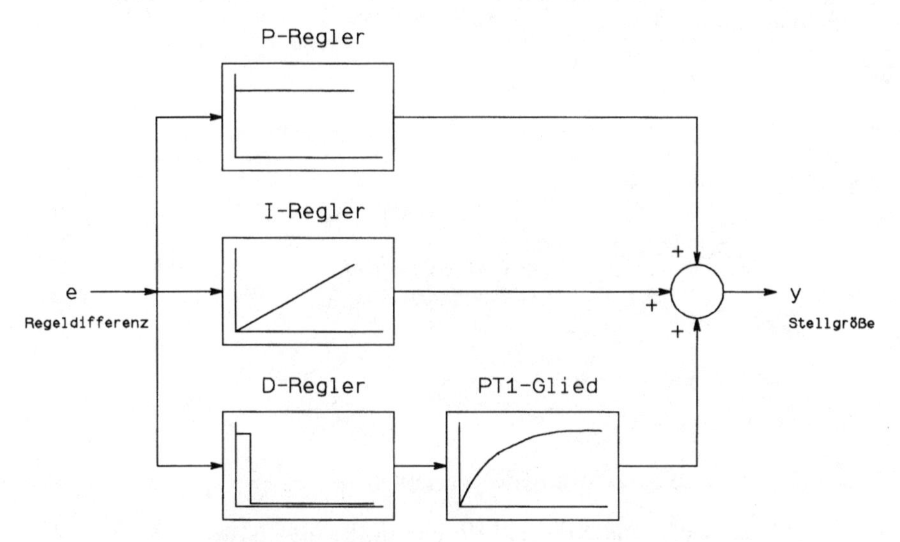

Abb. 4.18: Aufbau eines realen PID-Reglers

signal des Reglers, die Stellgröße. Diese steht am D/A-Ausgang des MSR-Board an und kann dem Stellglied zugeführt werden.

Es würde den Rahmen dieses Buches sprengen, die Grundlagen der digitalen Regelungstechnik in aller Ausführlichkeit zu erklären. Deshalb soll an dieser Stelle nur das Wichtigste erläutert werden.

Abb. 4.18 zeigt den Aufbau eines realen PID-Reglers.

Daraus ist ersichtlich, daß sich durch Parallelschalten der einzelnen Regleranteile P, I, D ein PID-Regler ergibt. Jeder Anteil wirkt unabhängig vom anderen. Der P-Anteil verstärkt die Regeldifferenz um einen konstanten Verstärkungsfaktor kp. Der I-Anteil integriert (aufsummieren) das Eingangssignals. Der D-Anteil ermittelt, wie stark sich das Eingangssignal ändert. Da bei einer sprungförmigen Änderung der Regeldifferenz der D-Anteil theoretisch unendlich wird, schaltet man dem D-Anteil ein Verzögerungsglied in Reihe. Dieses sogenannte PT1-Glied dämpft den D-Anteil ab. Das Ausgangssignal des PID-Reglers erhält man schließlich durch Überlagerung der einzelnen Anteile.

Die Berechnung der Regleranteile übernimmt der PC. Die Rechenvorschrift, nach der die Stellgröße y berechnet wird, nennt man Regelalgorithmus.Solch ein Regelalgorithmus ist einfach aufgebaut, da jeder Regelanteil getrennt berechnet werden kann. Zur Bildung der Stellgröße y addiert man schließlich die einzelnen Regleranteile.

Ausgehend von *Abb. 4.18* ergeben sich für den PID-Regelalgorithmus folgende Gleichungen:

P-Regler $$y_P = k_P \cdot e_{neu}$$

I-Regler $$y_I = \frac{T_A}{T_I} \cdot e_{neu} + y_I$$

D-Regler $$y_D = \frac{\frac{T_D}{T_A} \cdot (e_{neu} - e_{alt}) + \frac{T_I}{T_A} \cdot y_D}{1 + \frac{T_I}{T_A}}$$

PID-Regler $$y = y_P + y_I + y_D$$

Es folgt eine kurze Erläuterung der Variablen:

e_{neu} aktuell berechnete Regeldifferenz (Sollwert - Istwert)
e_{alt} die zuvor berechnete Regeldifferenz (Sollwert - Istwert)

y_P Ausgangssignal des P-Reglers
y_I Ausgangssignal des I-Reglers
y_D Ausgangssignal des D-Reglers
K_P Verstärkungsfaktor des P-Reglers
T_A Abtastzeit: Zeit zwischen zwei aufeinanderfolgende A/D-Wandlungen des Istwertes. Im Abstand TA wird der Istwert eingelesen und y augegeben.
T_I Integrierzeit des I-Reglers.
Ein kleines T_I bewirkt einen steilen Anstieg des Ausgangssignal y_I
T_D Zeitkonstante des D-Reglers
T_1 Zeitkonstante des Verzögerungsgliedes 1. Ordnung (PT1-Glied) T1 wählt man in der Regel 0,1...0,3 TD
y Ausgangssignal des PID-Reglers (Stellgröße)

Abb. 4.19 zeigt das Einschwingverhalten eines Regelkreises, das mit dem MSR-Board aufgezeichnet wurde. Bei der Regelstrecke handelte es sich um ein Verzögerungsglied 2. Ordnung (PT2-Glied).

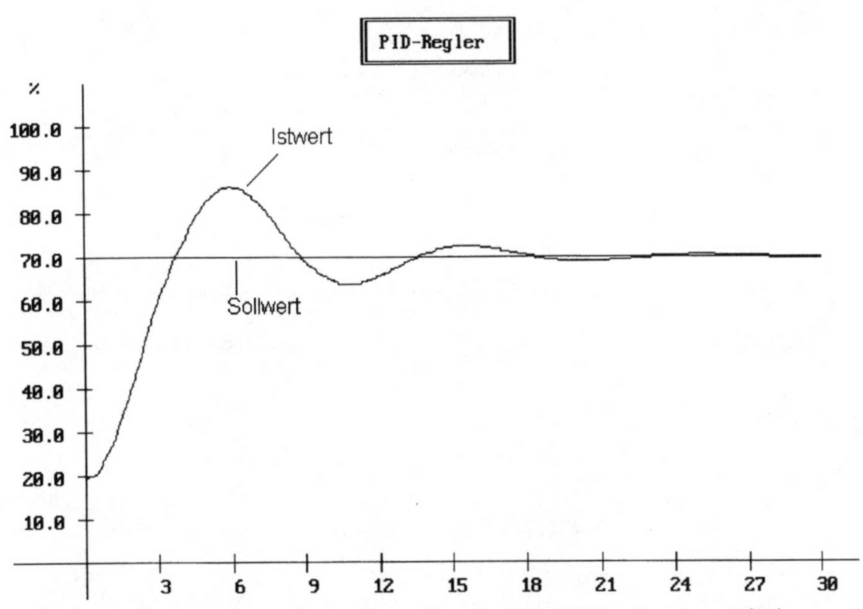

Abb. 4.19: Einschwingverhalten eines Regelkreises (Aufgenommen mit dem MSR-Board)

Das nachfolgende Listing ermöglicht dem Leser mit dem MSR-Board eigene Experimente zur digitalen Regelungstechnik durchzuführen.

```
'===========================================================================
'                                                                          '
' Programm:     PIDSIM                                                     '
'                                                                          '
' Funktion:     Mit PIDSIM und dem MSR-BOARD können Regelkreise mit        '
'               richtigen Regelstrecken aufgebaut werden. Der PC           '
'               errechnet nach einem PID-Regelalgorithmus das              '
'               Ausgangssignal des Reglers, das am D/A-Kanal des           '
'               MSR-Boards erscheint.                                      '
'                                                                          '
'===========================================================================

DECLARE SUB lese.com (inbyte)
        SCREEN 12
        '——— Öffnen der Schnittstelle: 9600 Baud an COM2 ——-
        '
        OPEN „com2:9600,N,8,1,CS,DS" FOR RANDOM AS #1
        '
        CLS
        '
        '——————- Übertragungsfunktion des PID-Reglers: ——-
        '
        '                      1         k * (1+p*Tn) * (1+p*Tv)
        'G(p) = kp + Td*p + ——— = ———————————
        '                    p*Ti               p*Tn
        '
        INPUT „Sollwert in % (0...100) eingeben.", soll
        soll = soll / 100 * 255
        Tn = 1          ' Nachstellzeit (vom Anwender einzustellen)
        Tv = 0          ' Vorhaltzeit   (vom Anwender einzustellen)
        k = 1           ' Proportionalitätsfaktor (vom Anwender einzu-
        stellen)
        t1 = Tv / 5
        Ti = Tn / k               ' Integrierzeit des I-Reglers
        Td = k * Tv               ' Zeitkostante des D-Reglers
        kp = k * (1 + Tv / Tn)    ' Verstärkungsfaktor des P-Reglers
        ypid = 0                  ' Stellgröße (Ausgangssignal des Reg-
                                  ' lers)

        Ta = .05                  ' Abtastzeit
        CLS
        a$ = „PID-Regler „
        a = LEN(a$): b = (80 - a) / 2 - 1
        LOCATE 1, b: PRINT CHR$(201); STRING$(a + 2, CHR$(205));
        CHR$(187)
        LOCATE 2, b: PRINT CHR$(186)
        LOCATE 2, b + 2: PRINT a$
        LOCATE 2, a + b + 4: PRINT CHR$(186)
```

```
LOCATE 3, b: PRINT CHR$(200); STRING$(a + 2, CHR$(205));
CHR$(188)
'
'———— Definition von Variablen ——————
'
xmax = 600              ' Anzahl der max. Meßwerte in x-Richtung
ymax = 100              ' Entspricht der max. Amplitude 100%
y1 = .02 * ymax         ' Für die Striche der Skaliering
x1 = .01 * xmax         '   -"-
xneg = .1 * xmax        ' Länge der negativen Achsenabschnitte
yneg = .1 * ymax        '   -"-
'
'———— Festlegung des Koordinatensystems ———-
'
WINDOW (-xneg, -2.3 * yneg)-(1.05 * xmax, 1.15 * 1.1 * ymax)
'
'———— Zeichnen der Achsen ————————-
'
LINE (-xneg, 0)-(1.1 * xmax, 0)
LINE (0, -yneg)-(0, 1.1 * ymax)
'
'———— skalieren und beziffern ——————-
'
FOR i = 1 TO 10
LINE (-x1, i * ymax / 10)-(x1, i * ymax / 10)
LINE (i * xmax / 10, -y1)-(i * xmax / 10, y1)
LOCATE 26 - 2 * i, 1
PRINT USING „###.#"; ymax / 10 * i
LOCATE 4, 3: PRINT „%"
LOCATE 27, 11 + 7 * (i - 1)
PRINT USING „#####"; i * xmax / 10 * Ta;
NEXT i
LOCATE 28, 20: PRINT „Aktueller Meßwert:"
LOCATE 28, 76: PRINT „sec"
LOCATE 28, 1: PRINT „ESC : Abbrechen"
'
'———— Sollwert einzeichnen ———————
soll.normiert = soll / 255 * ymax
LINE (0, soll.normiert)-(xmax, soll.normiert)

'———— Schleife für das Einlesen der Meßwerte ——
'
FOR i = 0 TO xmax
oldtime = TIMER                  ' oldtime = Zeitpunkt t
newtime = oldtime + Ta    ' newtime = t + ta
flag = 0
'
'———— Beginn der Zeitschleife ——————-
'
DO
curtime = TIMER                  ' curtime = aktuelle Zeit
IF curtime >= newtime THEN EXIT DO
IF flag = 0 THEN
```

```
        '
        PRINT #1, CHR$(ypid);   ' Stellgröße ausgeben (yPID=0...255)
        CALL lese.com(istneu)   ' Istwert auslesen  (istneu=0...255)
        '
        eneu = soll - istneu    ' Regeldifferenz berechnen
        '
        '———— Berechnung der Regleranteile: P, I, D ——-
        yp = kp * eneu
        yi = yi + Ta / Ti * eneu
        yd = (Td / Ta * (eneu - ealt) + t1 / Ta * yd) / (1 + t1 / Ta)
        ypid = yp + yi + yd              ' Addition der Regleranteile

        IF ypid > 255 THEN ypid = 255    ' Stellwertbegrenzung
        IF ypid < 0 THEN ypid = 0
        ealt = eneu
        '
        '———— Meßwert ins Koordinatensystem einzeichnen --
        ' Normierung:
        istneu = istneu / 255 * ymax

        LINE (i - 1, istalt)-(i, istneu)
        LOCATE 28, 40: PRINT USING „###.##"; istneu
        istalt = istneu
        flag = 1
        END IF

        IF INKEY$ = CHR$(27) THEN EXIT FOR        ' Abbruchmöglichkeit
        LOOP                                      ' mit ESC-Taste
        NEXT i
        CLOSE 1
        END

SUB lese.com (inbyte)
... wie in Kapitel 2.4.3
END SUB
```

5 Businterface an der RS232-Schnittstelle

5.1 Hardware

In den Kapiteln 2, 3 und 4 wurden einige Schaltungen vorgestellt, die in Verbindung mit den Basismodulen aus Kapitel 1 an der RS232-Schnittstelle oder an der Druckerschnittstelle des PCs betrieben werden können. Dadurch ist der Anwender in der Lage, ohne den PC öffnen zu müssen, die verschiedensten Messungen durchzuführen.

Nachteilig ist dabei, daß immer nur ein Modul pro Schnittstelle einsetzbar ist. Für viele Anwendungen hingegen wäre es wünschenswert, mehrere Baugruppen anzusprechen. Auf diese Weise ließe sich beispielsweise aus einzelnen Modulen ein Meßsystem aufbauen. Systeme, die diese Möglichkeit bieten, nennt man Bussysteme. Auch dem PC-Slot liegt ein solches Bussystem zugrunde. Nur so ist es möglich, daß der Prozessor auf mehrere Einsteckkarten zugreifen kann.

Ein typischer „Bus“ enthält Datenleitungen, über die die angeschlossenen Teilnehmer ihre Daten austauschen. Zur Auswahl des Teilnehmers dienen Adreßleitungen, die gemeinsam auch als Adreßbus bezeichnet werden. Ferner gibt es zusätzliche Steuersignale zur Festlegung der Datenrichtung und zur Synchronisation. Sie werden als Steuerbus zusammengefaßt.

Abb. 5.1 zeigt den Schaltplan des Businterfaces für die serielle Schnittstelle eines PCs.

Wie arbeitet die Schaltung?

Vergleicht man diese Schaltung mit dem Basismodul in Abb. 1.14, so fallen sicherlich viele Gemeinsamkeiten auf. Kernstück der Schaltung ist der UART CDP6402. Er empfängt die seriell gesendeten Daten des PCs und stellt das Datenbyte an den Leitungen D0OUT … D7OUT parallel zur Verfügung. Darüber hinaus sendet er die parallel anliegenden Daten an D0IN … D7IN nach einem Low-Impuls an TBRL seriell zum PC. Der 74HC4060 stellt vier verschiedene Baudraten zur Verfügung, wobei eine mit Hilfe eines Jumpers ausgewählt werden kann.

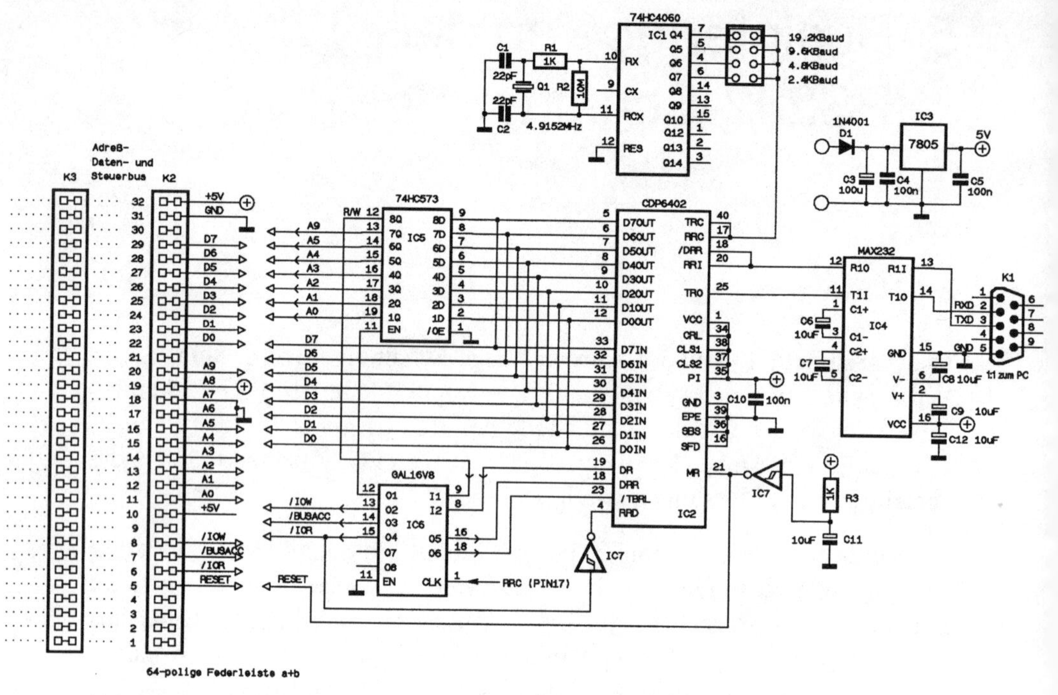

Abb. 5.1: Schaltplan des Businterfaces an der RS232-Schnittstelle des PC

Bei näherem Betrachten der beiden Schaltungen fallen allerdings wichtige Unterschiede auf. Beim Businterface sind die Datenleitungen parallel geschaltet und stellen damit den bidirektionalen Datenbus dar. Bidirektional deshalb, weil über diese Leitungen Daten gesendet und gelesen werden. Zur Realisierung der Bidirektionalität müssen bei einem Lesezugriff die Datenleitungen DxOUT am UART in den hochohmigen Zustand geschaltet werden. Ansonsten besteht die Gefahr, daß Ausgangsdaten des UARTs mit Daten, die ein Teilnehmer sendet, kollidieren. Zu diesem Zweck wird der Eingang RRD (Pin 4) während des Einlesezyklus auf High geschaltet.

Wozu dient der 74HC573?
Wie vorhin erläutert, ist ein wesentlicher Bestandteil eines Bussystems der Adreßbus. Über die Adreßleitungen wird ein angesprochener Teilnehmer selektiert. Da der CDP6402 nur über acht Ausgangsleitungen verfügt, ist ein Schreibzyklus, in dem Daten und Adressen gesendet werden, in zwei Phasen aufzuteilen. Zuerst sendet der PC die Adresse des angesprochenen Teilnehmers. Die Adresse wird im 74HC573 gespeichert und steht an den Ausgängen Q zur Verfügung. Erst danach werden die Daten über den

Datenbus gesendet. Ob ein ankommendes Datenbyte am CDP6402 eine Adresse oder Daten enthält, selektiert das GAL16V8. Es steuert dazu den Pin 11 des 74HC573 an. Liegt dieser Anschluß auf High-Pegel, speichert der 74HC573 das anliegende Datenbyte als Adresse. Bei Low-Pegel behalten die Ausgänge Q ihren logischen Zustand bei, auch wenn die Eingänge D ihren Pegel ändern. Von den möglichen acht Bits werden nur sieben zur Bildung der Adresse herangezogen. Das höherwertigste Bit (R/W) dient zur Unterscheidung, ob ein Lese- oder Schreibzyklus stattfindet (vgl. Abb. 5.2). Für R/W=1 können Daten gelesen werden, R/W=0 signalisiert einen Schreibzyklus.

Der Adreßbus an den Steckern K2 und K3 verfügt über zehn Adreßleitungen A0...A9. Davon sind A6 und A7 auf GND und A8 auf +5 V gelegt. Die Adreßleitung A9 wird dem Ausgang 7Q des 74HC573 entnommen. Auf den ersten Blick mag diese Zuordnung keinen Sinn machen. Dazu sind folgende Überlegungen notwendig. Der Adreßbus wurde so gewählt, daß zum Bussystem des PC-Slot größte Kompatibilität erreicht wird. Diese Vorgehensweise ermöglicht, die Busmodule ähnlich den Einsteckkarten aufzubauen. Dadurch ist man sogar in der Lage, einfache PC-Einsteckkarten aus der Meßtechnik am Businterface für die serielle Schnittstelle zu betreiben.

Nochmals zurück zu den Adreßleitungen. Mit der Beschaltung in Abb. 5.1 ergibt sich für das Bussystem folgender Adreßbereich:

Adreßbereich	A9	A8	A7	A6	A5	A4	A3	A2	A1	A0
allgemein:	X	1	0	0	X	X	X	X	X	X
100 (hex) ...	0	1	0	0	0	0	0	0	0	0
13F (hex)	0	1	0	0	1	1	1	1	1	1
300 (hex) ...	1	1	0	0	0	0	0	0	0	0
33F (hex)	1	1	0	0	1	1	1	1	1	1

Insgesamt kann der Anwender auf 128 Adressen zugreifen. Im Vergleich dazu: beim PC-Slot beträgt der Adreßbereich für Erweiterungskarten 300...31F (hex), was 32 I/O-Adressen entspricht. Dieser Adreßbereich ist im vorliegenden Bussystem enthalten. Darüber hinaus sind die Adressen 100...13F (hex) zugänglich.

Als weitere wichtige Komponente eines Bussystems fehlt noch der Steuerbus. Dieser wird durch die vier Signale IOW, IOR, BUSACC und RESET gebildet. In Anlehnung an den PC-Slot signalisiert IOW bei Low-Pegel einen Schreibzyklus und IOR einen Lesezyklus. BUSACC wird Low, wenn ein Busteilnehmer angesprochen wird. Die RESET-Leitung gibt beim Einschalten der Versorgungsspannung einen kurzen High-Impuls ab, der als Rücksetzsignal genutzt werden kann. Die Steuersignale bildet das GAL16V8.

Abb. 5.2 zeigt das Timing der verschiedenen Signale, die in der Schaltung nach Abb. 5.1 beteiligt sind.

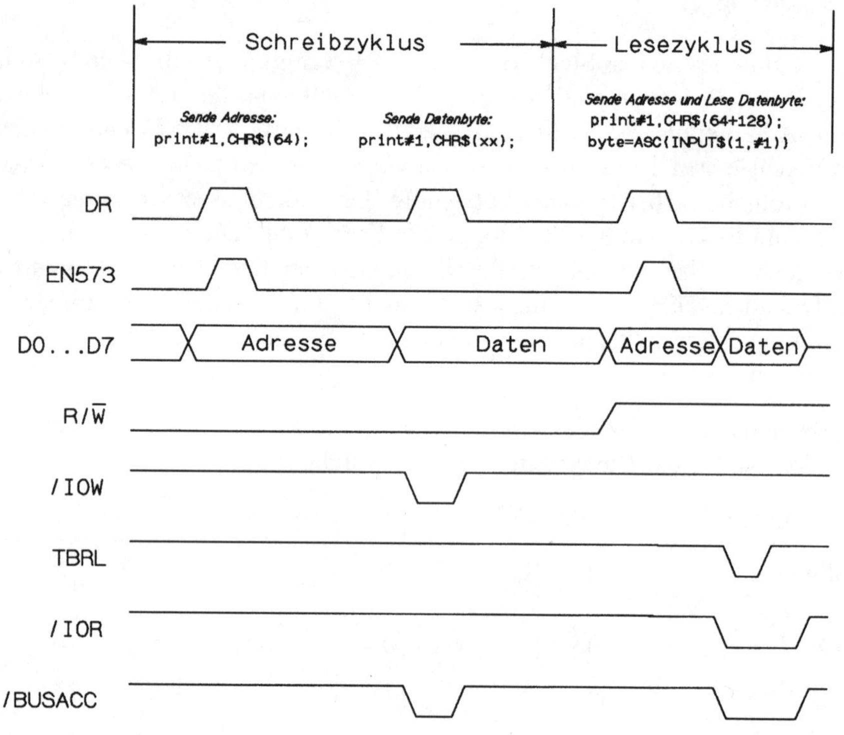

Abb. 5.2: Impulsdiagramm für das Businterface an der seriellen Schnittstelle

Das Signal DR (Pin 19 des CDP6402) signalisiert, daß ein Byte vom PC empfangen wurde und parallel an den Ausgangsleitungen des UART ansteht. Mit dem positiven Impuls an Pin 11 des 74HC573 (EN573) werden diese Daten als Adresse bewertet und im Baustein gespeichert. Das darauffolgende Datenbyte enthält Daten, die mit dem Low-Impuls von IOW vom angesprochenen Teilnehmer übernommen werden. Damit ist der Schreibzyklus beendet.

Ein Lesezyklus wird eingeleitet, in dem das höherwertigste Bit beim Senden der Adresse gesetzt wird. Das GAL16V8 erkennt dann, daß es sich um einen Lesezyklus handelt. Daraufhin kann ein Teilnehmer für IOR=0 seine Daten auf den Bus legen. Während dieser Phase erzeugt das GAL16V8 einen Low-Impuls am TBRL-Eingang des UART, der die Aussendung der anliegenden Daten an den PC einleitet (vgl. Kapitel 1.2.4).

Abb. 5.3 zeigt den Bestückungsplan des Businterfaces.

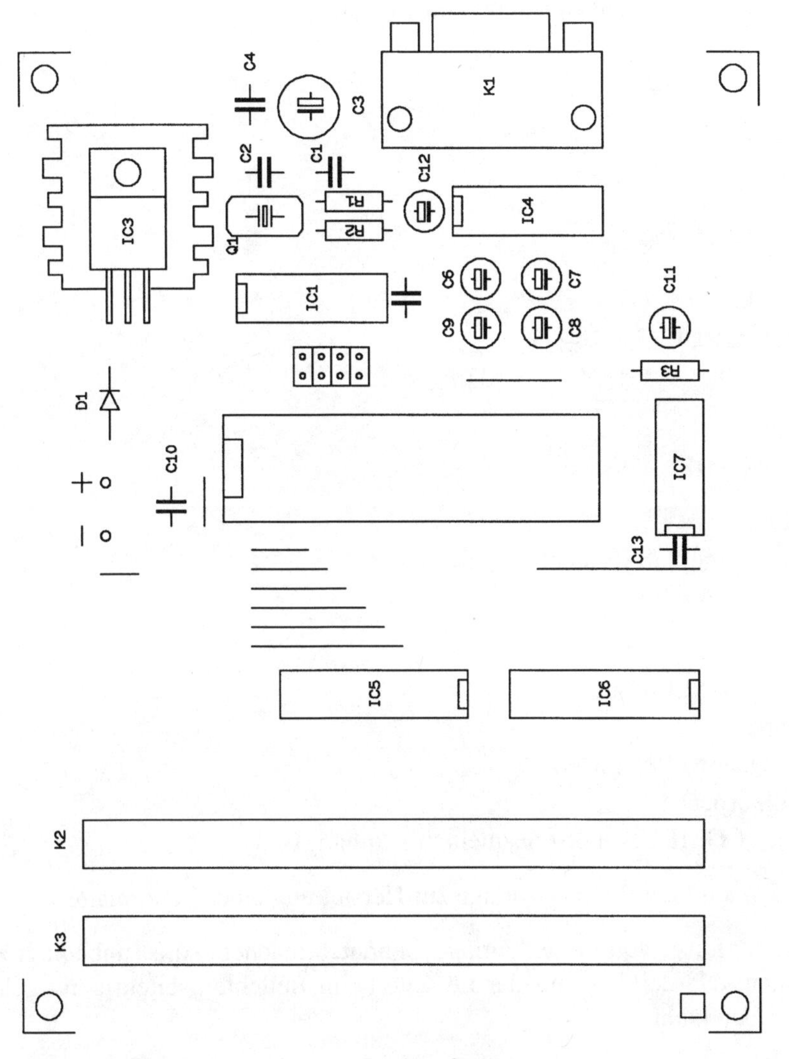

Abb. 5.3: Bestückungsplan des Businterfaces

Die zum Aufbau der Schaltung erforderlichen Bauelemente können der folgenden Stückliste entnommen werden.

Halbleiter
IC1 = 74HC4060
IC2 = CDP6402
IC3 = LM7805
IC4 = MAX232
IC5 = 74HC573
IC6 = GAL16V8 (Bezugsquelle im Anhang)
IC7 = 74HC14

Widerstände
R1, R3 = 1K
R2 = 10M

Kondensatoren
C1, C2 = 22 pF
C3 = 100 µF
C4, C5, C10, C13 = 100 µF
C6, C7, C8, C9, C11, C12 = 10 µF

Dioden
D1 = 1N4001

Stecker
K1 = 9polige Sub-D-Stecker
K2, K3 = 64polige Federleiste

sonstiges
2 x 4polige Stiftleiste
1 Jumper
Q1 = Quarz 4,9152 MHz
1 Kühlkörper
Platine „COMBUS" (Bezugsquelle im Anhang)

Abb. 5.4 zeigt die Platinenvorlage zur Herstellung einer Leiterplatte.

Sollte der Leser von dieser Vorlage Gebrauch machen, so ist unbedingt zu beachten, daß der Text auf der Lötseite beim Belichten seitenrichtig gelesen werden kann.

Abb. 5.5 zeigt die bestückte Platine des Businterfaces.

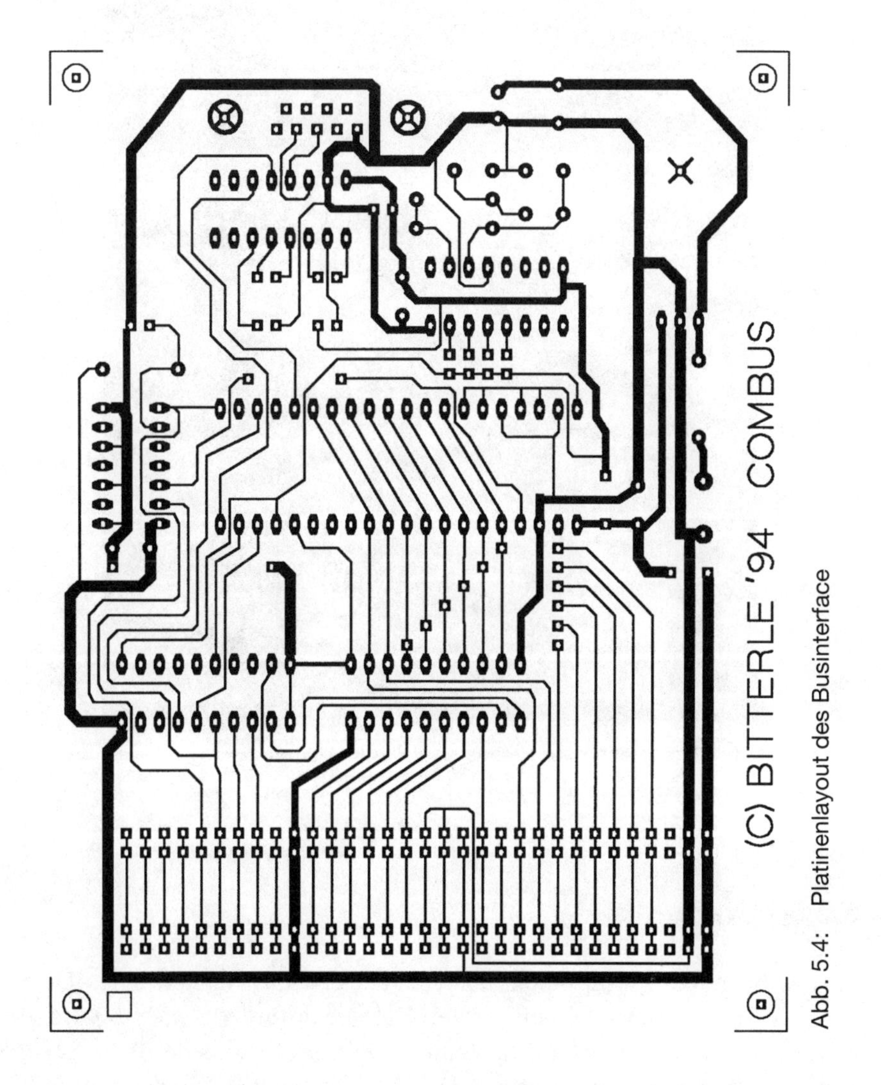

Abb. 5.4: Platinenlayout des Businterface

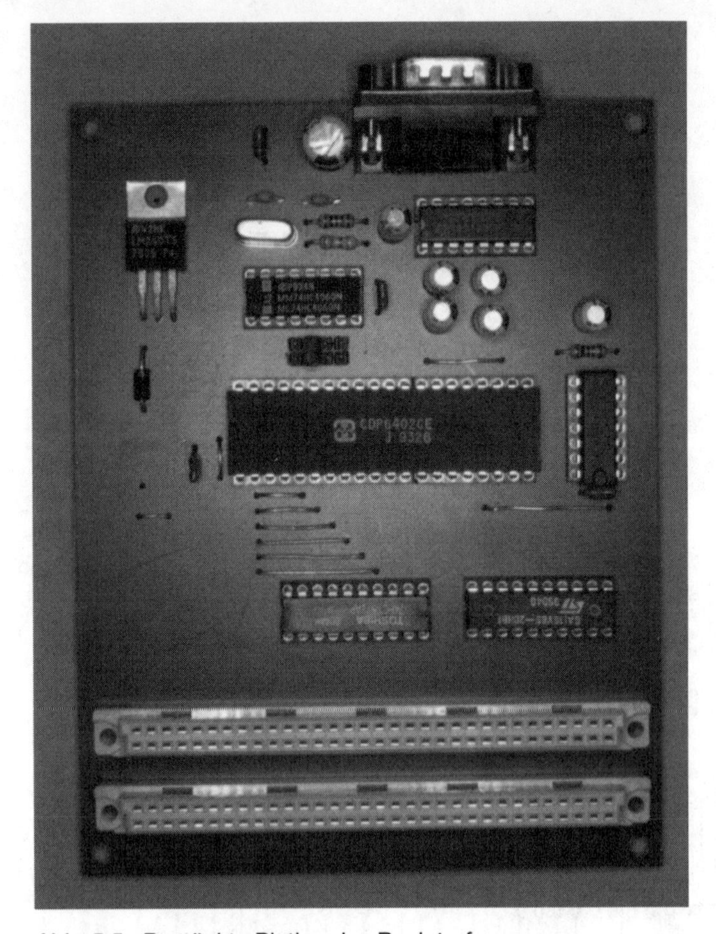

Abb. 5.5: Bestückte Platine des Businterfaces

5.2 Software

Im Hardwareteil wurde bereits angedeutet, daß das Senden eines Datenbytes an einen Busteilnehmer zwei Befehle erfordert. Zuerst wird die Adresse gesendet, danach das Datenbyte. Für das Senden der Adresse sind einige Anmerkungen erforderlich. Der Adreßbereich des Bussystems ist in Anlehnung an den PC-Slot 100...13F (hex) und 300...33F (hex). Die Schwierigkeit besteht nun darin, daß eine beliebige Adresse aus dem eben genannten Adreßbereich nicht direkt gesendet werden kann. Für die Adreßleitungen A0...A9 wären zehn Bits erforderlich, der CDP6402 stellt aber lediglich acht Ausgangsleitungen zur Verfügung. Um trotzdem in einem Programm die tatsächlichen Adressen des Bussystems verwenden zu können, ist eine Umrechnung erforderlich, die in Form eines Unterprogramms realisiert wird.

Das folgende Beispiel verdeutlicht dies.

Es soll an einen Baustein, der sich auf einer Baugruppe des Bussystems befindet, unter der Adresse 302 (hex) das Datenbyte 125 (dez) gesendet werden. Die Basisadresse der Baugruppe sei 300 (hex). Dazu sind folgende Anweisungen in QBasic erforderlich.

```
DECLARE SUB out.data (adresse!, outbyte)

     DIM SHARED basadr
     CLS
     '
     '------ Öffnen der Schnittstelle: 9600 Baud an COM2 ----
     '
     OPEN „com2:9600,N,8,1,CS,DS" FOR RANDOM AS #1
     '
     '----- Bestimmung der Basisadresse und Portadressen ---
     '
     basadr = &H300              ' Basisadresse
     port = basadr + 2           ' Adresse des Ports im Beispiel
     '
     '------------ Ausgabe des Datenbytes an den Port ------
     '
     CALL out.data(port, 125)
     '
     CLOSE 1
     END

SUB out.data (adresse, outbyte)
'=============================================================
'                                                            '
' Unterprogramm: out.data                                    '
'                                                            '
' Funktion:       Dieses Unterprogramm gibt an das Bus-      '
'                 Interface unter der „adresse" ein Byte     '
'                 (outbyte) aus.                             '
'                                                            '
'=============================================================

     A9 = (basadr AND 2 ^ 9) / 2 ^ 9
     adressenbyte = (adresse AND (255 - 128 - 64)) + A9 * 64
     PRINT #1, CHR$(adressenbyte);
     PRINT #1, CHR$(outbyte);

END SUB
```

Im Hauptprogramm wird durch die call-Anweisung das Unterprogramm aufgerufen, das die erforderliche Umrechnung vornimmt.

Ähnlich sieht der Einlesezyklus aus. Um das vorige Beispiel nochmals aufzugreifen, soll vom angesprochenen Baustein unter der Adresse 301 (hex) ein Datenbyte ausgelesen werden. Dazu sind folgende Befehle erforderlich.

```
DECLARE SUB inp.data (adresse!, inbyte)
        DIM SHARED basadr
        CLS
        '
        '---- Öffnen der Schnittstelle: 9600 Baud an COM2 ---
        '
        OPEN „com2:9600,N,8,1,CS,DS" FOR RANDOM AS #1
        '
        '---- Bestimmung der Basisadresse und Portadresse ---
        '
        basadr = &H300          ' Basisadresse
        port = basadr + 1       ' Adresse des Ports im Beispiel
        '
        '-------------- Lesen vom Port --------------------
        '
        CALL inp.data(port, inbyte)
        PRINT „Daten am Port mit der Adresse 301
        (hex) sind: "; inbyte
        '
        CLOSE 1
        END

SUB inp.data (adresse, inbyte)
'===========================================================
'                                                          '
' Unterprogramm: inp.data                                  '
'                                                          '
' Funktion:      Dieses Unterprogramm liest vom Bus-Inter- '
'                face über die serielle Schnittstelle des PC '
'                ein Byte ein. Falls die Datenübertragung  '
'                gestört sein sollte, wird ein Meldetext   '
'                eingeblendet und das Programm beendet.    '
'                                                          '
'===========================================================
        A9 = (basadr AND 2 ^ 9) / 2 ^ 9
        adressenbyte = (adresse AND (255 - 128 - 64))
        + A9 * 64 + 128
        PRINT #1, CHR$(adressenbyte);

        i = 0
        DO
        i = i + 1
        '
```

```
        '---------- Falls Byte vorhanden ist loc(1) >= 1 ---
        '
        IF LOC(1) >= 1 THEN
        in$ = INPUT$(1, #1)
        inbyte = ASC(in$)
        GOTO beenden
        END IF
        '
        '------------ Neuer Versuch Daten einzulesen -------
        '
        LOOP UNTIL i = 10000        ' Maximal 10000 Versuche
        '
        '----------- Kein Byte empfangen !! ---------------
        '
        CLS
        PRINT „Datenübertragung ist gestört !!!!"
        PRINT
        PRINT „Es wird kein Zeichen empfangen !!!!"
        PRINT
        PRINT „Bitte prüfen Sie:
        Schnittstellenverbindung, Hardware ..."
        END
beenden:

END SUB
```

Besonders zu beachten ist hierbei, daß beim Adressenbyte das hochwertigste Bit gesetzt ist. Diese Leitung dient zur Unterscheidung, ob es sich um einen Lese- oder Schreibzyklus (vgl. Abb. 5.2) handelt.

5.3 Verschiedene Busmodule

Das folgende Kapitel soll einige Busmodule vorstellen, die auf die 64polige Federleiste des Businterfaces aufgesteckt werden. Zwar bietet die Hauptplatine nur zwei Steckplätze, aber mit einem einfachen Erweiterungsboard, das über ein Flachbandkabel mit der Hauptplatine verbunden ist, läßt sich die Anzahl beliebig erweitern. Das Interessante an den nachfolgenden Schaltungen ist, daß die Adreßdekodierung und Datenbusanbindung einer Schaltung genauso vorgenommen wird, wie sie auf Einsteckkarten anzutreffen ist. Dem Leser, der sich mit dem PC-Slot noch nicht befaßt hat, ist es deshalb zu empfehlen, zuerst das Kapitel 1.3 zu studieren.

5.3.1 Busmodul mit acht TTL-Ausgängen

Abb. 5.6 zeigt eine einfache Schaltung mit acht TTL-Ausgängen. Die Basisadresse des Busmoduls läßt sich wie bei Einsteckkarten für PCs mit DIP-Schaltern einstellen. Die Adreßdekodierung erfolgt durch drei Oder-Gatter. Das anstehende Datenbyte D0...D7 wird mit der positiven Taktflanke am CLK-Eingang des 74HC574 in den Baustein übernommen. Das Datenbyte steht daraufhin an den Ausgangsleitungen Q0…Q7 an. Die positive Flanke wird mit Hilfe des IOW-Signals generiert, falls die beiden Adreßleitungen A0 und A1 Low-Pegel aufweisen. Der Adreßbereich des Busmoduls umfaßt eine Adresse, die bei 100 (hex) oder 300 (hex) beginnend, in den Abständen +4 einstellbar ist, also zum Beispiel 300, 304, 308 (hex) usw.

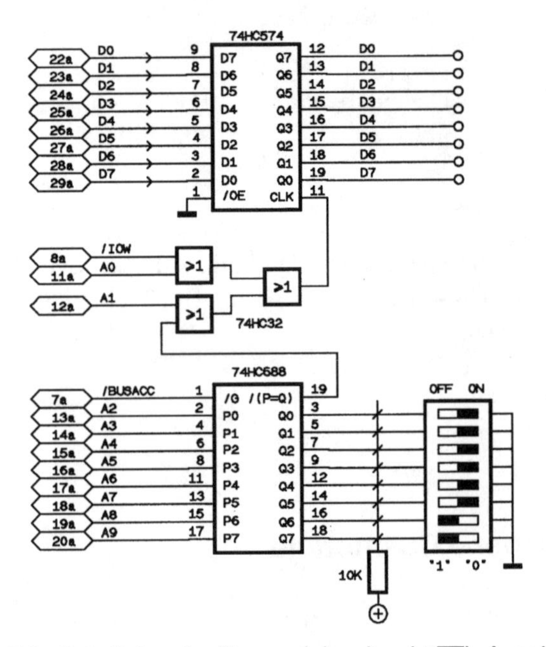

Abb. 5.6: Schaltplan des Busmoduls mit acht TTL-Ausgängen

Die Software zum Ansprechen des Basismoduls lautet wie folgt:

```
DECLARE SUB out.data (adresse!, outbyte)

        DIM SHARED basadr
        CLS
```

```
        '---- Öffnen der Schnittstelle: 9600 Baud an COM2 ---
        '
        OPEN „com2:9600,N,8,1,CS,DS" FOR RANDOM AS #1
        '
        '------ Basisadresse des Busmoduls sei 108 (hex) ----
        '
        basadr = &H108                  ' Basisadresse
        '
        '----------- Setze alle TTL-Ausgänge auf High ------
        '
        CALL out.data(basadr, 255)
        '
        CLOSE 1
        END

SUB out.data (adresse, outbyte)
         siehe Kapitel 5.2 !!
END SUB
```

5.3.2 Busmodul mit acht Optokoppler-Ausgängen

Abb. 5.7 zeigt eine Erweiterung des vorigen Busmoduls, in dem die Ausgänge durch Optokoppler vom Businterface galvanisch getrennt sind. Hierbei ist zu beachten, daß eine logische 1 einer Datenleitung über den Optokoppler invertiert ausgegeben wird. Vier Optokoppler sind jeweils in einem IC vom Typ CNY74-4 enthalten. Liegt am 1k-Widerstand High-Pegel an, fließt durch die integrierte Leuchtdiode Strom. Dies bewirkt am gegenüberliegenden Phototransistor einen Basistrom und damit einen verstärkten Kollektorstrom, der über den 4,7-K-Widerstand auf Masse fließt. Es ist zu beachten, daß diese Masse, mit der Massee des Busmoduls, an der alle TTL-ICs angeschlossen sind, nicht identisch ist. Es besteht somit keinerlei galvanische Verbindung zwischen dem Bussystem und den Spannungspegel am Kollektor eines Phototransistors.

Das Busmodul läßt sich über eine Basisadresse ansprechen. Die beiden Adreßleitungen A0 und A1 müssen dabei Low-Pegel aufweisen. Da die Einstellung der Basisadresse erst mit der Adreßleitung A2 beginnt, kann die Basisadresse nur in den Abständen +4 eingestellt werden.

Die Software für das Busmodul könnte in Qbasic wie folgt aussehen:

```
DECLARE SUB out.data (adresse!, outbyte)

        DIM SHARED basadr
        CLS
```

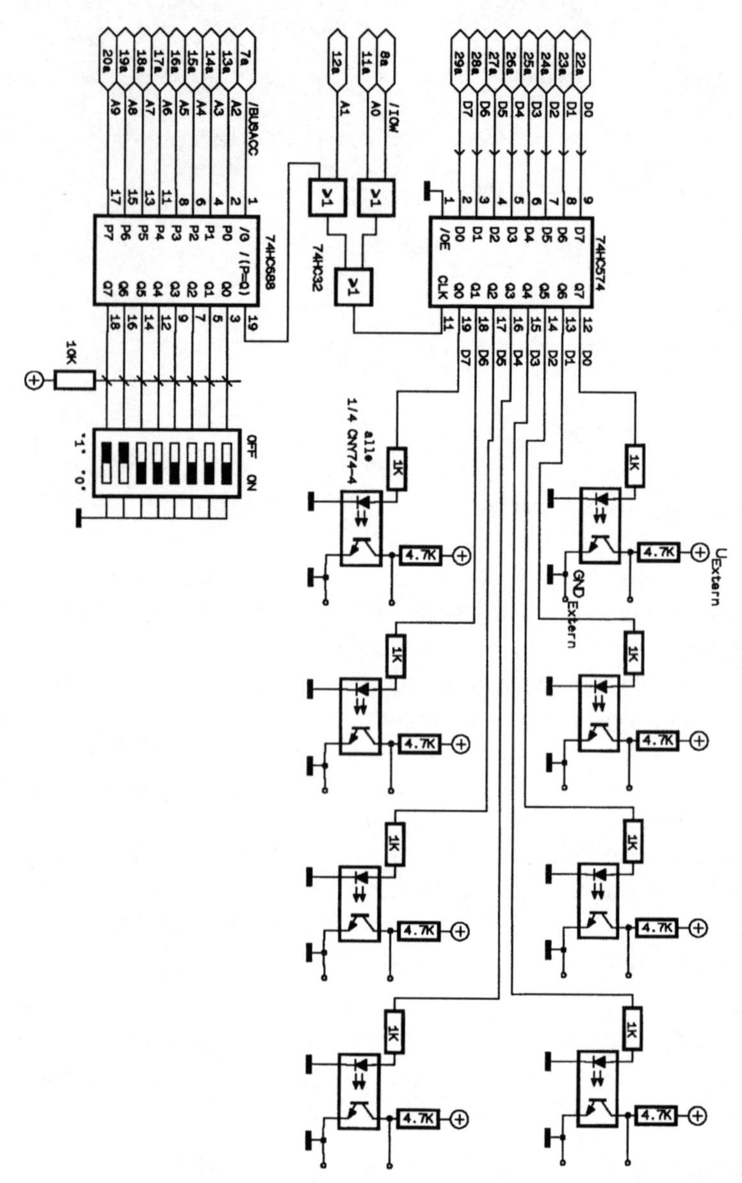

Abb. 5.7: Schaltplan des Busmoduls mit acht Optokoppler-Ausgängen

```
        '
        '------ Öffnen der Schnittstelle: 9600 Baud an COM2 -
        '
        OPEN „com2:9600,N,8,1,CS,DS" FOR RANDOM AS #1
        '
        '------ Basisadresse des Busmoduls sei 304 (hex) ----
        '
        basadr = &H304
        '
        '---------- Setze alle OPTO-Ausgänge auf High -------
        '
        CALL out.data(basadr, 0)
        '
        CLOSE 1
        END

SUB out.data (adresse, outbyte)
        ... siehe Kapitel 5.2 !!
END SUB
```

5.3.3 Busmodul mit acht Relais-Ausgängen

Mit dem Busmodul in Kapitel 5.3.1, das acht TTL-Ausgänge bietet, lassen sich durch ein zusätzliches IC acht Relais ansteuern. *Abb. 5.8* zeigt die Schaltung dieses Busmoduls.

Die Ausgänge des 74HC574 gelangen an den Treiberbaustein ULN2803. Er enthält acht Treiberstufen mit offenem Kollektor, wobei die Schutzdioden für induktive Lasten bereits integriert sind. Somit lassen sich Relais direkt ansteuern. Der maximale Laststrom beträgt ca. 500 mA. Die Adreßdekodierung ist identisch zu den beiden Busmodulen aus den vorangegangenen Kapiteln.

Die Software zum Ansteuern des Busmoduls sieht wie folgt aus:

```
DECLARE SUB out.data (adresse!, outbyte)

        DIM SHARED basadr
        CLS
        '
        '-----Öffnen der Schnittstelle: 9600 Baud an COM2 ---
        '
        OPEN „com2:9600,N,8,1,CS,DS" FOR RANDOM AS #1
        '
        '---- Basisadresse des Busmoduls sei 300 (hex) ------
        '
        basadr = &H300
```

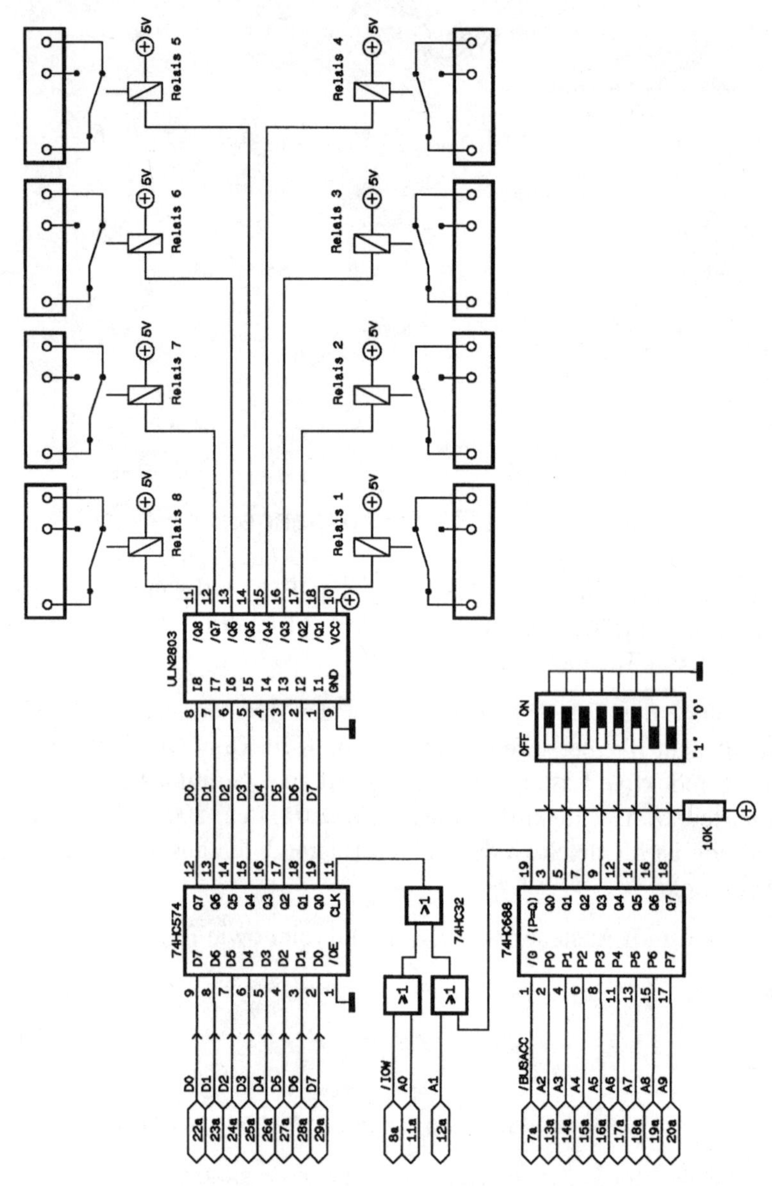

Abb. 5.8: Schaltplan des Busmoduls mit acht Relais-Ausgängen

```
        '
        '---------- Alle Relais sollen aktiviert werden -----
        '
        CALL out.data(basadr, 255)
        '
        CLOSE 1
        END

SUB out.data (adresse, outbyte)
        ... siehe Kapitel 5.2 !!
END SUB
```

5.3.4 Busmodul mit acht TTL-Eingängen

Abb. 5.9 zeigt die Schaltung eines Busmoduls mit acht TTL-Eingängen. Die Einstellung der Basisadresse, unter der das Modul angesprochen wird, läßt sich mit den DIP-Schaltern vornehmen. Bei Übereinstimmung mit der anliegenden Busadresse erzeugt der 74HC688 an Pin 19 ein Low-Signal, das an die Dekodierlogik gelangt. Bei einem Lesezyklus nimmt IOR auch Low-Pegel an und schaltet die Datenrichtung über den DIR-Eingang am Bustreiber von B nach A. Führen die Adreßleitungen A0 und A1 Low-

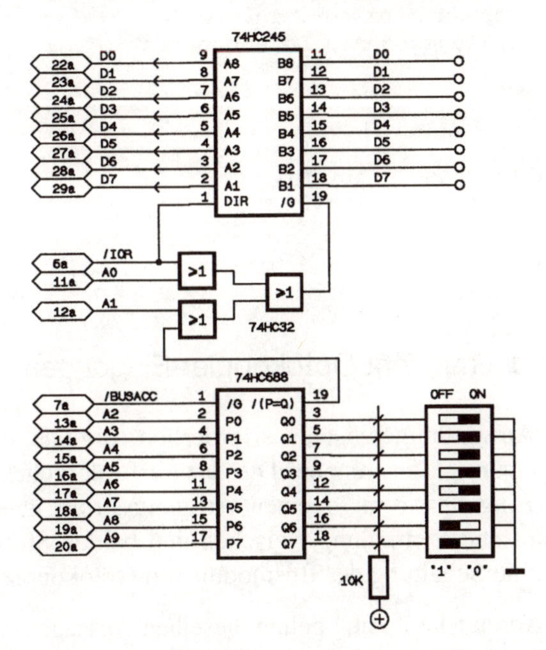

Abb. 5.9: Schaltplan des Busmoduls mit acht TTL-Eingängen

Pegel, wird gleichzeitig der Bustreiber mit /G=0 aktiviert. Daraufhin liegen die acht Datenbits auf dem Datenbus und werden schließlich vom UART CDP6402 seriell zum PC gesendet.

Das Busmodul läßt sich über eine Adresse aus dem Adreßbereich des Businterfaces ansprechen. Die Basisadresse kann man an den DIP-Schaltern bei 100 (hex) oder 300 (hex) beginnend im Abstand +4 einstellen.

Die erforderlichen Anweisungen zum Einlesen eines Datenbytes lauten folgendermaßen:

```
DECLARE SUB inp.data (adresse!, inbyte)

        DIM SHARED basadr
        CLS
        '
        '---- Öffnen der Schnittstelle: 9600 Baud an COM2 ---
        '
        OPEN „com2:9600,N,8,1,CS,DS" FOR RANDOM AS #1
        '
        '---- Basisadresse des Busmoduls sei 100 (hex) ------
        '
        basadr = &H100
        '
        '---------- Einlesen des Datenbytes -----------------
        '
        CALL inp.data(basadr, inbyte)
        PRINT „Eingelesenes Datenbyte ist: "; inbyte
        '
        CLOSE 1
        END

SUB inp.data (adresse, inbyte)
        ... siehe Kapitel 5.2
END SUB
```

5.3.5 Busmodul mit acht Optokoppler-Eingängen

Bei manchen Anwendungen ist es erforderlich, digitale Eingänge vom Businterface galvanisch zu trennen. Die dazu erforderlichen Optokoppler können einen Eingangsstrom in einen Ausgangsstrom übersetzen, ohne daß eine galvanische Verbindung zwischen den beiden Strömen herrscht. *Abb. 5.10* zeigt die Schaltung des Busmoduls mit Optokoppler-Eingängen.

Bezüglich der Adreßdekodierung gelten dieselben Aussagen wie im vorigen Kapitel. Auch der Adreßbereich ist identisch zum Busmodul in Abb. 5.9.

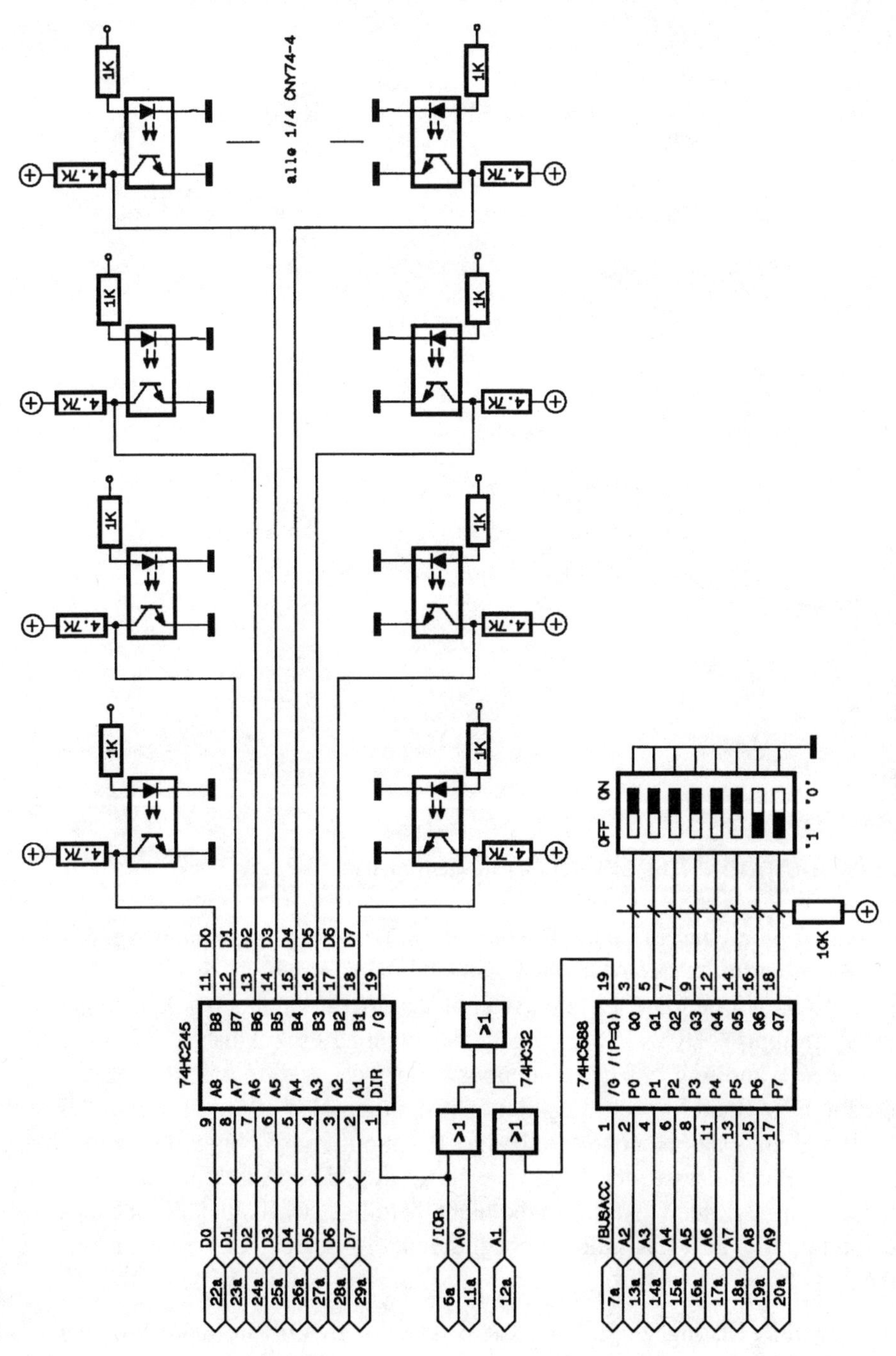

Abb. 5.10: Schaltplan des Busmoduls mit acht Optokoppler-Eingängen

Zur Ansteuerung des Busmoduls können folgende Befehle verwendet werden:

```
DECLARE SUB inp.data (adresse!, inbyte)

        DIM SHARED basadr
        CLS
        '
        '---- Öffnen der Schnittstelle: 9600 Baud an COM2 ---
        '
        OPEN „com2:9600,N,8,1,CS,DS" FOR RANDOM AS #1
        '
        '---- Basisadresse des Busmoduls sei 314 (hex) ------
        '
        basadr = &H314
        '
        '--------- Einlesen der Opto-Eingänge -------------
        '
        CALL inp.data(basadr, inbyte)
        inbyte = inbyte XOR 255       ' alle Bits invertieren
        PRINT „Eingelesenes Datenbyte ist: "; inbyte
        '
        CLOSE 1
        END

SUB inp.data (adresse, inbyte)
        ... siehe Kapitel 5.2
END SUB
```

5.3.6 Busmodul mit einem Analogeingang

Das nachfolgend beschriebene Busmodul mißt eine analoge Spannung. Als A/D-Wandler findet der ADC0804 Anwendung, der bereits in Kapitel 3.2 beschrieben wurde. Die Datenausgänge des A/D-Wandlers gelangen an den Bustreiber 74HC245. Dieser legt bei einem Lesezyklus (IOR=0) die Daten der Wandlung auf den Datenbus, von wo aus sie vom PC gelesen werden. Das Steuersignal IOW leitet mit einem Low-Impuls die A/D-Wandlung ein. Dazu ist ein Schreibzugriff mit einem beliebigen Datenbyte unter der Basisadresse des Moduls erforderlich. Die Adreßleitungen A0 und A1 sind an der Dekodierlogik nicht beteiligt. Deshalb läßt sich das Busmodul, mit der Basisadresse beginnend, über vier Adressen ansprechen.

Das folgende Listing zeigt, wie das Busmodul in QBasic angesprochen wird.

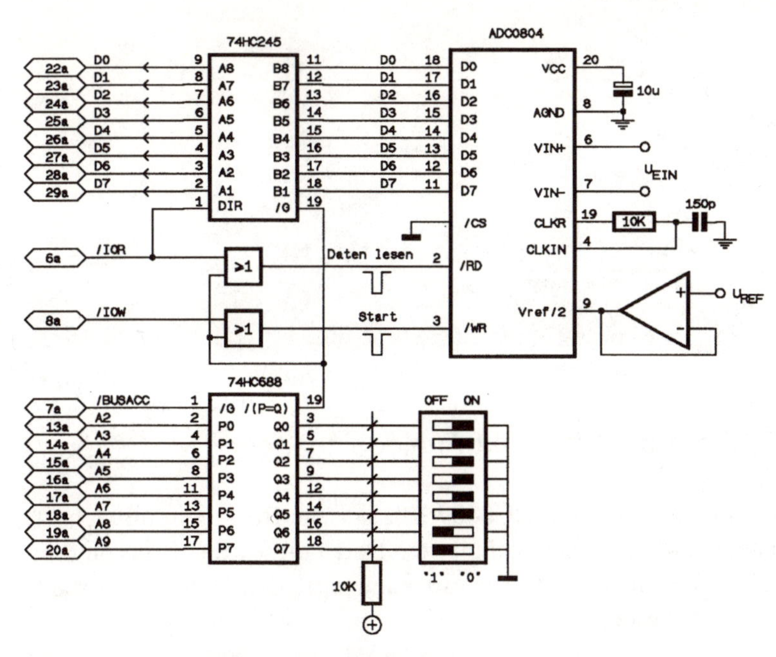

Abb. 5.11: Schaltbild des Busmoduls mit einem Analogeingang

```
DECLARE SUB inp.data (adresse!, inbyte)
DECLARE SUB out.data (adresse!, outbyte)

        DIM SHARED basadr
        UREF = 2.5                'Referenzspannung sei 2.5V
        CLS
        '
        '----- Öffnen der Schnittstelle: 9600 Baud an COM2 --
        '
        OPEN „com2:9600,N,8,1,CS,DS" FOR RANDOM AS #1
        '
        '----- Basisadresse des Busmoduls sei 118 (hex) -----
        '
        basadr = &H118
        '
        '----------- Starte A/D-Wandlung ------------------
        '
        CALL out.data(basadr, 0)      ' beliebiges Datenbyte !!
        '
        '
        '------------- Ergebnis einlesen -------------------
        '
        CALL inp.data(basadr, inbyte)
        PRINT „Die Spannung beträgt:"; inbyte / 256 * 2 *
                                       UREF
```

```
        '
        CLOSE 1
        END

SUB inp.data (adresse, inbyte)
        ... siehe Kapitel 5.2
END SUB

SUB out.data (adresse, outbyte)
        ... siehe Kapitel 5.2
END SUB
```

5.3.7 Busmodul mit acht Analogeingängen

Mit dem A/D-Wandler ADC0809 läßt sich ein Busmodul mit acht Analogeingängen aufbauen. Die technischen Daten dieses Bausteins sind in Kapitel 3.3 bereits angeführt. Ebenso kann dort detailliert die Arbeitsweise nachgelesen werden.

Abb. 5.12 zeigt die Schaltung des Busmoduls. Die Datenleitungen des ADC0809 sind direkt mit dem Bustreiber 74HC245 verbunden. Die

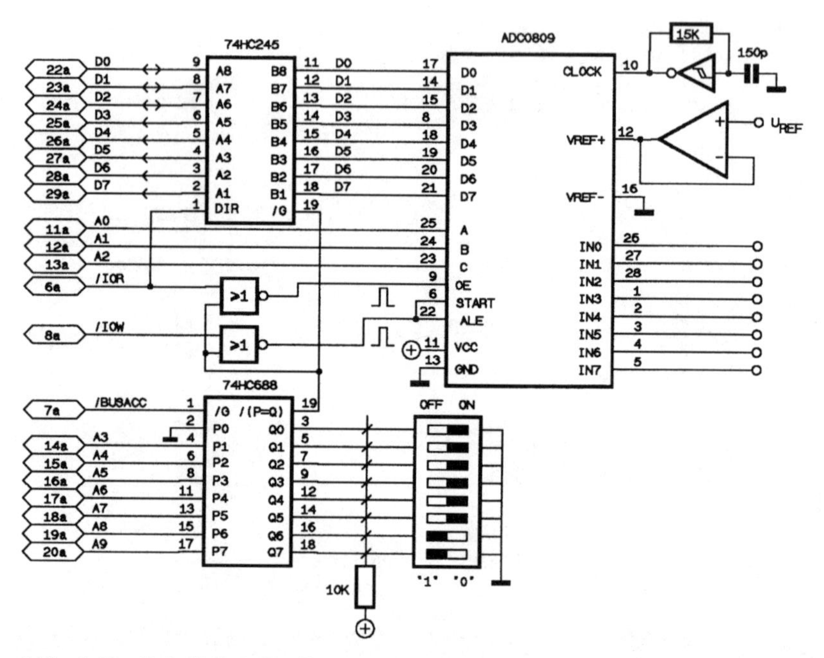

Abb. 5.12: Schaltplan des Busmoduls mit acht Analogeingängen

Adreßeingänge A, B, C, die den zu wandelnden Kanal selektieren, führen an die Adreßleitungen A0, A1 und A2. Eine Wandlung wird gestartet, indem man unter der Adresse des zu wandelnden Kanals ein beliebiges Datenbyte an den ADC0809 sendet. Während des Schreibzyklus wird am Eingang START ein positiver Impuls erzeugt, der die anstehende Adresse im A/D-Wandler speichert und gleichzeitig die A/D-Wandlung startet. Daraufhin kann man die Daten der Wandlung einlesen.

Der Adreßbereich des Basismoduls umfaßt acht Adressen, mit denen der zu wandelnde Analogeingang angewählt wird. Die Basisadresse läßt sich an den DIP-Schaltern einstellen.

```
DECLARE SUB inp.data (adresse!, inbyte)
DECLARE SUB out.data (adresse!, outbyte)

        DIM SHARED basadr
        UREF = 5!                    'Referenzspannung sei 5.0V
        CLS
        '
        '---- Öffnen der Schnittstelle: 9600 Baud an COM2 ---
        '
        OPEN „com2:9600,N,8,1,CS,DS" FOR RANDOM AS #1
        '
        '---- Basisadresse des Busmoduls sei 118 (hex) ------
        '
        basadr = &H118
        CH0 = basadr                 ' Kanal 0
        CH1 = basadr + 1             ' Kanal 1
        CH2 = basadr + 2             ' Kanal 2
        CH3 = basadr + 3             ' Kanal 3
        CH4 = basadr + 4             ' Kanal 4
        CH5 = basadr + 5             ' Kanal 5
        CH6 = basadr + 6             ' Kanal 6
        CH7 = basadr + 7             ' Kanal 7
        '
        '
        '---------- Starte A/D-Wandlung von Kanal 3 --------
        '
        CALL out.data(CH3, 0)             ' beliebiges Datenbyte
        '
        '
        '----------- Ergebnis einlesen --------------------
        '
        CALL inp.data(basadr, inbyte)
        PRINT „Die Spannung beträgt:"; inbyte / 256 * UREF
        '
        CLOSE 1
        END

SUB inp.data (adresse, inbyte)
```

```
      ... siehe Kapitel 5.2
END SUB

SUB out.data (adresse, outbyte)
      ... siehe Kapitel 5.2
END SUB
```

5.3.8 Busmodul mit 24-I/O-Leitungen

Der hochintegrierte Interfacebaustein 8255, der in Kapitel 2.5 ausführlich beschrieben ist, läßt sich auch am Businterface für die serielle Schnittstelle einsetzen. Abb. 5.13 zeigt die Schaltung des Busmoduls, das 24-I/O-Leitungen bereitstellt. Auffallend ist, daß außer der Adreßdekodierung durch den 74HC688 keine zusätzliche Dekodierlogik erforderlich ist. Die Signale IOR, RESET und IOW des Steuerbus gelangen direkt an die entsprechenden Eingänge des 8255. Ansonsten entspricht die Schaltung weitestgehend dem I/O-Interface am PC-Slot in Abb. 2.16.

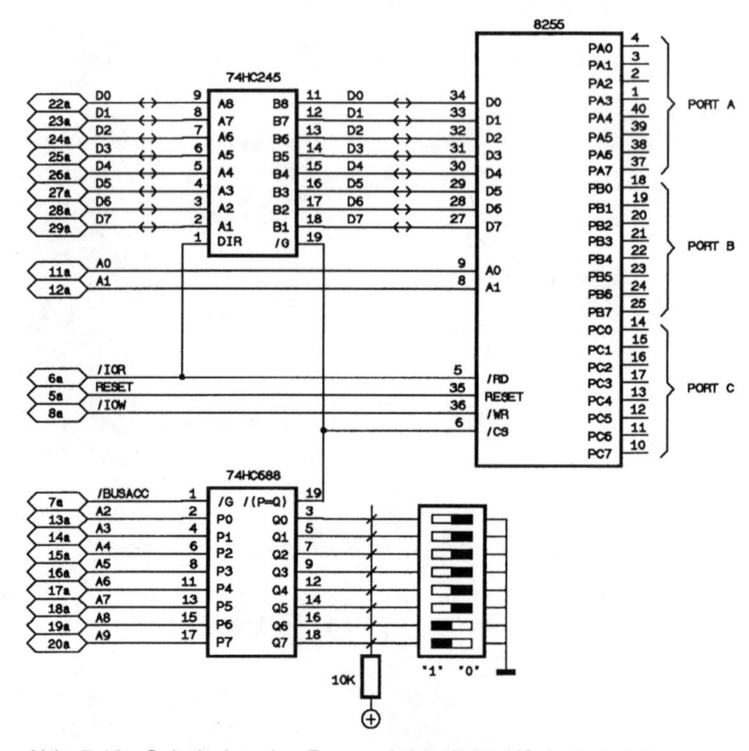

Abb. 5.13: Schaltplan des Busmoduls mit 24-I/O-Leitungen

Der Adreßbereich des Busmoduls umfaßt vier Adressen, über welche die drei Ports sowie das Steuerregister erreicht werden. Das folgende Listing zeigt, welche Befehle in QBasic notwendig sind, um die drei Ports des 8255 anzusprechen.

```
DECLARE SUB inp.data (adresse!, inbyte)
DECLARE SUB out.data (adresse!, outbyte)

        DIM SHARED basadr
        CLS
        '
        '----- Öffnen der Schnittstelle: 9600 Baud an COM2 --
        '
        OPEN „com2:9600,N,8,1,CS,DS" FOR RANDOM AS #1
        '
        '----- Bestimmung der Basisadresse und Portadressen -
        '
        basadr = &H300          ' Basisadresse
        porta = basadr          ' Adresse Port A
        portb = basadr + 1      ' Adresse Port B
        portc = basadr + 2      ' Adresse Port C
        steureg = basadr + 3    ' Adresse des Steuerregisters
        '
        '------------- Beispiel: Port A: Ausgang ------------
        '                         Port B: Eingang
        '                         Port C: Eingang ------------
        ' --------> Steuerwort ergibt sich zu 137 (siehe Text
        '
        '------------ Sende Steuerwort an 8255 --------------
        '
        CALL out.data(steureg, 137)
        '
        '---------- Ausgabe eines Datenbytes an Port A ------
        '
        CALL out.data(porta, 143)
        '
        '--------------- Lesen von Port C -------------------
        '
        CALL inp.data(portc, inbyte)
        PRINT „Daten an Port C sind: "; inbyte
        '
        '--------------- Lesen von Port B -------------------
        '
        CALL inp.data(portb, inbyte)
        PRINT „Daten an Port B sind: "; inbyte
        '

        CLOSE 1
        END

SUB inp.data (adresse, inbyte)
        ... siehe Kapitel 5.2
```

```
END SUB

SUB out.data (adresse, outbyte)
        ... siehe Kapitel 5.2
END SUB
```

5.3.9 Busmodul mit dem Zählerbaustein 8253

Bereits in Kapitel 2.6 wurde der Zählerbaustein 8253 vorgestellt. Diejenigen Leser, die diesen interessanten Baustein noch nicht genau kennen, sollten sich zuerst dieses Kapitel zu Gemüte führen. *Abb. 5.14* zeigt die Schaltung des Busmoduls mit dem 8253. Wie beim 8255 im vorigen Kapitel ist außer der Adreßdekodierung keine zusätzliche Dekodierlogik erforderlich. Die Anbindung an das Bussystem ist denkbar einfach. Die Adreßleitungen A0 und A1 können direkt mit den entsprechenden Pins am 8253 verbunden werden. Genauso verhält es sich mit den Steuersignalen IOW und IOR.

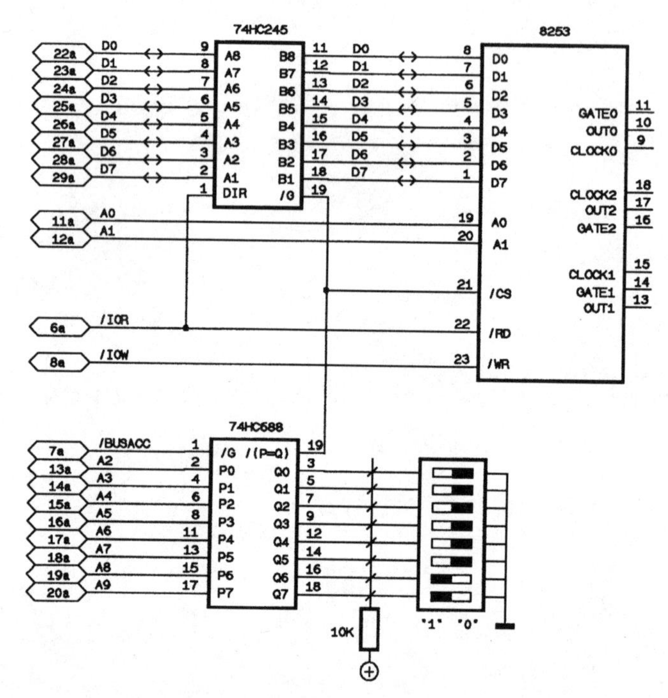

Abb. 5.14: Schaltplan des Busmoduls mit dem Zählerbaustein 8253

Stimmt die an den DIP-Schaltern eingestellte Adresse mit den Adreßleitungen des Adreßbus überein, wird der 8253 am CS-Eingang mit Low-Pegel aktiviert.

Der Adreßbereich des Zählerbausteins umfaßt vier Adressen, über welche die drei Zähler sowie das Steuerregister erreicht werden (vgl. Kapitel 2.6).

Das folgende Listing zeigt, wie der 8253 am Businterface anzusprechen ist.

```
DECLARE SUB inp.data (adresse!, inbyte)
DECLARE SUB out.data (adresse!, outbyte)
        DIM SHARED basadr
        CLS
        '
        '----- Öffnen der Schnittstelle: 9600 Baud an COM2 --
        '
        OPEN „com2:9600,N,8,1,CS,DS" FOR RANDOM AS #1
        '
        '---------- Festlegung der I/O-Adressen ------------
        '
        basadr = &H328              ' Basisadresse z.B. 328 hex
        counter0 = basadr           ' Zähler 0
        counter1 = basadr + 1       ' Zähler 1
        counter1 = basadr + 2       ' Zähler 2
        steureg = basadr + 3        ' Steuerregister
        '
        '--------------- Beispiel: -------------------------
        'Zähler 0:    Mode 3, Startwert: 23580 (Teilerfaktor)
        'Zähler 1:    Mode 2, Startwert: 65535
        '
        modus0 = 3                  ' Modus Zähler 0
        modus1 = 2                  ' Modus Zähler 1
        start0 = 23580              ' Startwert Zähler 0
        start1 = 65535              ' Startwert Zähler 1
        steuerwort0 = 54            ' Steuerwort Zähler 0
        steuerwort1 = 116           ' Steuerwort Zähler 1
        '
        '---------- Berechnung der High- und Lowbytes -------
        '
        start0.highbyte = start0 \ 256     ' Teilung ohne Rest
        start0.lowbyte = start0 MOD 256    ' Nur Rest
        start1.highbyte = start1 \ 256     ' Teilung ohne Rest
        start1.lowbyte = start1 MOD 256       ' Nur Rest
        '
        '------------ Konfigurierung des Zählers -----------
        '
        CALL out.data(steureg, steuerwort0)         ' Zähler 0
        CALL out.data(counter0, start0.lowbyte)     ' Zuerst
                                                      Lowbyte
        CALL out.data(counter0, start0.highbyte)    ' Dann High-
                                                      byte
```

```
        CALL out.data(steureg, steuerwort1)        ' Zähler 1
        CALL out.data(counter1, start1.lowbyte)    ' Zuerst
                                                     Lowbyte
        CALL out.data(counter1, start1.highbyte)   ' Dann High-
                                                     byte
        '
        DO
        '
        '---------- Zählerstand zwischenspeichern -----------
        '
        CALL out.data(steureg, 64)         ' Latchen Zähler 1
        '
        '----------- Zählerstand auslesen ------------------
        '
        CALL inp.data(counter1, stand1.lowbyte)    ' Zuerst
                                                     Lowbyte
        CALL inp.data(counter1, stand1.highbyte)   ' Dann High-
                                                     byte

        zaehlerstand = stand1.lowbyte + 256 * stand1.highbyte

        PRINT „Der aktuelle Zählerstand des Zähler 1 ist:
        "; zaehlerstand

        IF INKEY$ = CHR$(27) THEN EXIT DO
        LOOP

        END

SUB inp.data (adresse, inbyte)
        ... siehe Kapitel 5.2
END SUB

SUB out.data (adresse, outbyte)
        ... siehe Kapitel 2.5
END SUB
```

5.3.10 Busmodul mit einem Analogausgang

Abb. 5.15 zeigt die Schaltung eines Busmoduls mit einem Analogausgang. Das Datenbyte, das an das Modul gesendet wird, steuert den D/A-Wandler ZN426 an. Mit der angegebenen Beschaltung läßt sich die Spannung von 0 ... 2,55 V in Schritten zu 10 mV einstellen. Dabei entspricht die gewählte Ausgangsspannung genau dem zehnten Teil des Datenbytes. Schreibt man beispielsweise unter der Adresse des Busmoduls den Wert 129 (dez), so stellt sich eine Ausgangsspannung von 1,29 V ein.

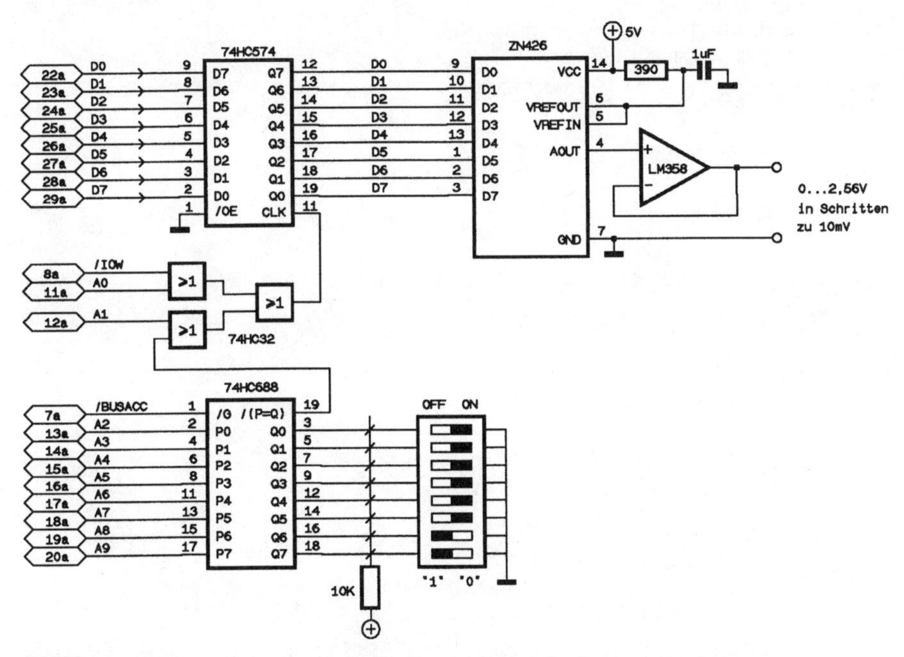

Abb. 5.15: Schaltplan des Busmoduls mit einem Analogausgang

Der Adreßbereich des Busmoduls umfaßt eine Adresse. Diese Basisadresse läßt sich, bei 100 (hex) und 300 (hex) beginnend, in den Abständen +4 an den DIP-Schaltern einstellen.

Die Software zur Ausgabe eines Spannungswertes sieht wie folgt aus:

```
DECLARE SUB out.data (adresse!, outbyte)

        DIM SHARED basadr
        CLS
        '
        '------ Öffnen der Schnittstelle: 9600 Baud an COM2 -
        '
        OPEN „com2:9600,N,8,1,CS,DS" FOR RANDOM AS #1
        '
        '------ Basisadresse des Busmoduls sei 330 (hex) ----
        '
        basadr = &H330
        '
        '------------ Ausgabe von 1.78 Volt ----------------
        '
        CALL out.data(basadr, 178)

        CLOSE 1
        END
```

```
SUB out.data (adresse, outbyte)
        ... siehe Kapitel 5.2 !!
END SUB
```

6 Kenndaten von Operationsverstärkern

Operationsverstärker gehören zu den vielseitigsten Bauelementen der Elektronik und sind in der Analogtechnik und damit in der Meßdatenerfassung nicht mehr wegzudenken. Ob als Verstärker für Gleich- oder Wechselspannung , ob als aktives Filter, als Oszillator oder als einfacher Impedanzwandler, ihre Einsatzmöglichkeiten sind universell. Der ideale Operationsverstärker zeichnet sich durch folgende Eigenschaften aus:

- unendlich große Leerlaufverstärkung v_o
- unendlich großer Eingangswiderstand
- unendlich große Bandbreite
- Ausgangswiderstand gleich Null
- unendlich große Gleichtaktunterdrückung

In der Praxis gibt es keinen idealen Operationsverstärker. Der reale Operationsverstärker kommt den eben genannten Eigenschaften jedoch ziemlich nahe.

Im folgenden werden moderne Operationsverstärker kurz charakterisiert und deren Kenndaten aufgelistet.

AD548
AD648

Der AD548 ist ein Einfach-OP, der AD648 enthält zwei Operationsverstärker. Diese Präzisions-OPs sind für den Einsatz in Anwendungen entwickelt worden, in denen Kleinleistungen mit hervorragenden Gleich- und Wechselstrom-Betriebseigenschaften erforderlich sind. Die Kombination von geringer Offset-Spannung und geringem Drift, niedrigem Ruhestrom und geringer Rauschspannung befähigt diese OPs außerordentlich gut für den Einsatz als Treiber für CMOS D/A-Wandler und in akkubetriebenen Kommunikationsschaltungen für die Ein-/Ausgabe von Daten.

Der AD548 ermöglicht Entwicklern, den Leistungsverbrauch um 85 % zu senken. Er garantiert eine niedrige Offsetspannung von 2 mV und einen Drift von 20 µV/0C. Um ein optimales Betriebsverhalten zu erreichen, werden diese Typen in einem fortschrittlichen Wafertrennungsprozeß mittels Laser hergestellt.

Technische Daten:

• Versorgungsspannungsbereich:	± 4,5 V ... ± 18 V
• Offsetspannung V_{os} (max)	2 mV
• Eingangsruhestrom I_B (max)	20 pA
• Verstärkungsbandbreite GWB (typ)	1 MHz
• Anstiegsgeschwindigkeit (Slew Rate) (typ)	1 V/µs
• Eingangswiderstand	10^{12} Ω
• Stromaufnahme (max)	200 µA (AD548) 400 µA (AD648)

LF411
LF412
Diese beiden ICs sind schnelle Einfach- und Doppel-J-FET Operationsverstärker mit geringer Eingangs-Offsetspannung. Darüber hinaus wird eine große Verstärkungsbandbreite und hohe Anstiegsgeschwindigkeit erreicht. Zusätzlich bieten die sehr gut angeglichenen J-FET-Eingänge eine hohe Spannungsstabilität, sehr geringe Eingangsnull- und Offsetströme.

Technische Daten:

• Versorgungsspannungsbereich:	± 5 V … ± 18 V
• Offsetspannung V_{os} (max)	3 mV
• Eingangsruhestrom I_B (max)	200 pA
• Verstärkungsbandbreite GWB (typ)	4 MHz
• Anstiegsgeschwindigkeit (Slew Rate) (typ)	15 V/µs
• Eingangswiderstand	10^{12} Ω
• Stromaufnahme (max)	3,4 mA (LF411) 6,5 mA (LF412)

LM324
Der LM324 von NSC enthält vier Operationsverstärker in einem 14-Pin DIL -Plastikgehäuse. Das Bauelement ist ideal geeignet für Anwendungen mit einer einfachen Spannungsversorgung und wird bereits ab einer Betriebsspannung von 3 V/±1,5 V gespeist. Dadurch kann er besonders gut in batteriebetriebenen Schaltungen mit geringer Spannung eingesetzt werden. Jeder Verstärker ist intern kompensiert.

Technische Daten:

• Versorgungsspannungsbereich:	± 1,5 V ... ± 15 V / 3 V ... 30 V
• Offsetspannung V_{os} (max)	7 mV
• Eingangsruhestrom I_B (max)	250 nA
• Ausgangsspannungsbereich (min)	20 mV...U_B-1,5 V bei $R_L \geq 10$ kΩ
• Stromaufnahme (max)	3 mA

LM358 Ein zweifacher Kleinleistungs-Operationsverstärker, der speziell für den Betrieb an einer einfachen Spannungsversorgung von 3 V...32 V bei einem Ruhestrom von 500 µA gedacht ist. Dieser Operationsverstärker mit einem Gleichtakteingang, in dessen Bereich das Massepotential enthalten ist, und einer Ausgangsspannung, die bis zum Nullpotential schwingen kann, ist hervorragend für den direkten Betrieb an +5 V geeignet und ist zu allen Logikpegeln kompatibel.

Technische Daten:

• Versorgungsspannungsbereich:	± 1,5 V … ± 16 V / 3 V … 32 V
• Offsetspannung V_{os} (max)	7 mV
• Eingangsruhestrom I_B (max)	250 nA
• Ausgangsspannungsbereich (min)	20 mV…U_B-1,5V bei $R_L \geq 10$ kΩ
• Stromaufnahme (max)	2 mA

LMC660
LMC662 Der LMC662 ist ein Doppel-OP und der LMC660 ein Vierfach-OP. Diese beiden Operationsverstärker sind in CMOS-Ausführung ideal für den Betrieb mit einer Einfachspannungsversorgung geeignet. Sie sind für den Betrieb an +5 V bis +15 V ausgelegt und weisen einen Ausgangshub auf, der bis an die Versorgungsspannung heranreicht. Außerdem besitzen sie einen Eingangsgleichtaktbereich, der 0 V erreicht. Die Eingangsspannungsdrift, das Breitbandrauschen und die Spannungsverstärkung bezüglich realer Lasten sind gleichwertig oder besser als bei den meisten bipolaren Vergleichstypen.

Technische Daten:

• Versorgungsspannungsbereich:	4,75 V … 15,5 V
• Offsetspannung V_{os} (max)	6,3 mV
• Eingangsruhestrom I_B (max)	2 pA
• Verstärkungsbandbreite GWB (typ)	1,4 MHz
• Anstiegsgeschwindigkeit (Slew Rate) (typ)	1,1 V/µs
• Eingangswiderstand	$>10^{12}$ Ω
• Ausgangsspannungsbereich (min)	0,19 V … 4,78 V R_L= 2kΩ, U_B=5V
• Stromaufnahme (max)	2,9 mA (LMC660) 1,8 mA (LMC662)

LP324 Vier unabhängig betriebene, intern kompensierte Operationsverstärker mit hoher Verstärkung, die eine geringe Stromaufnahme

erfordern. Sie sind geeignet zum Einsatz in Batteriesystemen wie z.B. tragbaren Meßgeräten, batteriebetriebenen Geräten und anderen Schaltungen, die ein hervorragendes Betriebsverhalten bezüglich des Gleichstroms und eine niedrige Stromaufnahme erfordern.

Technische Daten:

• Versorgungsspannungsbereich:	3 V … 32 V
• Offsetspannung V_{os} (max)	9 mV
• Eingangsruhestrom I_B (max)	20 nA
• Verstärkungsbandbreite GWB (typ)	100 KHz
• Anstiegsgeschwindigkeit (Slew Rate) (typ)	50 V/ms
• Stromaufnahme (max)	250 μA

OP90
OP290
OP490

Diese Typen sind Hochleistungsverstärker mit extrem kleiner Stromaufnahme, die sowohl mit einer einfachen als auch einer symmetrischen Spannungsquelle gespeist werden können. Die geringen Offsetspannungs- und hohen Verstärkungswerte ermöglichen präzise Funktionen bei Mikroleistungs-Schaltungen. Der Eingangsspannungsbereich der Verstärker schließt die Negativspannung ein, der die Eingangssignale bezüglich Massepotential so anpaßt, daß ein Betrieb durch eine Einfachspannungsquelle ermöglicht wird. Die jeweiligen Ausgangssignale können dadurch bis auf Massepotential schwingen, indem ein 'zero-in, zero-out'-Betrieb ermöglicht wird. Jeder Verstärker zieht weniger als 20 μA Ruhestrom, kann aber einen Ausgangsstrom von über 5 mA an eine Last liefern. Die minimale Leistungsaufnahme ermöglicht einen idealen Einsatz in batterie- und solarbetriebenen Anwendungen. Typische Anwendungen sind u. a.: batteriegespeiste Handgeräte, Meßverstärker, D/A-Wandler, Ausgangsverstärker, Kleinspannungskomparatoren.

Technische Daten:

• Versorgungsspannungsbereich:	± 0,8 V...± 18 V / 1,6 V ... 36 V
• Offsetspannung V_{os} (max)	450 μV (OP90) 500 μV (OP290) 1 mV (OP490)
• Eingangsruhestrom I_B (max)	15 nA
• Verstärkungsbandbreite GWB (typ)	20 KHz
• Anstiegsgeschwindigkeit (Slew Rate) (typ)	12 V/ms
• Eingangswiderstand	30 MΩ

• Ausgangsspannungsbereich (min)	0,0005 V ... 4,2 V $R_L \geq 10k\Omega$, U_B=5V
• Stromaufnahme (max)	20 µA (OP90) 40 µA (OP290) 80 µA (OP490)

TLC271
TLC272
TLC274

Diese Familie von preiswerten Operationsverstärkern mit geringer Leistungsaufnahme sind besonders für den Betrieb mit einer Einfachspannungsversorgung geeignet. Diese OPs sind in LINC-MOS-Technologie hergestellt. Wesentliche Vorteile dieser neuen Technologie sind die geringe Verlustleistung und die hohe Eingangsimpedanz ohne Offsetdrift- und Geschwindigkeitsprobleme. Diese Familie zeichnet sich auch durch einen Gleichtakteingangsbereich aus, der bis zur negativen Versorgungsspannung reicht. Durch die geringe Stromaufnahme sind diese OPs ideal geeignet für den Einsatz in batteriebetriebenen Anwendungen. Der Einfach-OP TLC271 ist zusätzlich über den Anschluß BIAS SELECT in drei Betriebsarten programmierbar. Liegt dieser Pin auf Versorgungsspannungspotential, so ist die Low-Bias-Betriebsart angewählt. Liegt eine Spannung an, die ca. dem halben Wert der Versorgungsspannung entspricht, so arbeitet der OP im Medium-Bias-Mode. Schließlich kann man durch 0 V an diesem Anschluß die High-Bias-Betriebsart festlegen.

Technische Daten: TLC271

• Versorgungsspannungsbereich:	3 V...16 V
• Offsetspannung Vos (max)	10 mV
• Eingangsruhestrom IB (max)	0,6 pA
• Verstärkungsbandbreite GWB (typ)	90 KHz (Low-Bias) 525 kHz (Medium-Bias) 1,7 MHz (High-Bias)
• Anstiegsgeschwindigkeit (Slew Rate) (typ)	0,03 V/µs (Low-Bias) 0,46 V/µs (Medium-Bias) 3,6 V/µs (High-Bias)
• Eingangswiderstand	> 10^{12} Ω

- Stromaufnahme (max) 30 µA (Low-Bias) 320 µA (Medium-Bias) 1,8 mA (High-Bias)

Technische Daten: TLC272 und TLC274
- Verstärkungsbandbreite GWB (typ) 1,7 MHz
- Anstiegsgeschwindigkeit (Slew Rate) (typ) 3,6 V/µs
- Stromaufnahme (max) 3,6 mA (TLC272) 7,2 mA (TLC274)

OP07

Der OP07 ist ein Präzisions-Operationsverstärker vom Industriestandard, der durch eine extrem geringe Offsetspannung bei geringem Eingangsnullstrom gekennzeichnet ist. Darüber hinaus weist er einen hohen Eingangswiderstand auf. Der Baustein ist intern frequenzkompensiert und kann in vielen Fällen andere Operationsverstärker direkt ersetzen.

Technische Daten:
- Versorgungsspannungsbereich: ± 3 V...± 18 V
- Offsetspannung V_{os} (max) 75 µV
- Eingangsruhestrom I_B (max) 3 nA
- Verstärkungsbandbreite GWB (typ) 0,6 MHz
- Anstiegsgeschwindigkeit (Slew Rate) (typ) 0,3 V/µs
- Eingangswiderstand 60 MΩ

TL081
TL082
TL084

Der TL081 ist ein Einfach-OP mit einer Einrichtung für den Offset-Nullabgleich. Der TL082 ist ein Doppel-OP und der TL084 ein Vierfach-OP. Beide haben einen gemeinsamen Anschluß für die Versorgungsspannung. Diese Typen eignen sich besonders gut als schnelle Integratoren, Verstärker, aktive Filter und in Meßgeräten.

Technische Daten:
- Versorgungsspannungsbereich: ± 3 V…± 18 V
- Offsetspannung V_{os} (max) 15 mV
- Eingangsruhestrom I_B (max) 400 pA
- Verstärkungsbandbreite GWB (typ) 3 MHz
- Anstiegsgeschwindigkeit (Slew Rate) (typ) 13 V/µs

• Eingangswiderstand	10^{12} Ω
• Stromaufnahme (max)	2,8 mA (TL081) 5,6 mA (TL082) 11,2 mA (TL084)

TL061
TL062
TL064

Der TL061 ist ein Einfach-OP mit einer Einrichtung für den Offset-Nullabgleich. Der TL062 ist ein Doppel-OP und der TL064 ein Vierfach-OP. Sie stellen die Kleinleistungsversion der 081-Serie dar. Durch die geringe Stromaufnahme von 200 μA pro Verstärker, sind diese OPs ideal für den Einsatz in leistungskritischen Anwendungen, insbesondere in tragbaren Meßinstrumenten und batteriebetriebenen Schaltungen geeignet.

Technische Daten:

• Versorgungsspannungsbereich:	± 3 V...± 18 V
• Offsetspannung V_{os} (max)	15 mV
• Eingangsruhestrom I_B (max)	400 pA
• Verstärkungsbandbreite GWB (typ)	1 MHz
• Anstiegsgeschwindigkeit (Slew Rate) (typ)	3,5 V/μs
• Eingangswiderstand	10^{12} Ω
• Stromaufnahme (max)	250 μA (TL061) 500 μA (TL062) 1 mA (TL064)

AD820
AD822

Der AD820 ist ein Einfach-OP mit einer Einrichtung für den Offset-Nullabgleich. Der AD822 ist ein Doppel-OP. Diese modernen Operationsverstärker von Analog Devices weisen sehr gute Eigenschaften auf. Das Ausgangssignal erreicht sowohl die positive als auch die negative Versorgungsspannung. Sie sind für den Betrieb an einer Einfach-Spannungsquelle entwickelt und weisen einen Eingangsspannungsbereich auf, der bereits bei 0 V beginnt. Trotz des geringen Stromverbrauchs weisen die beiden OPs eine hohe Anstiegsgeschwindigkeit und eine hohe Bandbreite auf.

Technische Daten:

• Versorgungsspannungsbereich:	4 V...36 V / ± 2 V...± 18 V
• Offsetspannung V_{os} (max)	1 mV
• Eingangsruhestrom I_B (max)	10 pA
• Verstärkungsbandbreite GWB (typ)	2 MHz
• Anstiegsgeschwindigkeit (Slew Rate) (typ)	3,5 V/μs
• Eingangswiderstand	> 10^{12} Ω

- Ausgangsspannungsbereich (min) — 0,004 V ...4,992 V (Leerlauf)
  0,04 V ... 4,92 V (IL=2mA)
- Stromaufnahme (max) — 750 µA (AD820)
  1,5 mA (AD822)

Abb. 6.1 zeigt die Pinbelegung der Operationsverstärker.

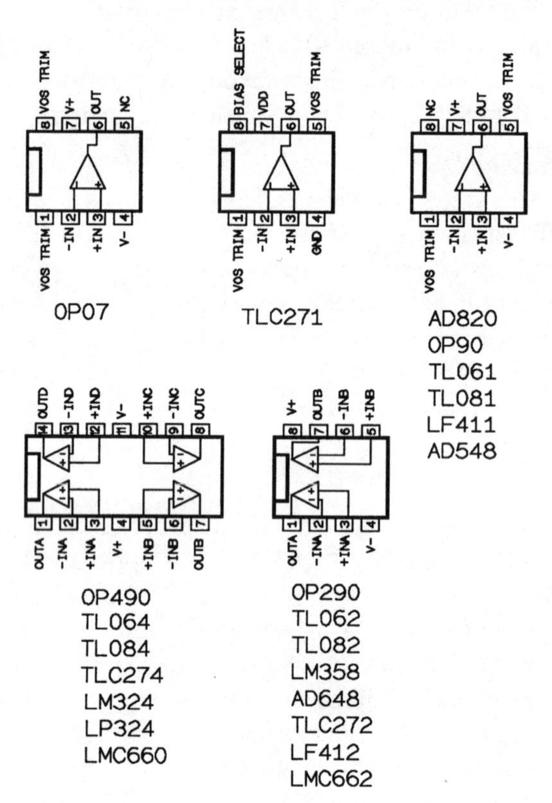

Abb. 6.1: Pinbelegung der beschriebenen Operationsverstärker

7 Vom Umgang mit QBasic

Das Programm QBasic stellt eine vollständige Programmierumgebung zum Programmieren in der Sprache Basic zur Verfügung. Im DOS-Verzeichnis sind neben dem QBasic-Programm selbst (QBasic.EXE) eine Initialisierungsdatei (QBasic.INI) sowie einige Beispielprogramme mit der Endung BAS zu finden. Um sich über die zu QBasic gehörenden Dateien einen Überblick zu verschaffen, ist folgender Befehl einzugeben:

```
DIR \DOS\QBASIC.*
```

Die Beispieldateien lassen sich mit dem Befehl

```
DIR \DOS\*.BAS
```

anzeigen. Die Programmdatei QBasic.EXE wird durch den Befehl

```
QBASIC
```

geladen und gestartet. Hierin ist alles enthalten, was für die Eingabe und Ausführung der auf der Diskette befindlichen Basic-Programme benötigt wird. Der komplette Aufruf mit allen Optionen sieht wie folgt aus:

```
QBASIC [/B] [/EDITOR] [/G] [/H] [/MBF] [/NOHI] [[/RUN] Quell-
datei]
```

Option	Beschreibung
/B	Erlaubt das Verwenden eines monochromen Monitors mit einer Farbgrafik-Karte. Mit der Option /B wird QBASIC auf einem Farbmonitor monochrom dargestellt.
/EDITOR	Ruft den Texteditor „MS-DOS Editor" auf. Diese Option kann auch in der Kurzform /ED eingegeben werden.
/G	Weist QBASIC an, einen CGA-Monitor so schnell wie möglich aufzufrischen (die Option ist nur mit Verwendung eines CGA-Monitors möglich). Wenn beim Auffrischen des Monitors Bildschirm-Grieß erscheint, kann Ihre Hardware diese Option nicht unterstützen. Wenn Sie einen klaren Bildschirm vorziehen, starten Sie QBASIC ohne die Option /G.

/H	Zeigt die größte verfügbare Anzahl von Zeilen an, die von der Hardware unterstützt wird.
/MBF	Weist die QBASIC-Umwandlungsfunktionen (CVS, CVD, MKS$, MKD$) an, Zahlen im IEEE-Format wie Zahlen im Microsoft-Binärformat zu behandeln.
/NOHI	Erlaubt das Verwenden eines Monitors, der keine Hochintensität unterstützt. Diese Option ist nicht geeignet für Compaq Laptop-Computer.
Quelldatei	Die Datei, die QBASIC beim Programmstart öffnen soll. Um eine mit GW-BASIC oder BASICA erstellte Datei zu öffnen, muß diese in GW-BASIC bzw. BASICA mit der Option, A gespeichert worden sein.
/RUN Quelldatei	Weist QBASIC an, ein Programm zu öffnen und auszuführen, bevor es auf dem Bildschirm angezeigt wird.

QBasic beinhaltet eine umfassende Online-Hilfe, mit der man sehr gut zurecht kommt. Sie wird folgendermaßen verwendet:

- Um Hilfe zu einem QBASIC-Schlüsselwort zu erhalten, bewegen Sie den Cursor darauf und drücken dann F1 (oder klicken Sie die rechte Maustaste).
- Um Hilfe zu einem QBASIC-Menü, einem Befehl oder einem Dialogfeld zu erhalten, bewegen Sie den Cursor darauf und drücken Sie dann F1 (oder klicken Sie auf die Schaltfläche <Hilfe>.
- Um sich die QBASIC-Hilfethemen anzusehen, drücken Sie Alt+H und danach den hervorgehobenen Buchstaben, um einen Befehl auszuwählen.
- Um den Cursor in das Hilfe-Fenster zu bewegen, drücken Sie UMSCHALT+F6.
- Um in der Hilfeinformation nach oben oder unten zu rollen, drücken Sie die BILD-NACH-OBEN- oder die BILD-NACH-UNTEN-TASTE.
- Um Hilfeinformationen (wie z.B. Programmbeispiele) in das Ansichtsfenster zu kopieren, verwenden Sie die entsprechenden Befehle im Menü Bearbeiten.
- Um das Hilfefenster wieder zu schließen, drücken Sie die ESC-TASTE.

Um den Cursor zu einem Hilfethema zu bewegen, drücken Sie die Tabulatortaste oder den ersten Buchstaben des gewünschten Themas. Um das Thema oder die Information zu einem Schlüsselwort anzuzeigen, bewegen Sie den Cursor an eine beliebige Stelle auf dem Thema oder Schlüsselwort und drücken dann F1 (oder klicken Sie die rechte Maustaste).

QBASIC speichert die letzten 20 Hilfethemen, die Sie angesehen haben. Um diese erneut anzusehen, drücken Sie ALT+F1 oder klicken Sie mehrmals auf die Schaltfläche <Zurück>.

Die folgende Übersicht gibt einen Überblick über die verfügbaren Befehle. Jeder Befehl ist im Hilfe-Menü ausführlich beschrieben.

Programmieraufgabe	Schlüsselwörter in dieser Liste
Den Programmablauf steuern	DO...LOOP, END, EXIT, FOR...NEXT, IF...THEN...ELSE, GOSUB...RETURN, GOTO, ON...GOSUB, ON...GOTO, SELECT CASE, STOP, SYSTEM
Konstanten und Variablen	CONST, DATA, DIM, ERASE, OPTION BASE,
deklarieren	READ, REDIM, REM, RESTORE, SWAP, TYPE...END TYPE
BASIC-Prozeduren definieren	CALL, DECLARE, EXIT, FUNCTION, RUN,
und aufrufen	SHELL, SHARED, STATIC, SUB
Geräte-Ein-/Ausgabe	CLS, CSRLIN, INKEY$, INP, INPUT, KEY (Zuweisung), LINE INPUT, LOCATE, LPOS; LPRINT, LPRINT USING, OPEN COM, OUT, POS, PRINT, PRINT USING, SPC, SCREEN-Funktion, TAB, VIEW PRINT, WAIT, WIDTH
Grafiken darstellen	CIRCLE, COLOR, GET (Grafik), LINE, PAINT, PALETTE, PCOPY, PMAP, POINT, PRESET, PSET, PUT (Grafik), SCREEN-Anweisung, VIEW, WINDOW

DOS-Dateisystembefehle	CHDIR, KILL, MKDIR, NAME, RMDIR
Datei-Ein-/Ausgabe	CLOSE, EOF, FILEATTR, FREE-FILEGET (Datei-E/A), INPUT, INPUT$,LINE INPUT, LOC, LOCK, LOF, OPEN,PUT (Datei-E/A), SEEK-Funktion, SEEK-Anweisung, UNLOCK, WRITE
Speicher verwalten	CLEAR, FRE, PEEK, POKE
Zeichenfolgen manipulieren	ASC, CHR$, HEX$, INSTR, LCASE$, LEFT$, LEN, LSET, LTRIM$, MID$-Funktion, MID$-Anweisung, OCT$, RIGHT$, RSET, RTRIM$SPACE$, STR$, STRING$, UCASE$, VAL
Mathematische Berechnungen ausführen	ABS, ASC, ATN, CDBL, CINT, CLNG, COS, CSNG, CVDMBF, CVSMBF, EXP, INT, LOG, RANDOMIZE, RND, SGN, SIN, SQR, TAN, TIME$-Funktion
Ereignis- und Fehlerverfolgung festlegen	COM, ERDEV, ERDEV$, ERL, ERR, ERROR, KEY (Ereignisverfolgung), ON COM, ON ERROR, ON KEY, ON PEN, ON PLAY, ON STRIG, ON TIMER, PEN, PLAY (Ereignisverfolgung), RESUME, RETURN, STRIG, TIMER-Funktion, TIMER-Anweisung

Anhang

Bezugsquelle

Sie können zu den Schaltungen im Buch fertige Platinen und Bausätze beziehen. Bitte richten Sie Ihre Anfragen an folgende Adresse:

Bitterle Elektronik
Stefanie Bitterle
Panoramastr. 21
89604 Allmendingen
Tel und Fax : 07391 / 4965

Die Diskette im Buch

Die Diskette enthält folgende Dateien:

0804COM.BAS
0804LPT.BAS
0804DEMO.EXE
0804DEMO.OVR
16BITCOM.BAS
16BITLPT.BAS
32BITCOM.BAS
32BITLPT.BAS
7109COM.BAS
8253BSP.BAS
BASADR.BAS
BUS8255.BAS
COMBSP.BAS
FRESYCOM.BAS
FRESYLPT.BAS
LPTTEST.BAS
MAX186.BAS
MINISPS.BAS
RELAIS.BAS

SLOTBSP.BAS
TLC549.BAS
UNICTCOM.BAS
UNICTLPT.BAS
WASCHEN.BAS
YTSCHCOM.BAS
KENLINIE.BAS
SPRANT.BAS
SINUSSIM.BAS
PIDSIM.BAS

Kurzbeschreibung der Programme:

Programm: 0804COM
Funktion: Dieses Programm steuert das A/D-Wandlermodul mit Meßbereichsumschaltung über die serielle Schnittstelle des PCs an. (vgl. Abb. 3.5)
Hardware: Es ist das A/D-Wandlermodul nach Abb. 3.5 sowie ein Basismodul aus Kapitel 1.2 erforderlich.

Programm: 0804LPT
Funktion: Dieses Programm steuert das A/D-Wandlermodul mit Meßbereichsumschaltung über die Drucker-Schnittstelle des PCs an. (vgl. Abb. 3.5)
Hardware: Es ist das A/D-Wandlermodul nach Abb. 3.5 sowie das Basismodul aus Kapitel 1.1 erforderlich.

Programm: 0804DEMO
Funktion: Demo-Programm des Voltmeters in Abb. 3.14

Programm: 16BITCOM
Funktion: Mit diesem Programm lassen sich über die serielle Schnittstelle 16 TTL-Ausgangsleitungen ansprechen. Es stehen dabei vier Ports à 4 Bit zur Verfügung.
Hardware: Es ist ein Basismodul aus Kapitel 1.2 sowie das Modul nach Abb. 2.9 erforderlich.

Programm: 16BITLPT
Funktion: Mit diesem Programm lassen sich über die parallele Druckerschnittstelle 16 TTL-Ausgangsleitungen ansprechen. Es stehen dabei vier Ports à 4 Bit zur Verfügung.
Hardware: Es ist das Basismodul aus Kapitel 1.1 sowie das Modul nach Abb. 2.9 erforderlich.

Programm: 32BITCOM

Funktion: Mit diesem Programm lassen sich über die serielle Schnittstelle 32 Leitungen als Ein- oder Ausgang ansprechen. Es stehen dabei acht Ports à 4 Bit zur Verfügung.

Hardware: Es ist ein Basismodul aus Kapitel 1.2 sowie das 32-Bit-I/O-Interface erforderlich.

Programm: 32BITLPT

Funktion: Mit diesem Programm lassen sich über die Drucker-Schnittstelle 32 Leitungen als Ein- oder Ausgang ansprechen. Es stehen dabei acht Ports à 4 Bit zur Verfügung.

Hardware: Es ist das Basismodul aus Kapitel 1.1 sowie das 32-Bit-I/O-Interface erforderlich.

Programm: 7109COM

Funktion: Mit diesem Programm läßt sich über die serielle Schnittstelle des PCs das 12-Bit-A/D-Wandlermodul in Abb. 3.16 ansteuern. Der gewandelte Spannungswert wird ständig auf dem Bildschirm ausgegegeben.

Hardware: Es ist ein Basismodul aus Kapitel 1.2 sowie das 12-Bit-A/D-Wandlermodul erforderlich.

Programm: 8253BSP

Funktion: Das Programm demonstriert den Einsatz des Zählermoduls. Das Rechtecksignal eines Quarzes mit f=4MHz gelangt an Zähler 0 und wird durch 23580 geteilt. Das Ausgangssignal gelangt an den CLOCK-Eingang des Zähler 1, der als einfacher Impulszähler arbeitet (Mode 2). Der Zählerstand wird ständig ausgelesen und auf dem Bildschirm angezeigt.

Hardware: Es ist ein Basismodul aus Kapitel 1.2 sowie das 12-Bit-A/D-Wandlermodul erforderlich.

Programm: BASADR

Funktion: Dieses Programm ermittelt die Basisadressen der ersten beiden Druckerschnittstellen des PCs (LPT1 und LPT2)

Programm: BUS8255

Funktion: Dieses Programm demonstriert, wie man das Busmodul in Abb. 5.13 (24-I/O-Leitungen mit dem 8255) in QBasic anspricht.

Hardware: Es ist das Bus-Interface für die serielle Schnittstelle aus Kapitel 5 sowie das 24-Bit-I/O-Busmodul (Abb. 5.13) erforderlich.

Programm: COMBSP

Funktion: Dieses Beispielprogramm verdeutlicht, wie die Basismodule für die serielle Schnittstelle aus Kapitel 1.2.5 bis 1.2.7 vom PC aus angesprochen werden.

Hardware: Es ist ein Basismodul für die serielle Schnittstelle aus Kapitel 1.2.5 bis 1.2.7 erforderlich.

Programm: FRESYCOM

Funktion: Mit diesem Programm lassen sich über die serielle Schnittstelle Frequenzen von 1 Hz bis 1 MHz quarzgenau einstellen.
Die Frequenzeingabe wird folgendermaßen vorgenommen:

1000 k	entspricht	1 MHz
234 K	–"–	234 KHz
841	–"–	841 Hz
2.34 K	–"–	2340 Hz
29	–"–	29 Hz

Hardware: Es ist ein Basismodul aus Kapitel 1.2 sowie das Frequenz-Synthesizer-Modul erforderlich.

Programm: FRESYLPT

Funktion: Mit diesem Programm lassen sich über die Drucker-Schnittstelle Frequenzen von 1Hz bis 1MHz quarzgenau einstellen.
Die Frequenzeingabe wird folgendermaßen vorgenommen:

1000 k	entspricht	1 MHz
234 K	–"–	234 KHz
841	–"–	841 Hz
2.34 K	–"–	2340 Hz
29	–"–	29 Hz

Hardware: Es ist das Basismodul aus Kapitel 1.1 sowie das Frequenz-Synthesizer-Modul erforderlich.

Programm: LPTTEST

Funktion: Testprogramm zum Ansprechen aller Leitungen an der Druckerschnittstelle.

Programm: MAX186

Funktion: Dieses Programm steuert die Schaltung in Abb. 3.21 über die serielle Schnittstelle des PCs so an, daß die Spannungen aller acht Kanäle gemessen und auf dem Bildschirm angezeigt werden. Die Auflösung pro Kanal beträgt 12 Bit.

Hardware: Es ist das Bus-Interface für die serielle Schnittstelle aus Kapitel 5 sowie das 24-Bit-I/O-Busmodul (Abb. 5.13) erforderlich.

Programm: MINISPS
Funktion: Mit diesem Programm läßt sich über die Druckerschnittstelle oder über die serielle Schnittstelle des PCs eine Steuerungsfunktion ähnlich wie in einer SPS realisieren.
Hardware: Es wird ein Basismodul aus Kapitel 1 sowie das SPS-Modul zur Ansteuerung der digitalen Ausgänge und Einlesen der digitalen Eingänge benötigt.

Programm: RELAIS
Funktion: Mit diesem Programm lassen sich wahlweise über die Druckerschnittstelle oder über die serielle Schnittstelle des PCs acht Relais ansteuern.
Hardware: Als Hardware ist ein Basismodul aus Kapitel 1 sowie das Relais-Interface-Modul erforderlich.

Programm: SLOTBSP
Funktion: Mit diesem Programm läßt sich die I/O-Interface-Schaltung am PC-Slot in Abb. 2.16 ansprechen.

Programm: TLC549
Funktion: Dieses Programm steuert den A/D-Wandler TLC549 über die serielle Schnittstelle des PCs an, und liest die am Wandler anliegende Spannung ein (vgl. Schaltung in Abb. 3.3).

Programm: UNICTCOM
Funktion: Mit diesem Programm lassen sich über die serielle Schnittstelle des PCs drei 16-Bit-Abwärtszähler ansprechen. Daraus ergeben sich Anwendungen als: Impulszähler, Frequenzzähler, Programmierbarer Impulsgeber, Programmierbare Schaltuhr usw.
Hardware: Es ist ein Basismodul aus Kapitel 1.2 sowie das Universelle Zähler-Modul erforderlich.

Programm: UNICTLPT
Funktion: Mit diesem Programm lassen sich über die Druckerschnittstelle drei 16-Bit-Abwärtszähler ansprechen. Daraus ergeben sich Anwendungen als: Impulszähler, Frequenzzähler, Programmierbarer Impulsgeber, Programmierbare Schaltuhr usw.
Hardware: Es ist das Basismodul aus Kapitel 1.1 sowie das Universelle Zähler-Modul erforderlich.

Programm: YTSCHCOM
Funktion: Dieses Programm steuert das A/D-Wandlermodul mit Meßbereichsumschaltung über die serielle Schnittstelle des PCs an

(vgl. Abb. 3.5) und zeichnet die Meßwerte in einer y(t)-Grafik auf. Die Abtastzeit kann > 0.1s beliebig gewählt werden.

Hardware: Es ist das A/D-Wandlermodul nach Abb. 3.5 sowie ein Basismodul aus Kapitel 1.2 erforderlich.

Literatur

[1] Link, Wolfgang
Messen, Steuern und Regeln mit PCs
Franzis-Verlag 1992

[2] Kainka, Burkhard
Messen, Steuern und Regeln über die RS 232-Schnittstelle
Franzis-Verlag 1992

[3] Schulz, Dieter
PC-gestützte Meß- und Regeltechnik
Franzis-Verlag 1993

[4] Dembowski, Klaus
PC-gesteuerte Meßtechnik
Markt & Technik 1991

[5] U. Tietze, Ch. Schenk
Halbleiter-Schaltungstechnik
Springer Verlag, 9te Auflage

[6] Thieser, Michael
PC-Schnittstellen
Franzis-Verlag 1993

[7] Bitterle, Dieter
GALs - Programmierbare Logikbausteine in Theorie und Praxis
Franzis-Verlag 1993

[8] Bitterle, Dieter
Schaltungstechnik mit GALs
Franzis-Verlag 1993

[9] Bitterle / Retter
Meßdatenerfassung und -verarbeitung mit dem PC
Franzis-Verlag 1993

[10] Rose, Michael
Interfacetechnik
Vogel Buchverlag 1991

[11] Dittrich, Stefan
Das große QBasic Buch
Data Becker 1994

Sachverzeichnis

R

S

T

U

V

W

Y

Z

Weitere empfehlenswerte Franzis-Bücher

Grafiken statt Zahlenreihen. Virtuelle Instrumente statt Zahlenfelder. Jetzt können Sie beim Messen, Steuern und Regeln Ihre Ergebnisse perfekt auswerten und optimal visualisieren. Ohne teures Programm, ganz einfach mit diesem Visual Basic Special und seinen vielen Tips und Tricks.
Auf Diskette: ● gebrauchsfertige Algorithmen, z.B. für FFT, statistische Funktionen und Filteroperationen ● virtuelle Instrumente ● Beispielprogramme zu MSR.

Messen, Steuern und Regeln mit Visual Basic 3.0

Tilli,Thomas; 1995, 350 S.
ISBN 3-7723-**7801-3**
ÖS 609,–/SFr 76,–/DM **78,–**

Endlich ein kompletter Kurs, um ein 80C166-System selbstständig aufzubauen und zu programmieren:
● Wie Prozessor und Peripherie funktionieren ● Wie Sie ein 80C166-Board sicher nachbauen und am PC programmieren ● Bezugsquellen und exakte Bauanleitungen ● Inkl. Diskette mit Software für Step-5-Programmierung in AWL, ASM-51-Compiler sowie zahlreichen Applikationen, wie z.B. SPS-Nachbildung.

Messen, Steuern und Regeln mit dem Mikrocontroller 80C166

Dörrhöfer/Hofer; 1995, 350 S.
ISBN 3-7723-**7821-8**
ÖS 694,–/SFr 87,–/DM **89,–**

Weitere empfehlenswerte Franzis-Bücher

Eine faszinierende Einführung in die moderne Prozeßvisualisierung und Automatisierungstechnik unter Windows! • Einführung in innovative Konzepte für Ausbildung, Entwicklung und Industrie • Windows-Entwicklungswerkzeug zur Steuerung und Prozeßvisualisierung• Schnelles Prototyping für Ausbilder und Dienstleister vor Ort • Universelle Interfacetreiber • Tips & Tricks aus der Praxis • Auf Diskette: WinLab-Demoversion mit praktischen Beispielen

Prozeßsteuerung und Visualisierung mit WinLab
Michael Wilhelms; 1995, 200 S.
ISBN 3-7723-**4342-2**
ÖS 728,–/SFr 96,–/DM **98,–**

So entwickeln Sie Mikrocontroller-Schaltungen mit Erfolg! Dieses Praxisbuch für die Hard- und Softwareentwicklung zeigt Ihnen exemplarisch am 80C517A, einem Nachfolger des legendären 8051, wie moderne Mikroprozessortechnik heute funktioniert: ● Controllertechnik ● Aufbau und Programmierung des 80C517A ● Störsicherheit und Zuverlässigkeit ● Mit vielen Applikationen, z.B. Sinusgenerator. Inkl. Makroassembler auf Diskette.

Mikrocontroller in der Praxis
Fredershausen, M.; 1995, 300 S.
ISBN 3-7723-**7751-3**
ÖS 609,–/SFr 76,–/DM **78,–**

Notizen

Notizen

Notizen